设计价值论

江苏凤凰美术出版社

图书在版编目（CIP）数据

设计价值论/李立新著. -- 南京：江苏凤凰美术出版社, 2025.6. -- ISBN 978-7-5741-3125-5

Ⅰ.TB21

中国国家版本馆CIP数据核字第2025T37U77号

选题策划	方立松
责任编辑	孙剑博
装帧设计	薛冰焰
责任校对	唐　凡
责任监印	唐　虎
责任设计编辑	赵　秘

书　　名	设计价值论
著　　者	李立新
出版发行	江苏凤凰美术出版社（南京市湖南路1号　邮编：210009）
制　　版	江苏凤凰制版有限公司
印　　刷	苏州市越洋印刷有限公司
开　　本	718 mm×1000 mm　1/16
印　　张	21.5
版　　次	2025年6月第1版
印　　次	2025年6月第1次印刷
标准书号	ISBN 978-7-5741-3125-5
定　　价	98.00元

营销部电话　025-68155675　营销部地址　南京市湖南路1号
凡江苏凤凰美术出版社图书印装错误，可向承印厂调换

目录

自序	001
导言	001

第一章　设计与价值论　　　　　　　　　　　　035
第一节　设计的出发点与终极目标　　　036
第二节　价值范畴中的设计价值　　　　043
第三节　价值论：设计研究的新视角　　051

第二章　设计价值的一般理论　　　　　　　　061
第一节　设计价值的基本问题　　　　　062
第二节　设计价值取向及类型　　　　　070
第三节　设计价值演变的规律　　　　　077

第三章　设计价值的本质　　　　　　　　　　089
第一节　设计价值的价值关系　　　　　090
第二节　设计价值的价值意识　　　　　097
第三节　设计价值的实践精神　　　　　104

第四章　设计价值的创造　　　　　　　　　　113
第一节　设计与价值创造活动　　　　　114
第二节　设计家的价值认知　　　　　　120
第三节　设计价值实现的途径　　　　　127

第五章　设计批评与价值判断　　　　　　　　　　　133
第一节　设计价值与评判　　　　　　　　　　　　　134
第二节　设计评判的价值分类　　　　　　　　　　　139
第三节　设计价值评判的原则与标准　　　　　　　　147

第六章　中国设计史上的价值观　　　　　　　　　157
第一节　先秦多元的设计价值观　　　　　　　　　　158
第二节　秦汉系统的设计价值观　　　　　　　　　　169
第三节　魏晋隋唐开放的设计价值观　　　　　　　　175
第四节　宋元互动的设计价值观　　　　　　　　　　184
第五节　明清更新的设计价值观　　　　　　　　　　189

第七章　西方设计史上的价值观　　　　　　　　　195
第一节　古希腊、罗马的设计价值观　　　　　　　　196
第二节　中世纪的设计价值观　　　　　　　　　　　201
第三节　文艺复兴时期的设计价值观　　　　　　　　207
第四节　工业革命前的设计价值观　　　　　　　　　214

第八章　西方 200 年来的设计价值观　　　　　　　　　225
第一节　工业革命到 19、20 世纪之交的设计价值观　　226
第二节　20 世纪初的设计价值观　　　　　　　　　　　238
第三节　现代主义与包豪斯的设计价值观　　　　　　　249
第四节　后现代主义的设计价值观　　　　　　　　　　260
第五节　非主流的设计价值观　　　　　　　　　　　　268

第九章　设计价值的冲突　　　　　　　　　　　　　281
第一节　设计价值冲突的表现　　　　　　　　　　　　282
第二节　设计价值冲突的实质　　　　　　　　　　　　293

第十章　设计价值的重构　　　　　　　　　　　　　303
第一节　设计价值的取向原则　　　　　　　　　　　　304
第二节　设计价值的多元化　　　　　　　　　　　　　313
第三节　建立开放的设计价值观　　　　　　　　　　　321

作者简介　　　　　　　　　　　　　　　　　　　　333

自序

本书第一章，在"价值论：设计研究的新视角"这一节中，我说："在反思中国设计各种问题的时候，我们最需用心的是价值观的确立。"我觉得这一判断基本上是准确的，但仍需要加以说明。

进入 20 世纪后，设计界在每个时期，都有一些重要的问题成为讨论的核心。我对设计问题，注重于设计历史规律和方法论的研究，也对"本质论"和"功能论"有一些讨论；而真正关注设计价值这一设计哲学问题是在 2008 年前后，我把价值是真正的设计哲学问题作为讨论研究的中心。2011 年，我完成了教育部人文社会科学研究规划基金项目《设计价值论》并正式出版，这本书看起来像是一部形而上的社会设计思想史，因此未能引起大家的关注。

中国近代以来的设计主要是向西方学习，100 年来的重大变革，是中国设计有史以来的最大变迁，是一次充满革新意义的现代转型。从此，一个传统设计的时代终结了，另一个现代设计的时代开始了。对这 100 年中国现代设计发展做一次价值观念变迁的研究，可以从价值观的基点、目标，价值实现的手段、冲突、制度等方面来考量。这样的一个转换过程，充满着近代以来中国设计的悲喜交加。传统设计价值观已经丧失，新的设计价值观尚未建立，中国现代设计的各种问题就出在这一没有了价值观的真空地带。

我在写这本书的时候，有了将价值哲学与方法论结合的想法，立足于中国设计学科的现实，通过中外设计价值观纷繁杂乱的历史事实，分析其发展的线索和脉络，对设计具体的活动做辨析，在设计价值哲学、设计价值方法论、设计实践价值三个方面构成设计价值的理论框架。在重构部分，有些仅是一些设想，譬如"文化契约""共生""互惠"，后来这些设想被实践事实所证实，因此，在江苏凤凰美术出版社出版本书时，本来打算有些地方要增删篇幅的，最终未有增删，保留了原本的文字。

本书出版得到了江苏凤凰美术出版社方立松先生、孙剑博先生的支持和帮助，吴文治教授、吴余青教授在阅麓读书会上将本书文本列入讨论，借此出版机会，谨向他们致谢！

李立新

2024年10月31日于南京

导言

太古时代，混沌为一

然而，混沌并非静止归元，其中有巨大的洪荒的力量在不断涌动，聚合而成的能量团一个个汹涌无比。终于，孕育的能量冲破了一切阻碍，爆裂开来。巨亮的光束、灼热的火焰，挟持着颗粒物质急速飞驶，无数涌动的能量物质聚集又分散，光、电、水、火展开了巨大的搏击，呼啸的巨声响彻整个宇宙空间。

* 图1-1
地球的现代地貌。46亿年前地球诞生后，经造山运动等一系列冲撞断裂、挤压隆起，地壳板块几度崛起而形成。

根据大爆炸理论，这一切发生在距今137亿年前。或许，这就是中国古代神话中的盘古开天辟地，就是古希腊赫西奥德的《神谱》中所描绘的卡俄斯（混沌）。按奥维德《变形记》所言，混沌在此时分为四元素——以太、空气、泥土、水，由此形成了天空、陆地、海洋、万物。无论按科学研究还是神话描述，开天辟地都是在顷刻之间完成的，但谁能想到，真正开天辟地的运动何其漫长！中间经历了温度冷却、辐射减弱、星系形成，时间长达百亿年。46亿年前地球诞生之后，又经造山运动，在地火的推动下，一系列的冲撞断裂、挤压隆起，地壳板块几度崛起、几度沉浮、几经漂移。直到距今7000万年前，才形成我们所见的现代地貌。

地球形成之后，表面温度逐渐冷却、尘埃落地、大气产生、水汽降落，从而形成了海洋、湖泊和河流，而生命就在这水环境中孕育诞生。太阳的光照、星体的引力、地球的转动、重力、磁场、大气压等导致地球的地质、气象和地表水发生变化，而在陆地湖泊和河流沿岸，独特的地貌使这里的水域富集了各种各样的无机物分子和有机物分子，在不断交换与反应中合成肽与核苷酸的前生物期。这是一种膜，是在一定的浓度下产生的构成生命的物质，从而奠定了生命诞生的基础和条件。有趣的是，科学研究证明，陨石、彗星也有助于增加地球的有机物，因此就有人猜测，地球生命也许来自外太阳系的一颗生命种子。

无论如何，生命是在水环境中孕育诞生的。大约在6亿年前的古生代前期，千万种会呼吸的（包括多细胞）生命形式即在湖河海洋的表层水域滋生繁衍了；4亿年前，生命从水中走出，移居陆地，冲上地岸的藻类适应了陆地环境而演化为裸蕨植物；之后，鱼类上岸习惯了地表空气而演化为两栖动物，生命由此而覆盖大地，荒凉世界开始生机盎然。然而，生命的历程并不平坦，地球上的物种有过5次大灭绝。第一次物种大灭绝发生在距今4.4亿年前的奥陶纪末期，大约有85%的物种灭绝；第二次物种大灭绝发生在距今3.65亿年前的泥盆纪后期，海洋生物遭到重创；第三次物种大灭绝发生在2.5亿年前的二叠纪末期，地球上96%的物种消失了；第四次物种大灭绝发生在1.8亿年前，80%的爬行动物灭绝；第五次物种大灭绝发生在距今6500万年前的白垩纪，统治地球长达1.6亿年的恐龙灭绝了。自然生物演绎出一幕幕诞生与毁灭、进步与倒退、和平与残酷的生命悲喜剧。直到有一天，人类出现在大地上，生命史又揭开了新的篇章。

1. 设计价值的萌发

远古时代有女娲造人的神话："俗说天地开辟，未有人民，女娲抟黄土作人。

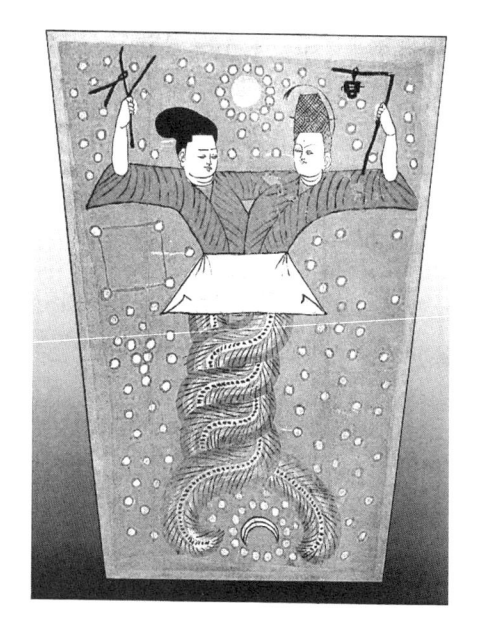

* 图 1-2
阿斯塔那古墓出土的伏羲女娲绢像。人类作为地球生命形式中最高级别的存在，凭借不同于其他动物的智慧，创造出史无前例的有别于自然之物的人工物，来改善其生存条件，抵御恶劣的气候环境和残酷的自然竞争。

剧务，力不暇供，乃引绳絚（大索）于泥中，举以为人。"（《风俗通》）这是讲人是由女娲用黄土捏成，或用绳索蘸着泥浆甩出来的。这时天地初开，仍有天崩地裂的涌动，女娲便炼化五色之石用以补天，断鳌足、立四极，将天托起，直至今日，大地仍有倾斜之势，以至江河之水向东流去。人类诞生之初，仍未脱离生吞活剥的野蛮原始生活，于是就有了伏羲始画八卦，创造人文，教人捕鱼畜牧。"古者包牺氏之王天下也，仰则观象于天，俯则观法于地，观鸟兽之文与（天）地之宜"（《周易·系辞下》），人类始祖女娲抟人补天和伏羲画卦造文的神话，已经十分深刻地把握到了原始人类所面临的恶劣环境气候和早期人类的险恶生存环境。而早期人类虽然作为地球生命形式中最高级别的存在，只有凭借不同于其他动物的高等智慧，创造出史无前例的有别于自然之物的人工物，借助这种体外文化来获得人类生理的补偿和心理的满足，才能改善其生存条件，抵御恶劣的气候环境和残酷的自然竞争。

这种人工物的制作，需要各种技艺。在古希腊神话中，普罗米修斯教会人类这些技艺，以弥补人类生存的虚弱性，技术之神赫菲斯托斯可以获得与雅典娜合享祭仪的荣耀。在古代中国，"奚仲造车""羿作弓""巧倕作舟""伯益作井""胡曹作冕""伶伦造磬"等古籍记载丰富奇诡、神秘莫测，奚仲、伯益、胡曹既是造物者、设计家、技艺神，可能也是管理者或祭祀巫觋。一方面，造物者通过工具的制作和使用，服务于人类生活；另一方面，巫觋又利用这些工具举行原始的祭祀活动，在部落集群中凝聚整体力量。人工物的制造引发了劳动分工、经济活动分化和生活的多样性，原始祭祀衍生出艺术、伦理、政治、宗教等社会文化、上层建筑，两者的综合交叉正是本书研究的主体——实用工艺，即设计艺术领域。抓住人类生存、生活的必要性和以文化凝聚部落力量的必要性，便把握到了人类设计造物所有行为的逻辑起点，亦即设计价值最初的逻辑起点。

当我们从烟涛滚滚的下游回望宇宙、地球、生命、人类的起源时，我们就能摆脱过去那种狭隘的文化心理所带来的视野上的局限。假如要对设计价值做多向度的深刻理解，对设计价值系统做出合理的评判，就必须拆除特定文化心理所形成的藩篱，突破其限制，站到一个比原有设计价值系统更高的视点上，这一视点，应当是人类设计价值的视点。"人类生活在自然世界之中，又创造着人为世界；人在物质世界之中，又创造着精神世界；人在客观世界之中，又创造着价值世界。"[1]设计是物质和精神的综合，是人的创造物。进入石器时代后，人类的创造发明不断地推进设计的发展，直至今日，形成了我们目前所见的现代设计。人们不禁要问：设计对于人类的作用和意义该如何评估？设计与人、设计与社会、设计与文化、设计与环境、设计与人的整体及生命个体有着怎样的联系？其实，千百年来人们不断地思考着这些问题。然而，要全面、准确、完整地回答这些问题并非易事，因为设计与人、设计与社会环境的关系，设计的目的、任务，设计的意义，无一不与设计的价值密切相关。说到底，这些问题，实际上就是设计的价值问题。

在上述人们追问的种种设计问题中,设计与人的问题最为突出,因为离开了人,设计就没有任何意义可言。设计本体只不过是一些杂七杂八的物质,一堆毫无用处的形状、色彩的组合而已。因此,不管人们给设计下的定义有多少,最终都将归结到设计是人的一种行为方式上。人是设计创造的主体,也是设计存在的先决条件;人的性质、要求决定和制约着设计的性质和内容,同时,也制约着设计的价值。可以这样讲,设计是人的价值追求的一种外在形式,设计价值因人而萌发、因人而存在、因人而多样、因人而趋美。所以,要真正探寻设计价值的原始萌发,必须从处在自然生理阶段初期的原始人类开始,观察人类成为人类的那一天,人类的第一个创造物如何产生,即从第一把石斧说起。

人类的第一个创造物是"石斧"。当我们观察古人类学家路易斯·利基和玛丽·利基在非洲奥杜威峡谷发现的距今200多万年的砾石砍斫器时,尽管是那样的粗糙、原始、简单,几乎与自然破碎的石块没有多少区别,但这让"地球上的事情发生了破天荒的巨大变化。高度意识化、目的化的生产从这里开端,人类的全部文化从这里发端,真正的创造性劳动从这里发端,人工产品和自然物分野从这里开端,伟大的征服自然的壮举从这里发端"[2]。粗糙的石斧表达出原始人类对生命价值的追求,刚从蒙昧的古猿类走出的原始"能人",其简单的打制痕迹体现出了其极强的创造能力。他们的思维虽极为简单,但在长期的生存实践中,那种动物的自然本能已进化为人的大脑意识,并以石斧这种物质形态表现出来。

我们注意到了这样一个事实:几乎全世界所有的早期石器都取材于一种"砾石",这是一种经千百万年流水冲刷后形成的表面圆润的河卵石,经打制后的早期石器保留了较大的圆润面。因此，旧石器早期被称作"砾石文化期"。可以想象，在进入这一"砾石文化"之前，人类肯定有过利用自然破碎的锋利石块的过程和经验，但好用的锋利刀刃也带来不利的一面——容易损伤手。一方面，为达到砍斫工作的目的而需要锋利的刀刃；另一方面，为便于手握操作而需要石块圆润。而在自然界，因风蚀、崩塌而造成的自然破碎的锋利石块和因河流湖泊的冲刷而形成的圆润砾石比比皆是，随手可得，但选择哪一种都不适用。原始人在这两难的困境中苦苦寻觅近百万年，终于有一天，砾石破裂了，露出了锋利的刀刃，又保留着圆润的一头。对于这一新的自然工具，无论是因为火山爆发、岩石崩塌砸击造成，还是实际使用中的偶然破裂产生，原始人都从中获得了极大的启示：打制一头而保留另一头。人类的第一个设计物产生了，一个服务人类生活和发展的设计价值系统也开始形成。

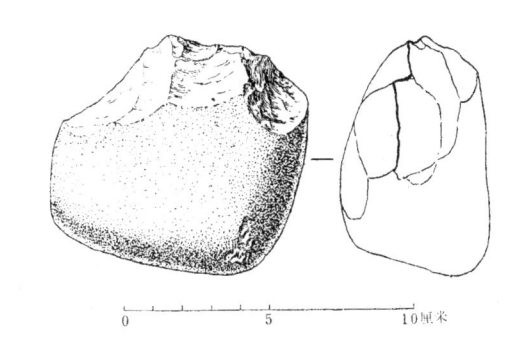

* 图 1-3
奥杜威峡谷第一层出土的砾石器。粗糙的石器表达出原始人类对生命价值的追求，其简单的打制痕迹体现出了其极强的创造能力，那种动物的自然本能已进化为人的大脑意识，并以石器这种物质形态表现出来。

自然世界的一切生物都在选择自然、利用自然。植物的根系发育在选择水源，动物的上天入地、筑巢捕猎也在选择各类自然资源。人类在创造出第一把石斧之前，同样只能选择自然。根据原始发生学原理，人类最初只是凭借本能的冲动来选择自然，"根据自己的本性的需要，来安排世界"[3]。但是，如果我们追问：人类为什么要制造石器？在两三百万年前，人类选择自然足够维持生命，食物丰富，果实随处可见，猎取动物有天然石块和棍棒，切割处理食物有锋利的牙齿，石器的制作似无必要。此时，人类面对自然最大的威胁是凶猛动物的攻击和恶劣的气候环境。因此，防卫所用的棍棒、构巢所需的树干成为一种必需品，而加工这种材料、工具也成为原始人日常生活中的重要工作。如果这样的推测符合事实，就能说明，在人类制作石器之前，原始人经常制作并使用木类工具。当然，这种制作，仅仅是用手去除一些多余的枝杈，是根据自己的自然需要及能力而进行的一项劳动，"在需要某种东西而又有能力获取这种东西的情况下，个体获取这种东西的外显操作活动就必然会发生"[4]。或许这一阶段中就隐藏着某种设计意识或价值意识，但这类意识是朦胧的、模糊的、极其淡薄的。

当满足自己的自然需要的活动遇到困难或障碍时，一般动物只能选择退却，而原始人则不同，隐藏其中的某些意识会得到增强。如当用手操作加工棍棒不能符合自然个性需要时，就选择自然石块来代替手作加工工具。迈出这一步就表明了主体意识活动的开始，也为设计意识、设计价值意识的萌发准备了条件，奠定了基础。如所选自然石块有大小、轻重、锋利程度的差别，所要加工的对象——木棒有长短、粗细、质地等差别，这些都必须认真选择、精心处理、分别对待，以便合用。

在选择自然石块加工工具的时候，原始人面临的最大的选择障碍，就是前面所说的选择的两难困境：要么用自然破碎的锋利石块，要么选择整体圆润的砾石。但前者太伤手，后者不锋利。这是原始人遇到的众多障碍中的一个，也是必然会遇到的难题。但这一难题并不是非解决不可，这一障碍并非一定要跨越，并非不跨越人类就到了面临灭绝的境地。也就是说，制作石器并不是出于原始人的普遍需要。那些不会打磨石器的动物照样在地球上繁衍成长发展，甚至在棉兰老岛，一个塔桑代人部落也没有磨制石器，一样绵延至今，愉快地生活着。所以，笔者以为，"需要是发明之母"这样的理论不能解释设计创造的动机，也不能解释设计价值产生的动因。需求与创造之间是一种相对的关系，现代人设计发明了汽车，并非因为大马路上禁止马车通行，必须用一种新的交通工具来替代。自行车的发明同样如此。对汽车、自行车的接受和使用，不是出于满足人类生活代步的普遍需要，在最初，它们只是特定的少数阶层游玩、把弄的玩意儿。在这一点上，以功能主义人类学理论，从满足一种需求来寻找设计的根源显得十分勉强。人类克服障碍、解决难题如果是在满足基本需求的情况下进行的话，就不可能设计出石器，也没有必要进入农业社会，更不会有各种各样丰富多变的人造物世界。石器以及一切人工物并非早期人类生存的必备条件，从这一点看，人类不是需求的产物，石器也不是需求的产物，甚至农业生产都不是需求的产物。

*图 1-4
早期自行车。自行车的发明和使用，并不是出于满足人类生活代步的普遍需要，在最初，它们只是少数阶层游玩的东西。

这些事物在人类满足其生理的基本需求时并非是必需的，甚至是多余的[5]。那么，原始人类为什么要解决上述自然石块的难题，为什么能跨越这一障碍呢？其中起决定性作用的因素是潜藏在人头脑中的"价值意识"，是人的"价值意识"在实践活动中从潜在的自然状态跃升为现实存在，创造出了这一砾石工具。

对于设计起源的研究，学术界常引用马斯洛提出的著名的"需求理论"，但马斯洛只强调早期设计对于人的生存、安全需求的重要性；近来也有著述简要提及原始思维，但仅是一些常见观念。而从原始意识中发掘设计及其价值的根源，由此设计各类型，勾画出中国设计价值发展的独特路径，是一个未曾系统提及、未曾深入探讨的论题。本书以此为开端，从思维及其发生的角度，探究设计价值产生的必要性，并从中西设计价值的比较中，对中西设计价值的独特性做出说明。

在我们对石器的产生进行分析时，发现其产生有一个过程，这一过程正扣合着人的进化，也正是马克思所说的"人也有自己的产生过程"[6]。石器产生有三个前后相继的阶段：第一阶段为生物本能阶段，生物本能只是以被动的形式来实施满足其生理目的的手段，它规定了"是怎样"的事实性问题，而不是"应当怎样"的价值性问题，所以生物本能无法跨越其障碍，不可能制造出砾石工具；第二阶段是生存需要阶段，生存需要只强调生存与安全的重要性，并不着眼于那些与基本生存无直接关系的问题，虽然如此，那些后来呈现出的"价值取向"已经蓄积在内，这是漫长的"木器时代"的实践活动所带来的；第三阶段是"价值意识"阶段，人的"价值意识"将"是怎样"的自然石块转变为"应当怎样"的人工石块，这一转变通过人的主体的能力经验，通过打击一头而保留另一头的实践外化成砾石工具，从而能克服障碍、解决难题，这是心灵的意欲所为，是自觉的需要，而不是自然的需要，这就是马克思所说的"感觉的人类性"[7]，是人的本质特征的体现。这一阶段的人不是一般的生命个体，而是"有意识的生命个体"，在长期的生存实践活动中发展出人的"自由自觉"的能力，这是人的本质力量。当人向自然界展开自己本质力量的时候，就能把自己的意图、意欲通过一种创造性劳动对象化为一种感性存在，由此在对象中确证自我。

人具有价值意识，根据自己所追求的价值而不是基本需求来决定设计活动，并通过设计价值的创造来完善自己。在漫长的进化过程中，推动人类设计价值原始萌发的主要杠杆，是石器[8]。设计价值的创造使原有的没有价值存在的自然环境转变为充满价值因素的人工环境。人类的设计价值观由简单到复杂的上升，其对设计存在方式及其意义的追求，构成了人类历史各个阶段设计价值选择的基本线索。

2. 设计价值的范畴

设计价值范畴是设计价值研究的基石，对设计价值的界定将决定整个设计价值体系的性质和方向。

"价值"原是一个经济学术语，这一词汇在日常生活中也频繁被使用。经济学中的价值"是指凝结在商品中的一般的、无差别的人类劳动"[9]。在日常生活中，价值的含义有"好、坏、得、失""真、善、美、丑""有用、无用""有利、无利"等词语表达。19世纪中叶，新康德主义、弗赖堡学派的代表人物洛采和文德尔班将这一经济学术语运用到哲学研究中，发展为价值哲学这一专门概念。之后，对价值问题的研究渗透社会人文学科的各个领域，给研究者从新的角度观察思考社会生活的各个方面带来了有益的启示。

价值问题也是设计的一个基本问题。对于设计价值的认识，我们总是停留在"使用"的概念上，食物充饥、衣服御寒、房屋居住、车辆运输……着眼点在于这些对人实用的特殊价值上，而缺少或没有从价值哲学的高度去分析、理解设计艺术中的一般价值问题。因此，笔者尝试把价值哲学理论引入设计研究领域，希望能从新的角度对设计艺术的意义价值做出比前人深刻一些的探讨，也为当代学者准确地揭示设计艺术的本质提供可资借鉴的理论基础，走出一条设计艺术研究的新路。

对于设计价值范畴的界定，应该遵循一定的原则。笔者以为，有以下四项：第一是不能用具体的特殊价值来界定一般价值，设计艺术具有实用的特殊价值，而我们寻求的是设计的一般价值，这种抽象意义的"一般价值"是对包括实用、功能、伦理、审美在内的各种特殊的、具体的价值形态的共性考察，是对人类设计的普遍现象和活动内容的本质概括，因此，以设计中具体的、单一的特殊价值无法界定设计的"一般价值"；第二是不能用实体来界定设计价值，设计艺术有物、有人、有实体，但设计价值不是实体，设计价值需要在物的创造的比较中显示出来，在物与物、物与人、物与社会、物与环境的各种关系中获得；第三是不能用客体满足主体需要来界定设计价值，因为，价值不只是需要的满足，设计价值不是人的需求的产物；第四是要确证设计价值的客观性，设计价值是客观存在的，是人的创造实践活动的结果，起到完善人、服务生活、发展社会的作用。这四项原则是根据价值学研究成果[10]，结合设计学科特性而确立的，其总目标就是要求对设计价值范畴的界定能揭示设计价值最本质的东西。根据上述原则，我们可以对设计价值的范畴做出分析和界定。

界定设计价值，首先遇到的问题就是：设计的使用价值或交换价值是否就是设计价值？在设计艺术领域使用"价值"一词，常常会有层次上的不同表达：一种是作为产品或商品所具有的社会本质特征,即如前所述是在"商品中凝结的相对劳动量",这是商品交换价值的基础,用货币形式表现就是价格,这是经济学特有的概念;另一种是从功能作用的角度对其所做的狭隘的理解,把实用与审美区别对待或并列使用,这是社会人文学科的做法。按照上述四项原则,这两种表达无论哪一种均不是对于设计艺术现象和内容的本质概括。

经济学中的"价值"概念与哲学中的"价值"概念内涵不同,这是多数学者的观点。因为在经济学中,价值的"着眼点是商品交换";而在哲学中,价值的"着眼点是使主体人更趋完善"。两者强调的重点不同,所涉及的外延大小也不一样。从物与人的关系上看,商品能够交换,中间必有一个使用价值——食的充饥、衣的御寒、车的代步、房的居住……这些物品供人使用,其使用价值强调的是物所具有的能供人使用的自然属性。因为这些"物的使用价值取决于它的自然属性,离开物体就不存在……"[11],正如马克思所说:"使用价值表示物和人之间的自然关系,实际上表示物为人而存在。"[12]

譬如衣服是由实际的面料制成的设计物,人在寒冷和酷暑时需要这些物品,这就产生了保暖防暑等具体的、特殊的价值;如果保暖防暑的目的实现了,就是拥有了使用价值或实用价值。但是,衣服在使用价值之外对人来说还具有一些其他的潜在价值或内在价值。如果我们谈"衣服对人的作用很大",这就绝不是单指使用价值,而是就哲学意义来说的。设计价值所要昭示的就是设计对人的某种意义或作用。如果再从外延看,衣服使用价值的外延有:经过设计、生产、劳动加工的成品衣的使用价值,包括衣服成为商品的价格,未做加工开采的棉、蚕、桑叶、石油、天然

气等自然物的使用价值。这些都是有用的物品和自然物品，构成了人类生存的物质内容。而衣服设计价值的外延要大于使用价值的外延，它既包括使用价值的全部外延，还包括衣服的政治、道德、宗教、审美、教育、伦理、环境等所有的社会行为，从而构成了人类生存与衣服相关的整体的、全部的内容。

无论从内涵还是外延看，物的使用价值与设计价值都是两个不同的范畴，属于特殊与一般的关系，我们不能用特殊的使用价值来代替或当作一般的设计价值。马克思对"价值"概念做过系统的科学论述，分析经济价值创造的过程和历史条件，揭示资本主义发展的秘密，从而使经济学的"价值"概念影响深远。马克思的价值论中也涉及特殊和一般的关系，他说："商品，一方面是使用价值，另一方面是'价值'。"[13] 而"作为使用价值的使用价值，不属于政治经济学的研究范围"。在区别对待的同时，马克思并不否定在一般科学的范围内研究使用价值的意义。在他的经济学论述中，他将交换价值理解为实现产品使用价值的社会历史形式，对于生产与消费、需求与供给、分配与交换等具体的分析扩展到经济与政治、经济与道德、经济与艺术等方面，全面考察了人类社会生活的价值关系。因此，马克思的经济学说，既是对资本主义经济活动规律的科学分析，也是关于无产者、劳动者的社会价值创造的更高层次的价值学说。马克思主义价值

* 图 1-5
衣服。衣服是由实际的面料制成的，在寒冷和酷暑时产生保暖防暑等特殊的价值；如果保暖防暑的目的实现了，就是拥有了使用价值或实用价值。

论为我们奠定了设计价值研究的科学基础。

接下来的一个重要的问题是：设计价值是客观的还是主观的？这是设计价值的本质问题。

*图1-6
人群。衣服设计价值的外延要大于使用价值的外延，它既包括使用价值的全部外延，还包括衣服的政治、道德、宗教、审美、教育、伦理、环境等所有的社会行为。

设计艺术是由于我们的欲求、兴趣或珍惜才具有了价值，还是因为设计艺术自身就带有价值，我们才对它有欲求、兴趣或珍惜呢？设计价值论一旦上升到哲学领域，就避免不了这样的提问，这是属于哲学领域的设计价值范畴的两种看法。属主体论或客体论，在价值哲学领域有主观主义价值范畴和客观主义价值范畴，反映到设计价值领域也会有这样的两种主张，譬如："设计价值是人的欲求的满足""设计价值就是满足某种需要或引起某种愉悦的东西"。如果以这种"客体满足主体的需要"的观点来对设计价值下定义，就是从人的主体经验方面来理解设计价值的本质，把设计价值归结为主体的需求、情感、兴趣和利益，认为设计艺术本身并不具有价值，其价值存在于主体对它的评价之中。某一设计之所以具有价值，是因为它能满足人们的欲求和快乐；某一设计之所以没有价值，是因为它不能满足人们的需求和兴趣。"人的需求是价值的必要条件，在满足之外绝没有价值存在。"[14] 设计价值如果完全取决于主体需求，这种观点就是一种主观主义价值论，如果用来界定设计价值，会存在一些问题。如主体需求有好的、不好的，正当的、不正当的，健康的、不健康的，合理的、不合理的，假如不加分析地认为只要满足了主体的任何需要，某一设计就有了价值，即使是有害的、丑恶的需要也有其价值，这就会使不良设计泛滥，让白色污染（塑料袋）、老虎游戏机等畅通无阻。另外，从满足主体需要出发仍然没有脱离客体商品的使用价值的特点，尽管主体需求不只限于实用功能，还有其他的审美需要等，但客体满足主体是使用价值的根本特征。设计的使用价值是特殊价值，从设计的特殊价值无法准确理解人类生活中的设计价值，只能将设计价值实用化。

舍勒就认为价值不是需要的满足，"事情并不像以需要为基础的价值和评价理论所猜想的那样：任何事物或一个X，只有在满足了一种需要时才有价值"[15]。主观主义的设计价值论强调满足主体需要，忽视客体的客观规律和条件对设计价值的作用，容易产生片面的判断，导致设计错误。

以上所述，说明了满足主体需要的主观价值论不能保证设计价值的客观性。那么，如果凭着对设计艺术的直觉，我们会感觉到，设计价值属于设计事物自身，是客观的、非派生的，是独立于主体的欲求之外、不因主体的评价而改变的。这种强调设计价值与主体无关的看法着重于客体及其属性对设计价值的重要性，在设计价值本质问题上与主观论相反，属客观主义设计价值论。以客观论来界定设计价值有其合理的一面，因为将客体视作设计价值之"源"，这无疑是正确的；因为设计的意义、目的、有用性等均来自这个"源"。但是，设计价值是否就是这一"源"自身，而没有其他引申出来的意义呢？"一个东西就是它本身，不会因人而异。但一个事物的价值却是因人而异的。就像同一双鞋，它的存在是客观的，但它是否'好穿'则必然因脚而异。这就是说，同一个事物对不同的人有不同的意义。"[16]设计价值是客体对主体的合目的性的意义和作用，其中的一个前提是必须有设计艺术物客体或设计价值对象实体（即物本身），但能否对主体产生意义或作用并不取决于物本身，而取决于主体与客体间的关系和作用。

主观论者认为设计价值不离主体——这无疑是正确的，但其否定客体的作用，将主体作用无限放大；客观论者主张设计价值不离客体——这也是正确的，但其认为与主体无关，将客体作用绝对化。两者对于设计价值本质的认识都是片面的，因此也无法准确地界定设计价值的范畴。

第三个问题是：设计价值是否就是"以人为尺度"？

我们认为，一切设计的根本出发点是人而不是物，这是人类造物的首要原则。以人为尺度，一切为人而设计，这无疑是正确的，因为人是万物之灵，具有最高的价值。但人是一个实体，而价值并非实体，它属于关系范畴，不能用实体来阐释。人的价值又是一种特殊的价值，会因社会、历史、文化、教育、经济的不同价值取向而完全不同。而设计价值寻求的是一般价值，以特殊价值来说明一般价值也不合理，因此，以人来界定设计价值难以成立。"以人为尺度，一切为人而设计"，这里的人又是抽象的人，并非现实生活中的个别的具体的人，因此，设计上以人为尺度重点强调人生理的共性。近年来以人为中心，强调功利主义、利己主义，强调人的需求和利益高于一切，所谓"改造自然，征服自然"，实际上就是蔑视自然、反自然。"以人为尺度"最后走向它的反面，使人类失去了完善自己的客观基础，片面追求物质享受和经济利益，导致人的异化。"为人而设计"的观点是站在"一切人都是本元的、好的"的角度提出的，而在现实生活中的人，是具体的、个别的，是各式各样的、千差万别的人：有高尚之人、有卑鄙之人，有善良之人、有丑恶之人，有好人也有坏人，这些各色人等都有自己的价值观。那么，假如设计价值就是人的尺度，我们将以怎样的人的尺度来说明设计价值呢？所以，人的尺度是需要进一步探讨的哲学问题。人的价值到底是什么还没有定论，因此也就无法帮助我们理解设计的价值，更不能揭示出设计的本质。

当然，人可以作为设计价值的主体依据，也可与设计价值评判密切相关。但设计价值并不是人的派生物，设计的价值判断不由人性的先验能力决定，而是受到社会生活实践的诸多要素制约。人具有一定的社会性和历史性，不存在永恒不变的价值观，只有将人置于具体的社会历史条件之下，每个人的价值观才得以凸显。因此，对于这种不尽相同的人的价值追求可以加以引导。只有在追求个人价值的过程中，使其与社会价值相一致、与社会相统一，才可能将其作为判断设计得失时设计价值的主体依据。这样的人的价值在本质上是一种"关系的统一"，是在人这一主体与社会历史的相互关系的基础上产生的，早已不是作为类的人，不是孤立的个人的人性了。因此，单就"人"而言，是无法帮助我们理解设计的价值的。

通过上述探讨和分析，我们排除了一些对设计价值不恰当的理解和局限。在对实际的人类设计活动的历史考察基础之上，我们对设计价值范畴定义如下：

设计价值是在主体与客体相互作用下产生的一种正负效应。设计价值的正效应在于主体人的创造力使物更趋完美，客体人造物使人类生活与社会自由全面地发展。

这是设计的正价值。设计价值的负效应是主体人的创造力让不合理的甚至腐朽丑恶的设计泛滥，物满足了人性中贪婪的、不合理的需要。这是设计的负价值。"主客体相互作用，是价值产生的基础。"[17] 设计主体人与设计客体物之间的相互作用，形成了我们常说的设计活动。如果设计活动仅仅是相互作用而不产生双方或一方的改变（即"效应"），还不能算有设计价值。只有任何一方在相互影响中发生变化的情况下，才可以说产生了"效应"，而具有了设计价值。而这种"效应"是"指一切作用和影响"[18]，其中也有实用、功能、功利，但不等于实用、功能、功利。它包括物质实用和精神审美在内的综合作用，并强调其正向性与负向性，否则就不能真正揭示设计价值的本质。

在这里，我们并不把设计的使用价值与设计价值混为一谈，也不完全抛开实用性来论述设计价值，而是将实用性作为产生"效应"的基础部分，和其他的伦理、社会、人文、审美价值一起，成为其中的一个影响因子，确立了设计价值的普遍性而非特殊性的意义。

在这里，我们既重视设计价值主体的作用，也重视设计价值客体的作用。从设计活动的过程看，有人对物的作用与影响（创造），也有物对人的作用和影响（用与美）。主客体的相互作用、相互影响是确切存在的，所以，强调双方的相互作用，克服了片面夸大主体作用和片面夸大客体作用的偏颇[19]。

在这里，我们也不将人的尺度作为理解设计价值的标准，虽然在世间万物中，人是最为宝贵的，而设计的终极目标也是使人更完善、生活更美好。但为了人的不当的欲望，过度追求物质享受而导致社会文明的退化，这种现象在人类历史上屡有发生。所以，正负效应、正负价值的提出，给人敲响了警钟，并且能规范设计活动。可以说，上述定义较好地揭示了设计价值的本质。

3. 建构科学的设计价值观

人作为社会主体在审视物、自然、环境这些客体对于主体的生存、发展的意义时，原本作为特殊价值的设计问题必然上升为一般价值哲学问题，价值也随之成为人们关注的重大问题。

近代以来，随着社会政治制度的变革，以及中西文化的冲撞，我们接触到西方现代设计并观察其价值观，向西方设计学习了 100 多年，促使传统的设计价值观发生嬗变。当前，中国设计艺术处于传统价值观念几乎完全丧失，新设计价值观尚未形成，西方设计价值观占据主导的局面。中国设计艺术缺乏自身主导价值观，致使设计评价标准完全照搬西方既有模式，在一定程度上造成了设计优劣观念模糊不清，不利于中国设计在日益激烈的国际竞争中获得成功。设计价值观不是一种先验的存在，而是在实践中持续建构形成的，是基于历史规律和人类设计实践的一种自觉建构。改革开放 40 余年来，中国社会经济生活发生了巨大变化，经济生活的迅猛变革促进了中国设计艺术的快速发展，为中国设计价值观的重构提供了基础条件，新兴的设计艺术学学科的建立也迫使我们重新考察自己的设计价值观。因此，建构科学的适应社会生活发展需要的设计价值观日益紧迫，这是需要认真研究的重大课题。本课题（书）尝试为此做出努力，首先提出并分析支撑新的设计价值观所必需的哲学依据、核心观念、多元取向和生活判断这四个方面，期望能有益于创造性地建构出一个理想的中国设计价值观世界。

第一，设计价值观建构的哲学依据。

设计价值观建构的根源在于设计的社会生活实践。设计价值观在漫长的历史发展过程中之所以能不断演进，一个根本的原因就在于创造历史的人类设计行为在这一过程中不断地变化、提高和完善。马克思说："一切划时代的体系的真正内容都是由于产生这些体系的那个时期的需要而形成起来的。"[20] 在当前，面对我国设计艺术学学科建设的不断完善，面对市场经济体制和经济全球化所带来的设计价值观的冲击，面对中国设计的现代性困境与价值危机，研究设计价值观、构建当代中国的设计艺术价值体系，是中国设计艺术实践的核心课题，是时代发展的必然，而支撑这一设计价值观建构的哲学依据应包括创造生活的认识论和整体性的方法论。

首先是认识论依据：设计创造生活的认识论。在过去一个时期，设计艺术被认为是"美化生活"，之后又提出是"创造生活"。在我看来，"创造生活"比"美化生活"更为合理，也是"更为美化的生活"。"创造生活"这一设计认识论的主要思想有以下几点：（1）人类的生活史就是一部设计创造史，或者说，人类的设计史就是一部创造生活的历史；（2）设计艺术是创造的艺术，不仅是物的创造，更是人的生活的创造；（3）任何一种设计艺术都应该是生活化的，都是对生活的帮助或改造，因而其中必然潜藏着生活的创造；（4）创造是人的本质特征，生活是设计艺术的根本指向，设计在创造中发展，生活在设计中提高。

以往的设计（工艺美术）关心的是如何"美化生活"，这是对设计的严重误解。因为"美化"是装扮、粉刷、掩盖，美化生活是以被动的形式来施展其手段。而设计的历史已经表明，设计史不是美化史，而是创造史。设计服务于人类的生活更不是被动式的，而是主动地创造新生活。人类生存需要设计造物，而这种造物作用于生活不只是维持人类的生物性生存，更能改变人类的生存方式，从而产生一种新生活。因此，设计价值观的建构需要面向未来，"创造生活"是设计的终极目标，也是设计价值观建构的哲学认识论依据。

其次为方法论依据：整体性方法论。除了上述"创造生活"这一认识论前提外，整体地、全面地、历史地对待设计问题，而不是局部地、个别地、实用地解决问题，是建构设计价值观的方法论依据。从辩证哲学和系统论的观点看，整体是由若干部分构成的一个结构总体，部分与部分、整体与部分之间是相互依存、相互作用的，缺少某部分就不能构成完整的总体。设计上的现代主义强调功能至上，要实现经济的、实用的、几何的、没有任何装饰的、没有一点感性的、纯净的、统一的设计风格。要达到这一目的，就要彻底地与传统设计艺术决裂，以设想的大批量生产、大量消费满足普通民众的生活所需。但是，在现代主义设计实践中，只重视实用、经济的功能，忽视了装饰、审美的功能；重视生产方式的作用所产生的几何形态问题，忽视了设计与生活、设计与人之间各种复杂的相互依存、相互作用关系。也就是强调了一部分，而忽视了另外一部分，即强调现代、忽视传统，强调实用、忽视情感，强调经济、忽视装饰，甚至将部分与部分对立起来，从而否定了设计整体。

如果离开全面的社会生活整体，离开设计知识整体，建构新的设计价值观只能是从物的角度考察其生产、材料、功能问题，从生产者的利益考虑设计的经济、效益问题。要实现这样的目标，唯一的方法似乎只有"实用至上"一条路，最终必然走向与设计的根本目的相反的道路。而整体性方法论可以让我们深刻地理解设计活动的出发点是人，"不是意识决定生活，而是生活决定意识"，整体性方法论可以为中国设计价值观建构提供又一坚实的哲学依据。

第二，设计价值观建构的核心观念。

近百年来现代设计实践格局的深刻变革，必然引起设计价值层面上的种种变化，因此，建构中国新的设计价值观也应有新的核心观念。

在设计中，这种新的核心价值观念应体现在设计整合能力上，涵盖设计内外结构要素的协调，以及各种设计思想的趋同或共存，最终使人的社会生活融洽、和谐。"和谐"应是新的设计价值观建构的核心观念。和谐不是思想观念的完全相同、合一、一致，设计中各种关系因素的相互协调，才是设计和谐的本质属性。设计是一个各种因素稳定的复杂的关系模式，在各种因素之间存在着各部分、各系统间的协调问题，合理的协调能将各种因素所具有的功能发挥到最佳状态，因此，和谐设计也蕴含着整体性设计方法和设计思想。

和谐价值观是一个通约性观念。100多年来，中外设计观念不断碰撞对抗。改革开放后，设计领域面临新与旧、传统与现代、理想与现实、商业与学术、奢侈与简约等多组矛盾冲突，致使设计领域呈现出抗争与扭曲的状态。当下，迫切需要和谐价值观来调节设计关系，和谐价值观也具有能够包容协调这些问题的最大"公约数"。我们不愿意看到在无穷的争论中消耗设计资源，在传统与现代、工艺美术与设计艺术、东方与西方的矛盾冲突中浪费时间和精力，无谓的论争无助于中国设计价值观的建构。我们不做无谓的论争。我们宁愿做出让步，我们需要以和谐价值观来综合各方面的设计思想，平衡各种设计利益。这不是妥协，而是各种思想因素相互作用后形成的一种合力。

和谐价值观在设计理论上具有较强的弹性，能衍生出一些中层的或微观的理论概念。从设计系统上看，整体性需要多样的和谐，造型要和谐，色彩要和谐，功能形式要和谐，实用审美要和谐，设计的形式法则就是为了达到和谐而特定的。从设计与人和社会生活的关系看，也需要和谐，要有家庭生活的和谐、社区群体的和谐、交通旅游的和谐、文化娱乐的和谐、安居乐业式的和谐，等等。和谐能为大多数人所推崇和接受，其内涵、特征、价值可衍生出以和谐为核心的设计价值群。可以说，和谐是设计价值的理论内核。

中国新的设计价值观建构也要自觉投入中国当代社会文化建设之中，从大的方面看，价值问题是贯穿许多学科的具有一般性的问题，和谐价值观正是中国当代社会所需的价值观念。建立和谐社会就是要在人与人、人与社会、人与生活之间形成一种最佳的社会关系，中国设计要为达到这一和谐状态而努力。当代设计要为民众的小康社会服务，并积极促进社会文化的融合、沟通和发展。所以，设计的和谐核心价值观有着雄厚的社会思想基础，它不只是当前中国设计所需要的观念，也是中国社会转型时期所需要的观念。

第三，设计价值观建构的多元取向。

全球化与现代化对中国传统的设计价值观产生了强烈的冲击，一方面，西方现代主义设计价值观成为主导性观念；另一方面，西方各种新的设计价值观纷至沓来，对已有的设计价值观和传统的设计价值观造成新的影响。这势必导致多种设计价值观的再次冲突，人们的设计价值取向呈现出多元的特征。在这一时期建构中国新的设计价值观，应正确地辨析设计价值多元化的因素，在核心价值观的主导下，整合多元取向来指导和规范设计行为。

设计价值的多元化以及相互冲突、相互影响是社会发展、经济全球化过程中必然会出现的客观现象。那么，面对设计价值的多元与冲突，我们应该择取什么样的设计价值观，放弃什么样的设计价值观呢？为避免一元的甚至不合理的"价值失范"现象，当前重构设计价值观要突出三个方面的内容：其一，坚持以突出人与生活的和谐价值观为主导，把各种设计思想观念纷争限制在最低程度，保证设计行为活动的正常发展；其二，突出适应中国设计发展要求的新思想和新观念，保留符合当前设计状况且已经证明能发挥作用的价值观；其三，弘扬优秀的中国设计传统价值观，并赋予其时代新意，如生态观、功用观等，将其与现代设计价值紧密融合，以此对传统价值观进行改造，建构新的有中国特色的设计价值观念。

设计的目的是创造和谐的社会人类生活，这就要求：一是复杂的设计内外结构要素上的协调平衡，二是多种设计意识的趋同或者共生相融。设计意识的同一性是维系、整合设计价值观的精神纽带，因为其中存在一种"共同的设计意识"。但不同的设计意识彼此共存也能达到一个整合的"和谐",这一和谐是"和而不同";即有差异的多元的思想并存,互不对抗、互相补充、彼此共存、和睦相处的状态。信息化时代是一个开放的社会,各种设计思想、各种意识观念层出不穷,共生观念能打破地域性的界限,开阔设计视野,将各种设计思想结合在一起,所谓"和而生物";即各种设计思想在和谐相处中产生新的东西,新旧还存在于延续的共生关系中,传统与现代、历史与未来、本土与外来的共生互补甚至融合是新的设计价值观建构的核心观念。这也许是中国设计发展有效的途径和较好的模式。有了这种"共生"的设计观念,才能发展出一种良性的设计互动机制,才能建构出一种合理的中国式的新设计价值观。

第四,设计价值观建构的生活判断。

设计价值观是在人们的设计实践中不断地被建构起来的。马克思指出:"人的思维是否具有客观的真理性,这不是一个理论的问题,而是一个实践的问题,人应该在实践中证明自己思维的真理性,即自己思维的现实性和力量,自己思维的此岸性。"[21] 新的设计价值观的建构是否科学、合理,能否促进设计艺术的发展,是否有益于中国设计在激烈的全球化竞争中脱颖而出,只能由具有直接现实性的生活实践来检验。生活判断应该胜于理论的认识,生活实践不仅具有普遍性品格,还具有直接现实性品格。因此,当代中国设计价值观建构需要由生活实践做判断。

设计价值观的生活判断表征着设计艺术的学术自觉,同时,也是信息时代的必然选择,感性的生活状态本该是设计艺术的出发点和重心所在。对于设计价值观的生活判断，我们应该判断什么？一是理论研究与应用实践是否冲突。价值观的理论建构总是以探索创新知识、创建新理论的理性追求为目标，而应用实践则是运用理论和相关知识解决设计问题。理论建构能否向设计实践转化，能否为设计决策提供有价值的思路，这是至关重要的。应用实践是现实的、当下的、生活的，在生活中的显现是实在的，从中可观察价值理论的得失。二是本土化价值与国际性价值是否冲突。设计艺术是生活化的艺术，总会受到所在文化情景的文化限定，中国设计艺术要站立于世界设计艺术之上，就需要本土化，需要树立"中国设计"的主体意识。中国设计是基于中国人的生活方式，但并不与国际性设计相抗衡、冲突，而是遵循国际化规则，建立属于自己的设计价值规范。三是创新性价值与规范性价值是否冲突。创新性是新价值观建构的重要部分，也是设计价值体系生命力的体现。规范性价值是一种共识，创新思想在初始时期常被否定，无法成为共识。例如，设计的绿色环保目前已成为全世界的共识，而在20世纪60年代，提出"地球资源有限"的理论则得不到同行的认可。如何判定一项创新设计价值观的意义？只有以生活实践而不是以专家作为判断依据。生活实践的判断包括生活者的意见、社会公开评价、多元渠道的言论等，以此来避免单一独断所造成的判断失误、评价失范的现象。

4. 探索设计价值论的理论框架

对设计价值的思考和研究将形成设计价值理论，这里的价值理论并非经济学意义上的，而是从经济学那里引申而来的，是指人们关于设计价值的系统化的理性认识。在哲学领域，价值理论也称价值哲学。当代学者关于价值哲学的研究贡献甚丰，虽然是从哲学角度所作的考察，但对于我们研究设计价值具有重要的启示和借鉴意义。

结合当代价值哲学的研究成果，立足于设计艺术学的学科现实，对于设计价值论的理论框架的探索应包括设计价值哲学、设计价值方法论和设计实践价值三个方面。

第一，设计价值哲学。

对当代中国设计艺术的讨论与研究，都是在认识论的框架内进行的。譬如对工艺、装饰、意匠、图案、设计等的讨论主要是关于"设计是如何"的认识，是在事实认识的基础上展开的研究。但是，当设计艺术学学科建立之后，设计学研究发育到一定程度时，认识论框架的局限性也就表现出来了。那些设计"是什么"、设计"怎么样"的讨论已无助于设计艺术的发展。因为设计既存在于事实世界之中，更存在于价值世界之中。事实世界就是设计的各种事实关系，包括设计的形态关系，设计的色彩关系，设计的工艺、材料、生产关系，设计的市场销售关系等，这是人们可以触摸、体验到的现实世界。价值世界则是设计事物以及这些事物与人类之间的事实关系对于人类的生活、进步与发展的意义，是人们触摸不到的经验之外的本体世界。我们不能只认识设计的事实世界，如果不把握设计的价值世界，就不能形成对设计世界的整体理解。因此，如果换一种角度，从设计学科发展的视角看，冲破认识论的局限，才能确立设计艺术在更高层次的人文社科中的合理地位。

发展设计艺术，构筑设计价值观的理论体系，无论如何都涉及设计价值哲学。纵观设计的历史，尽管不同时期、不同区域的设计生产方式不同，形态各异、变化多端，但从其目的、功能上说，基本是一致的。一是通过对既有和现有的社会生活方式的认识，提供一种合理的生存方式；二是通过对既有和现有的社会生活活动的反思评价，产生一种合理的价值观念。两者密切相关，不可偏废任何一方。从人类设计活动的角度看：运用科学，强调实用，重在为人类的生活服务；结合艺术，追求审美，则是一种生活的理想和要求。如果说科学实用侧重客体尺度（也就是物的尺度）和生产方式，那么艺术审美则更侧重主体尺度（即人的尺度）和心理方式。设计哲学作为世界观的学问，这两种现象均可作为反思的对象，在主客体之间，在人与物之间，在生产方式与心理方式之间保持必要的张力，维持一定的平衡。

西方现代主义设计依傍科学、倾向理性，突出功能实用的一面。解构主义设计则反科学、反理性、反权威，重心理、重个性，是一种反叛。无论哪一种设计思潮，当以设计哲学观来观察其现象时，均会发现在发扬某种思想时，却走向了新的失衡，显示出新的弊端。我们在重建中国的设计艺术理论时，在学习西方设计并与之对话时，一定要注意中西设计文化的语境差异，不能将西方设计中的问题当作我们要学习的设计重点，也不要轻易地将中国历史上的设计价值当作普适的价值观在现代设计中推广。也就是说，中国的设计价值哲学理论必须照顾到中国的设计现实。

第二，设计价值方法论。

方法论是一个重要的问题，它与价值哲学等一起构成设计价值的理论框架，只有有了方法论的自觉才能有理论的创新和设计的创新。在设计价值方法论的运用中，有一个基本原则，就是从生活中人的需要和现实生活出发，立足于主客体相互作用的关系来规定设计价值，这也应该是重要的方法论倾向。这一方法论倾向重视的是人的生活和实践，将设计价值理解为主客体作用现象，这对于防止过于抽象地理解审美、形式与价值具有重要的作用。研究范式一旦确立，接下来就是具体的方法运用。在基本原则的基础上，有两种具体的研究方法：一种是"纵横交叉"的研究方法，另一种是"关联互动"的研究方法。由此便构成了设计价值论特有的不同层次交叉互动的研究方法。

"纵横交叉"研究方法表现在整个研究过程中，指对于设计活动的具体问题和设计物对象所展开的历时的纵向研究与共时的横向研究的交叉。设计的历史悠久、品类繁多、生产复杂，只有采用历时性研究和共时性研究纵横交叉互补的研究方法，才能对历史长河中设计的复杂关系有深刻的揭示，才能对人的需求和物的多样性、对设计本质与人的能动性有真正的把握。设计价值论研究在对"纵横交叉"关系的运用上，应该在兼顾两者的同时侧重于前者，即更注重纵向历时性研究。在研究的深度和广度上，设计价值的形成主要在于设计系统内部各要素、各结构和外部社会、人、环境之间的横向联系上。因此，设计价值的研究，应致力于多向度（即广度）的研究，力求在最大限度上实现设计价值的社会价值。也就是说，在深度与广度上，强调广度，两者也是交叉运用；强调某个方面的深度是必要的，但缺少了广度的深度，在设计价值论的研究中是没有意义的。

"关联互动"研究方法表现为对设计价值论的研究与其他相关学科之间的互动关系。在研究过程中，需要对设计价值的研究和与之相关联的其他学科的研究进行相互交流、相互作用式的互动研究，如与价值哲学的研究、价值心理学的研究的相互关联与促进。这就使设计价值的研究能够在多学科的影响下，取得学术意义上的进展，有可能真正解决中国设计自身价值观缺失的理论问题，从而为设计艺术学学科获得相应的学科地位奠定基础。"关联互动"的研究方法还表现在设计价值的理论研究和实践研究之间的关系上，有理论与实践的互动才能建立起一个完整的设计价值理论体系。只有当设计价值系统参与社会、生产、生活的实践活动，才能有合理的设计价值实现。只有切入社会生产生活实践，认真加以观察研究，才能准确揭示和把握设计价值的理论体系。由此而形成的理论体系，才具有一定的学术活力，才能为设计艺术提供学术支持。

第三，设计实践价值。

设计价值的理论框架，仅仅有设计价值哲学和价值方法论，还不能真正构筑起设计价值的理论框架，还必须与设计实践价值一起，三者并列才能构成完整的理论框架。设计实践价值就是坚持从现实生活出发，以服务生活者利益的思想为指导，从实践、发展、人类幸福的角度去把握设计价值。设计实践价值是用现实生活中的事实来证明设计价值的存在，根据生活实践的结果来进行价值评判。这种实践价值早在古罗马时期就已经产生，《建筑十书》就提出了"实用、坚固、美观"的设计价值标准。我国20世纪50年代的设计价值标准是"实用、经济、美观"。现在有人提出以"实用、个性、环保、美观"作为价值标准，即以是否具有为生活服务的实用功能、是否具有符合消费者理想的独特的个性特征、是否有利于良好的生态环境保护、是否具有艺术美观的造型形态，作为判断现代设计成功与否的根本价值标准，这是以人类幸福的利益、以实践结果作为价值标准的案例。

设计是一门实践性很强的学科，因此，设计实践价值的研究具有很强的生命力。

第一，可以进一步加强实证性的研究，弥补价值理论研究的不足。对于当前中国设计的价值观念发生了哪些变化、价值观的基本倾向有哪些、不同生活层次的价值观又是什么等，有一些确切的调查和了解。第二，能够有较强的操作性，对于判断一种设计的价值，根据调查了解所得事实，提出价值标准，以实践事实进行价值评估。第三，克服了对价值本质理解上的随意性，从实际生活效益来判断、确定一件设计作品或一项设计活动的价值，避免了主观价值论和客观价值论的局限性，真正构筑起设计价值论的理论框架。

中国设计艺术的复兴，不仅要在制造与技术领域大力推进，更要在创新层面实现重大突破，创造出无愧于这个时代的中国设计艺术。在这方面，设计价值论的研究有很大的作用空间，大有可为。

注释：

[1] 卓泽渊，《法的价值论》，法律出版社，2006年版，引言。
[2] 刘骁纯，《从动物快感到人的美感》，山东文艺出版社，1986年版，第112页。
[3]《马克思恩格斯全集》第一卷，人民出版社，1956年版，第651页。
[4] 张书琛，《关于价值原始发生过程的考察》，《内蒙古民族师范学院学报（哲学社会版）》，1999年第4期，第25页。
[5] 乔治·巴萨拉著，周光发译，《技术发展简史》，复旦大学出版社，2000年版，第152页。
[6]《马克思恩格斯全集》第三卷，人民出版社，1960年版，第3页。
[7] 马克思著，刘丕坤译，《1844年经济学—哲学手稿》，人民出版社，1979年版，第79页。
[8] 李从军，《价值体系的历史选择》，人民出版社，2008年版，第16页。
[9] 巢峰主编，《简明马克思主义词典》，上海辞书出版社，1990年版，第470页。
[10] 王玉樑，《评哲学价值范畴的几种界定》，《社会科学研究》，1999年第2期，第60—65页。
[11] 巢峰主编，《简明马克思主义词典》，上海辞书出版社，1990年版，第471页。
[12]《马克思恩格斯全集》第二十六卷，人民出版社，1974年版，第326页。
[13]《马克思恩格斯全集》第十九卷，人民出版社，1963年版，第417页。
[14] 李德顺主编，《价值学大词典》，中国人民大学出版社，1995年版，第997页。
[15] 舍勒，《伦理学中的形式主义与实质（质料的）价值伦理学》，转引自江畅《现代西方价值理论研究》，陕西师范大学出版社，1991年版，第114页。
[16] 李德顺，《关于价值的几个问题》，刊《党政干部学刊》，2008年第3期，第3页。
[17] 王玉樑，《评哲学价值范畴的几种界定》，《社会科学研究》，1999年第2期，第60—65页。
[18] 王玉樑，《评哲学价值范畴的几种界定》，《社会科学研究》，1999年第2期，第60—65页。
[19] 王玉樑，《评哲学价值范畴的几种界定》，《社会科学研究》，1999年第2期，第60—65页。
[20]《马克思恩格斯全集》第三卷，人民出版社，1960年版，第544页。
[21]《马克思恩格斯选集》第一卷，人民出版社，1995年版，第55页。

第一章

设计与价值论

设计是人的创造物,价值同样由人创造,二者均以人作为出发点,终极目的是创造和谐幸福的生活,两者在根本意义上是一致的。对人类创造物设计进行考察研究,实际上也是在对价值进行研究。从某种意义上讲,两者是不能分离的。一旦分开,无论是设计历史还是设计现实,都将会是一堆苍白、冷漠、无情的物质堆积。

第一节　设计的出发点与终极目标

设计与设计价值的全部奥妙就在于人与生活。在人类诞生之前和人类之外,没有设计,也无价值可言。因此,离开了人及其生活,就不能创造出适用的设计,不能真正地理解和说明设计及其价值。

1. 人的现象是设计的起点

设计只有站在人的立场,从人的现象出发,以人的生活方式思考,才能做出适合人的物品。因此,人的现象是设计的起点,其实也是设计的依据和终点。从设计的历史来看,2500年前,先秦和古希腊曾经经历过从为"神"设计到为"人"设计的演变。当完成这个过程之后,设计真正体现出了巨大的魅力,人的生活及其精神也得到了划时代的改善和解放。谁能想到,历史在今天重演,到了21世纪,我们必须面临同样的变革。在此之前的20世纪,整个设计主流思想似乎笼罩在"大工业""大生产""经济性""功能性"或"理性化""商业化"的阴影之下,人的个性、审美,生存的多样、快乐往往被剥夺,更谈不上生活的和谐、幸福。然而,"经济性""功能性""商业化"的提出并非与人的现象毫无关系,而是一些生产者和设计家意志和利益的投影。因此,如何理解人的现象、把握人的现象的意义,就成了设计的一个重要前提。

人作为一种"自然存在物",有肉体、有生命,是自然界长期进化的产物。人来自自然,为维持自己的生存、生活就必须饮食、穿着、居住、交配等,这是人的生物性所决定的生活方式和生存方式。这就是人的现象,其中包括衣食住行中的最基本的规定。但是,这是人的现象之一,仅仅是人的生物、生理现象,而不是人的全部现象。过去我们强调"功能"在设计中的运用，其实就是以人的生物、生理现象作为设计的出发点。一把椅子可以使用，一只杯子可以盛水，一件衣服可以抵御寒冷，这些满足人的现象中的动物性需要是设计必不可少的。但是，如果仅仅是为了满足人类自身的营养、避寒、防卫及生育等这类普适性需求的话，设计就是一种生物观。设计世界如果就是在这种生物观的支配下，在人的基本需求的限制下运转的话，其价值将大打折扣，设计意义也无法真正体现。而这种设计生物观却充斥在现代设计及其设计思想和研究中。譬如，"需求是设计（发明）之母"就是把设计的起点建立在人的基本需要之上，也就是生物需求层面之上。再如"人机工学"，根据人的生理数据来设计产品，这也是一种最基本的需求。

甚至有人提出人的生理缺陷论，认为工具的设计是因为人的四肢不够长、不够发达，需要有手脚的延伸，来弥补人在生理上的缺陷。弩炮、投石器是臂拳的延伸，轮是足的延伸，由此而观察到人的一大堆生理缺陷。人不能像鸟一样在天空中飞翔，因为有此生理缺陷，所以就发明出飞机来弥补[1]。如果说人有生理缺陷，那就是这个人或者少了一条腿，或者生下来少一只耳朵，缺少了正常人类所具有的完整的生物生理功能。难道因为人的手不够长，拿不到屋顶上的物品，就可以说这个人的生理有缺陷吗？难道因为人类没有像鸟一样的翅膀，就说人类有缺陷吗？

这让我想起古代宦官为弥补生理缺陷而最爱吃动物生殖器的记载。《明史·宦官传》记刘若愚著《酌中志》云："内臣最好吃牛驴不典之物，曰'挽口'者，则牝具也；曰'挽手'者，则牡具也；又'羊白腰'者，则外肾卵也。至于白牡马之卵，尤为珍奇贵重不易得之味，曰'龙卵'焉。"宦官被割去阴茎和睾丸而丧失了生理功能，生理上有了缺陷，因而将动物的阴茎、睾丸和阴户作为最好的补品来弥补其生理缺陷，这种所谓的弥补，只是反常的变态而已。回头再观生理缺陷论的设计生物观，这种对设计的认识和理解与宦官所为一样，只能令人作呕。

设计的生理缺陷论是对人的现象的一种变态的理解。现实的人的现象不只是"自然存在物"，更是有意识、有思维、有理性、有创造力、有精神活动的存在物。自然存在物与动物无异，而有意识、有创造能力则是人区别于动物的根本标志。所以人的现象并不是自然现成品，而是在人的自然属性的前提下，人自己创造的产物，人的现象表现出来的是具有历史创造性和社会性的人。正如马克思所言，人"不是以纯粹自然的、自然形成的形式出现在生产过程中，而是作为支配一切自然力的那种活动出现在生产过程中"[2]。所以，关于人的现象不应只从自然生物性去理解，更应从人的社会活动中去理解。人作为社会的产物，还是感性的存在物、能动的存在物、受动的存在物。人的感性表现在认识世界和实践活动时所表现出来的直觉观感，不懂人的感性就不能理解人的现象的全部意义。

人的能动性表现在人通过创造自身也创造了外部世界，使之成为第二自然并不断拓展。人的受动性体现在外部世界对人的客观影响或制约，如环境的影响、自然的制约等。总的来说，对人的现象及其意义的理解，要超越生物性的局限，联系人所处的社会、文化、经济以及生活生存方式，从人的个性、自由、艺术、感性与社会、文化、经济的关系来分析，把握整个人类社会及其历史发展中的设计艺术过程，以此作为设计的立足点。

当然，无论提不提"人的现象"，事实上设计都是要以"人的现象"为出发点的，因为设计是为人服务的，不管怎样设计，最终都会回到"人的现象"上。生物观也好，功能论也好，"人的现象"是具体的、历史的、多样的。问题在于：以什么样的现象作为设计的起点？怎样自觉地做到真正从人的现象出发？历史事实证实：从以神为出发点到以人为出发点，是设计从宗教神权下解脱出来还原为人类生活的一种进步。从以实现人的基本的生物需要到逐渐走向以人的全面整体发展为出发点，以社会和自然的相互协调为终极目标，这其中有一个设计以"人的现象"为起点的不断发展的逻辑存在，这是设计价值观的逻辑所在，也是生活、社会、历史进步逻辑之所在。

* 图 2-1
人的现象。对人的现象及其意义的理解，要超越生物性的局限，联系人所处的社会、文化、经济以及生活生存方式，从人的个性、自由、艺术、感性与社会、文化、经济的关系来分析。

2. 设计的终极目标是创造生活

"人的现象"既是设计的出发点，也是设计的依据和目的。这里同样存在着一个重要的问题，就是以人的什么样的现象作为设计的依据和目的，是以人的基本的生物需要还是以人追求幸福的和谐生活作为设计依据和目的？因为基于人的现象而产生的目的，是设计价值发生的根源之一，在设计价值生成的过程中，设计目的始终决定着设计价值的正或负。因此，有必要对设计的终极目标作一个明确的判断。

生命从宇宙中脱颖而出之后，经过漫长的演化，发展到了一个高级的阶段，人类诞生了。从此，"人以一种全面的方式，也就是说，作为一个完整的人，把自己的全面的本质据为己有"[3]。对于人的本质力量，按马克思所言，一是人对自然的改造，即自然的人化，一是人在改造自然的过程中也造就了人自身。前者称人的本质力量的对象化，后者为人的生成或人的社会化。两者是相互作用的。吃、喝、穿、住等一切物质生活是人类生活包括社会生活的发展基础。也就是说，物质生活不仅是为了满足人的基本生活之需，也是社会之人、人性之人形成的需要。人不同于动物的特征也体现在这里。人能够自觉地摆脱对物的依赖关系，不断地运用人的力量与智慧，去超越各种限制，克服不利于人生存发展的艰难困境，追求和谐生活，创造幸福完美的生活。这就是人类至今绵延不绝的原因。追求和谐幸福生活是人生活着的动力。和谐幸福的目标是明确的，但途径有所不同，道路是曲折、不清的。物质形态与精神形态相结合的设计艺术，正承担着这样一个重要使命。设计艺术是人之为人的根本，也是人类文化精神的表征，它必须对人类生活衣、食、住、行的各个方面不断构建、反思、完善，意在创造出和谐幸福的生活。在这里特别要指出的是，和谐幸福的目标只有通过整体性的、创造性的生活才能达到，单一地追求物质利益，片面地强调人的需要，以及那种重复性的机械大工业生产的千篇一律的产品，只能满足生物性生存，或者破坏自然环境，最后有损于人的生存，这些都是毫无和谐幸福可言的。

在现实生活中，由于设计不当而造成的人的生活不和谐甚至不幸的事件层出不穷，比如：由于材料选择不当，室内装修后，各种污染影响到人的生活；生活中大量实用产品在废弃后造成大面积污染，人类的生活环境被破坏了，生态失衡了，生活质量下降了。过去人们孜孜以求的设计大生产、现代性却在今日成为一个不可逆转的大问题,"现代性抽空了现代人的安身立命之基,导致了'意义的失落''心灵的漂泊'。传统已无法挽留,现代不期而至。对传统的疏离,对现代的隔膜,人想有个'家'。现实世界的苦难与不幸,人类生活中'人''文''精神'的严重危机,强烈地召唤着人们对生命价值和人文精神开始新一轮的思索"[4]。由此可以看出,那种单一追求物质利益的设计,并没有把人生活的和谐幸福当作设计的依据和目的,而是将物质生产本身和盈利作为目的;那种片面强调人的需要的设计,只强调了人的生物性需要,或者过于强调人奢侈需要的一面,忽视了自然界对人类的生命价值,表面看是将人当作设计的目的,实际上破坏了人的生存环境;而重复性的、千篇一律的设计形式,只考虑了设计的普适性,将感性的、多样的人类生活用同一的、共性的手法来处理,忽视了人的个性、文化、年龄、民族的差别,从而导致生活的不和谐状态。

所以,"创造生活"可以说是一种基于对人的现象、人之所以为人的哲学反思之后的设计精神,也是设计的终极目标。两者是不可分割的。在本质意义上,设计精神就是创造生活,创造生活涵盖了科学技术和人文思想,并一起融入设计艺术之中。创造生活是基于民众的现实生活实践而提出的,历史性、时代性都是它的内在本性。可以说,创造生活能够成为当代设计精神的内核,它既创造生活的价值,也创造生命的价值,更是文化与智慧价值的体现。它要用严格的科学技术和自由欢乐的艺术之美从生活的各个方面去震撼人心,不断追求和谐、幸福、自由的生活。

3. 设计创造文化与智慧的价值

从设计哲学的角度看，设计在事实上是"创造生活"的，但"创造生活"却不是认识论的命题，而是一个价值论的命题。

价值是与人及其创造密不可分的，当我们依据"人的现象"设计产品时，必然会考虑到创造的问题，这就是人与价值标准的关系问题。当我们论及设计活动、评判设计现象时，实际上就是在以创造性作为价值评价的尺度去考量设计现象。创造是人类生存和发展的内涵，也是设计艺术的重要内涵，意味着人对自己的生活活动及其生存环境的改善。人的创造是人的本质特征和终极存在。没有创造就没有人自身，也就没有人类的生活。有什么样的创造和能力就有什么样的人，就有什么样的民族，就有什么样的时代，就有什么样的社会阶层。但是，一个民族、一个时代、一个社会阶层的创造对另一个民族、另一个时代、另一个社会阶层的人而言，可能毫无价值。美国技术史家乔治·巴萨拉在《技术发展简史》中举例说："在欧洲人不遗余力地改进车轮运输的同时，中东人却放弃了他们实验轮子的尝试，中美洲人把滚动运动应用到了泥塑上。对轮子的接受和使用两相比较的故事，完全可以在现代生活的其他所谓需求上重演。它们远远不是出于满足人类的普遍需求，而只能在特定的文化内涵和价值体系中体现其重要性。"[5] 在现代设计上，包豪斯提倡的为普通民众服务的民主、平等、功能主义的设计价值观，不能被美国中产阶层接纳，因而产生出国际主义风格的设计；CCTV 新大楼、国家大剧院、2008 年奥运会主体育场也不能为全体中国民众所喜欢。可见，价值体系应该是一种文化因素。对于设计价值体系而言，就是一种文化的历史选择，体现出一个民族、一个时代的文化与智慧的创造。

设计的价值体系在历史、文化的选择过程中形成，也就是说，任何一种历史文化（包括现实文化）都能通过自身的逻辑过程产生自己的设计价值体系。而作为从表面看来是物质形态的设计，其存在方式还不能够在人的意识中直接映射出价值评价体系，而必须通过一种文化形式来转化。这种转化将一些杂七杂八的造型色彩、一堆看似毫无生气的物质形态构筑起一个有序的、能够表达人类情感并有较好实用功能的物品，由此处理成一幅优美的生活场景，在人的意识中形成一个完整的价值体系。在这一过程中，设计艺术的物质性与精神性以文化因素赋予其形式和内涵的不同特征，并不断深化，直至与整个社会历史的发展一致，构成统一完整的整体。

人类在不同的生存条件下依据自身的现象设计所需物品，创造着文化和价值。设计价值体系或价值观是一个民族生活生存和生产方式的反映，是一个民族文化智慧的反映。每一个民族都在自己的特殊的生存环境和条件下创造了自身的文化和适合自身的设计价值体系，这种文化与价值判断经历了漫长的历史演变而沿袭至今。尽管现代社会的文明程度和科学技术的发达改变了人类的生存条件，将地球变成一个村落，人类几乎成了一个共同体；但自远古以来积淀下来的历史文化，却无法被时代潮流冲刷掉，相反，民族文化及其设计价值在这场国际化的大融合中，越来越被重视，成为人类在 21 世纪需要认识的永恒主题。

第二节　价值范畴中的设计价值

价值是表征主客体相互作用及其关系的哲学范畴。在这一范畴下进行设计价值研究，就不能仅着眼于客体人造物及其属性，而应广泛联系主体人和其他有关范畴进行深入研究，其中包括生活、和谐、道德、人性、伦理等多个方面。

1. 价值的边界是生活世界

我们所生存的世界,既是一个事实的客观的世界,又是一个意义的价值的世界,两者共同构成了人类生活世界的整体。任何一件设计作品,只要在生活中实施应用,也就成为一个事实,这一事实又蕴含着许多意义和一定的价值。一件衣服,它所起的作用是遮羞、防暑、保暖,以及适应工作生活学习环境、仪态身份、社会地位等,遮羞、防暑、保暖及其工作生活学习环境的适应是事实,但是,由此而产生的身心的健康和工作学习效率的提高,则产生了大量有益的意义。而一个人借助服饰这一客体展现其仪态身份、社会地位,实质是一种价值追求的体现,促使人获得了更为全面的自由的发展。一座城市社区市民广场的环境艺术设计,关注的是市民休闲文体活动场所、设施及现象,但它所追求的价值则是社会平民参与基本文体活动的实现,让每一个居民都能获得娱乐、健身、交往的良好场所及条件。人们参与其中,面对丰富多样的文体活动及其所得到的和谐、快乐的感受,也体会到社会与文化的进步,感受到生活的惬意和满足,并以此来影响自己的思想和行为。由此可见,我们的生活世界就是一个价值世界。

价值与生活世界的关系如此密切,生活世界的好与坏、苦与乐是一个价值问题,价值也总是作为一种生活世界现象以获得价值的现实形态。因此,研究设计价值不能没有生活世界这个大视野,有了这个宽阔的生活世界,设计价值的理论研究才能不断地深化和完善。例如,设计价值的评判标准,实际上是一个生活评判问题而非逻辑论证问题,也不是历史经验等问题。只有涉及人并延伸到人的整个生活世界进行调查研究,才有可能制造出一套切实可行且合理的设计价值评判标准。同样,对于生活世界进行调查研究,也必须牢牢地把握住价值观念这个问题。如前所述,一件衣服或一个市民广场的设计，主要应抓住穿在身上的效果如何和人们在休闲娱乐时的感受如何，是否有利于个人和社会的发展与进步。其中，衣服、广场是客体，穿衣的人、进广场活动的人则是主体。如果仅仅观察客体（所谓衣服的款式、色彩、面料、工艺，广场上的大理石、体育器材、草坪、灯具等），还不能真正观察到设计的价值，因为这些仅是前提和先决条件；还要看主体人，他（她）得到了什么、如何发生了变化，如同药物治疗要看反应如何、是否有副作用等。这就是要看在主客体相互作用下的正负效应如何。

综上所述，可以得出一个结论：设计价值存在于人的生活世界中。设计价值论只有与生活世界的研究相结合，才能在设计艺术的发展中起到应有的作用。这就给我们一个积极的启示：中国设计价值论的研究，从一开始，就应自觉地投入中国人的社会生活之中，在价值哲学与生活世界之间架起一座桥梁，让研究者通过这座桥梁，走向价值的边界这个宽阔地带，积极地与生活世界对话，并形成一种机制，以便能获得持久性、取得好效果。

2. 和谐价值：设计价值体系的核心

将人的生活世界纳入设计价值的范围，实际上也就解决了设计价值体系的主体定位问题。接下来要进一步地解决设计价值的内容定位问题，即在设计价值维度上将寻求什么样的核心价值？

人类从一开始就在追求得到一种不因历史演变而发生改变的、永恒的、绝对的价值观，这样的价值观确实被构建起来了，这就是：真、善、美。这三个看似简单的文字，自古希腊以来就一直被当作人类追求美好价值的目标，但是却不能真正地完全实现。在艺术与设计领域，同样无法得到令人满意的结果。当代艺术打破了艺术和生活的界限，比如杜尚用一个小便池现成品替代艺术品，艺术的审美秩序被打乱了，"人们再也不相信'有意味的形式'这个神话，再也不相信在画布表面的色彩和形象下面漂移着一个看不见的深层意义（理念）的说法"[6]。更有甚者，凯奇用大便来否定艺术。同样，当代设计高科技新材料的运用几乎使设计物成为一些国家政治、经济、社会权力的某种象征，纽约世贸大厦双子塔被摧毁，让人感受到了真、善、美的统一体被拆得七零八落之后的结局。一个当代设计，或者是技术标准占据了支配性地位，审美与伦理标准被彻底冷落，如双子座的建筑设计、德国乌尔姆学院及大量高技派的设计；或者是审美标准占据了支配性地位，技术与伦理标准被冷落，如一个时装发布会，几乎看不到生活装扮的展示，更不会有老人或一些特殊人群的服装展示，把真、善、美弄得支离破碎的价值观无法给我们一个满意的结果。因为这样的艺术与设计都是服务于从属性的目标，偏离了人类所追求的终极目标。

* 图 2-2
时装发布会。几乎看不到生活装扮的展示，更不会有老人或一些特殊人群的服装展示，把真、善、美弄得支离破碎的价值观无法给我们一个满意的结果。

以上事实让人深切地感到，真、善、美是一个不可肢解的完整的统一体，对其肢解则会产生不良影响。把其中的一项拿来当作点缀，能有较好的观赏性，但并不能对人的生活产生任何意义，也就无法达到我们所追求的目标。因此，无论从理论上还是实践上看，真、善、美都不能分离，不能孤立地应用哪一项。这个统一体实际上就是一个评价标准，即和谐价值。也就是说，从真、善、美的整体内涵来看，要从物、人、环境、社会等各方面全面达到和谐的境地。和谐，正是我们设计价值的内容定位，也是所要建设的设计价值体系的核心主体。

和谐价值观也是中华民族文化价值的核心，《周易·文言》说"保合太和，乃利贞"，太和就是和谐之意，是最高的境界。几千年来，这一和谐思想被不断论述，作为中国文化的精髓，用以治国安邦，已经积淀成中华民族普遍的心理品格和行为举止的评判标准。一个社会要和谐，构成社会的各单元必须和谐，区域、社区、集团、机构、学校、家庭要和谐，出行、生活、交往、工作、娱乐、休闲要和谐。设计是构成各种社会组织、各种生活工作行为必不可少的物品，社会、生活行为的和谐与设计艺术密不可分，工农商学兵、衣食住行的各个方面，都要由设计物作为基本的设施或必需的中介物来参与其中。说到底，社会和谐也必须先做到设计与人的和谐，也就是人与物的和谐，这是一切和谐的基础。有了人与物的和谐才可能有人与社会的和谐、人与自然的和谐、人与人的和谐，最终促使整个社会和谐。所以，对于整个社会来说，设计的和谐是初始的和谐，设计与人的和谐是基础的和谐，而在此基础上产生的社会和谐就是整体的和谐、终极的和谐[7]。

设计的和谐是初始的和谐，设计与人的和谐是基础的和谐，这是在全社会和谐这个大框架大视野内所作的理解。从大处看，和谐是当代社会的核心价值观。和谐价值是价值哲学的重要范畴，只有首先树立起当代社会的核心价值观，才能从总体上正确处理社会与人、事、物及其相互间的关系，才能在方法上使设计价值的核心观念与社会整体的核心观念保持一致。

对于和谐价值这一设计价值体系的核心，我们可以进一步作如下理解：

一是其主体是人而并非物。设计本身是物，但该物的价值取向在于人，以及人与物的相互作用。不能从物的立场或生产者利益的立场去设计物，而应从人的立场及生活者利益的立场去设计物，这是设计和谐价值产生的根源。

二是综合各种设计思想观念，使其保持统一与平衡。和谐价值观应包括广泛吸收外来的新的设计观念，而不是排斥、拒绝。《国语》所谓"夫和实生物，同则不继"，和并非仅是调和，也包括差异的共生、共和，只有这样才能生发出新的思想。而完全一致的同一，则必然产生弊端，反生不和谐。这是设计和谐价值的历史经验。

三是由物的内部的和谐到人与物的和谐、人与自然的和谐、人与社会的和谐。物的内部的和谐，包括各种形式法则的运用，材料技术的应用，功能、艺术形式的综合运用。当物的内部产生和谐，必然影响到与人、自然和社会的关系，这是设计和谐价值有效的路径。

诸如生态平衡、环境污染以及伦理价值等问题也在和谐价值的范围之内，我们将此作为另一个重要主题在下面展开探讨。

3. 伦理价值：现代设计的人生哲学和社会哲学

在原初意义上，伦理学与价值论一样，都是关于人的幸福的哲学。善与道德是人的本质特征之一，是人之所以为人的重要表征，"因此，德性不仅是人生所应追求的价值，也是人自身的价值所在"[8]。现代伦理学关注道德价值、平等价值和生态价值等，这些也都对人的幸福有特别重要的影响。由此看来，伦理学与价值论有共同追求的东西，两者的终极目标是一致的，这就产生了一个共同研究的基础，将设计伦理学纳入设计价值论范畴。这样，设计价值论就能真正成为面向所有设计价值现象和价值问题，以实现人的幸福与社会的和谐为目的，为现代设计提供一般伦理原则和基本评判标准，并不断使之体系化为设计的人生哲学、价值哲学和幸福哲学。

伦理价值在设计价值论研究中应关注以下几点。

第一，要关注价值主体中的特殊边缘群体。设计价值是一个关系范畴，反映主客体作用下的正负效应。多种多样的价值客体必须对应各种各样的价值主体，一个物品的属性和功能对于一类人而言具有一定的价值，而对于另一类人而言则毫无价值。例如："轮椅对于人有什么价值？"在这个价值关系中，能产生有效价值的是一部分人，包括病人、残障人、老人等，这些人属于价值主体，对除此之外的健全者则不能产生有效价值。健全者不是价值主体，也不是价值客体。可见，在伦理价值的视域里，更关注价值主体中的特殊群体、弱势群体和边缘群体。在一般价值哲学中，价值主体人包括所有的人；在设计的伦理价值中，则深入个别的或者容易被忽略的某些人群，去关注设计物对于这些人群的生存价值。

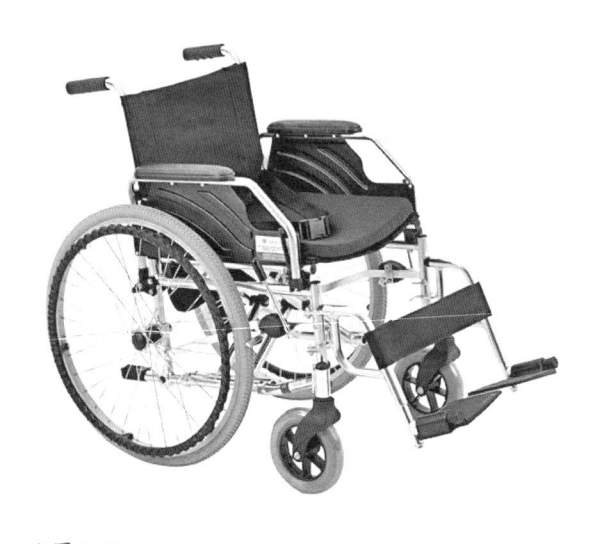

*图 2-3
轮椅。在设计的伦理价值中，深入个别的或者容易被忽略的某些人群，去关注设计物对于这些人群的生存价值。

第二，要关注人类以价值客体的面貌出现时的作用。长期以来，我们只是把人类作为价值主体进行研究，从未将人类当作价值客体进行过研究。但是，如果有人问："人类对于自然生态的稳定、进化有什么价值？"在这一价值关系中，自然生态是价值主体，而人类则是价值客体了。将整体的自然界作为价值主体，再来看价值客体是包括人类在内的各种生物对于整体自然界有序进化的意义[9]。这种生态伦理学在价值论上所做的主客体换位的思考，对于设计价值的研究来说尤为重要。其一，自然界为价值主体，作为第二自然的设计物及人都为价值客体，要依据其自然界的正负效应来决定人与物的价值；其二，当把人类作为价值客体观察之后，再回到作为价值主体的时候，才能真正理解设计价值与人的价值的意义；其三，重视和强调人与自然、设计与自然间的关系，突出生态在人的生活和设计实践中的重要地位，立足于从设计生态学的角度来把握设计价值研究，这应该是当前中国设计价值论研究的一个重要课题和突破点。

第三，要关注设计的社会功能，使设计伦理成为设计的道德哲学。设计伦理的根本问题是设计道德问题，设计道德是调节人与物、人与人、人与社会关系的行为准则。因此，设计伦理是以社会功能为出发点去评价设计，从而实现设计的道德价值。在传统社会，"礼藏于器"是对道德社会的规范；在现代社会，自莫里斯到包豪斯，都提出了设计为普遍民众服务的思想，现代主义设计充分地展示了设计的社会功能。先秦以来，中国传统设计在儒家道德哲学的规范下成为主流的设计思想，设计所具有的社会价值一直被统治者肯定，其中自然有统治者自身利益的因素，但更重要的还在于设计道德哲学的维系。现代主义设计萌生于工业化社会的大生产实际，侧重于生产活动和经济利益，尽管也存在诸多问题，但其设计逻辑起点无疑是"人""功能""社会"。当前中国设计正处在一个信息化、全球化的重要时代，"制造"与"设计"、"趋同"与"地域"、"发展"与"生态"是这一时代的主旋律。如果辩证地看待这些问题，设计的"制造"、设计的"地域性"、设计的"生态化"以及设计的多元取向正是设计"趋同"和"发展"的重要表征。而中国设计的社会功能和道德哲学对世界设计的发展，无疑有着极为重要的当代价值。

第三节　价值论：设计研究的新视角

就其原生形态而言，设计与价值并非彼此分离，而是互相融合的；设计往往关联着价值的关怀，价值的眷顾也促进设计的发展。但近代以来人们陷入了对大工业技术和商品经济的崇拜，设计在满足人们的各种欲望中，善与美被排斥和吞噬，恶与丑正在转化为现实。设计意义的失落需要我们来一场真正的设计革命，期望设计与价值的统一，建立起自己的设计价值观。

1. 研究设计现象有待于运用价值论

在设计研究中运用价值论，并非价值哲学研究在中国日趋成熟，而是一些特殊领域就势纳入其价值研究框架所致。也不是研究者一时兴起，别出心裁，弄点新意，而是设计艺术领域面对无所不在的中外设计价值冲突，面对生活实践中一系列设计难题的别无选择；是学科领域内部的需要，是学术自觉，而不全是外部因素作用的结果。

进入21世纪，随着经济全球化和信息产业的发展，一些与设计艺术相关的价值问题凸显出来，诸如设计的环境污染、设计资源有限、信息技术的负效应、人的内心情感的失衡等问题成为时代性的、全球性的设计文化现象。它们早已不再是30年前中西方设计价值观差异背景下的中西方文化的冲突，而是一个世界性的设计价值观的激烈冲突。不论是中国还是世界其他地区，都处在设计价值观这一深刻的变革、转型和重建之中。而对中国设计来说，旧有的中西方设计价值观的冲突未曾解决，新的矛盾冲突接踵而至。

但是，面对这些新旧问题，面对这些交错复杂的价值冲突和价值难题，我们依然沿用过去的传统理论——所谓"本质论"（即"实用与审美的统一论"），"实用、美观、经济"的标准论，或"功能论"即"功能第一，形式第二""功能决定形式"等——来应对当前错综复杂的设计现象，会让人感觉到理论的"无能为力"，在客观的、具体的设计现实面前凸显出"理论的贫乏"。同时，沿袭这种知识理论，还将带来设计理论的混乱与设计实践的困惑。

例如，在"实用、美观、经济"的标准论的规范下，囿于自古罗马以来的"坚固、适用、美观"的范式权威，很难根据现实情况和时代变化恰当地调整和增删标准。对设计的美观、实用等情有独钟，定为原则，而对其他涉及人的目的、社会伦理等价值问题颇感不适，对于自然生态、环境污染等设计的相关问题忧心忡忡但不能真正面对。因而，总是将设计研究归入"实用与美观"的讨论之中，希望以简单的、二分的或二者合一的研究方式来解释复杂多变的设计现象；或以上述标准、原则为标签，逃避或拒绝对之进行审慎的系统的研究。

又如，人们习惯了"功能论"的认识论研究思路，囿于"功能论"的狭窄的认知视角，很难理性地接受和处理设计的各种复杂问题。在学术研究中，将"功能"片面地理解为"实用性"，并刻意追求"功能决定论"的思想，刻意追求"功能第一""形式追随功能"，对实用功能之外的问题不以为然，对设计现实中的各种复杂问题避而不见，并把设计从艺术中脱离出来，轻蔑地看待艺术性，这种"功能论"把设计研究变成了"实用主义"的功能分析。所以有人针锋相对，提出了"形式追随幻想"。"功能论"与"幻想论"将功能、实用、造型、形式相混淆，把某一时期的需要泛化为设计真理，从而将自己的判断强加于人。而实际上，两者都不能真正解释和解决设计的实际问题，最终，脱离了设计的目标，远离了人的生活。

因此，研究设计现象必须超越"功能论"的认知方式和"本质论"二分合一的研究方式，去寻求新的理论视角。这就有待于设计的价值论研究，立足于人及其社会生活实践的设计价值哲学，坚持人的生活的和谐，坚持人与自然的和谐，坚持设计的道德维系，坚持创造生活的终极目标和原则，将设计的生活价值、和谐价值、伦理价值中的精神实质具体化，致力于为当前设计研究的发展、超越，为摒弃设计中纯粹的实用观、技术观、全球观，为创造性地建设一个"生活的""生态的""适当的"设计价值世界提供哲学基础。这一新的研究视角并不是以新的设计价值观为唯一尺度，在研究中也不否定过去的传统设计理论问题，不否定"功能论"以及旧有的"本质论"和旧有的设计原则作为设计研究的基础的事实；只是将此类传统理论纳入更宽广的"价值论"之中，使包括这些"功能论""本质论"在内的一切设计研究，均获得一种新的角度和方法，一种以"价值论"为中心的设计研究新视角。

2. 对现代设计发展的价值考量

中国设计艺术100年来的重大变革，是一次充满革新意义的现代转型。从此，一个传统设计的时代终结了，另一个现代设计的时代开始了。对这100年中国现代设计发展做一次价值观念变迁的研究，可以从价值观的基点、目标，价值实现的手段、制度等方面来考量。可以发现，这一次设计转型体现在以下四个方面：一是在价值观念的基点上，设计的中庸思想正逐步转变为功能主义思想；二是在价值观念的目标上，设计整体和谐观正逐步转变为个人幸福主义；三是在价值实现的手段上，手艺个性已被科学技术取代；四是在价值实现的制度上，工匠制度已被法律法规替代。这样的一个转换过程，充满着中国设计艺术近代以来的悲喜交集。

在价值观念的基点上，中国设计艺术始终是以儒家的中庸思想来指导设计的。中庸的核心思想是避免设计行为中的"过"和"不及"，这是中国设计面对复杂的社会生活问题所产生的审时度势的设计之道，对中国设计影响极大。这很可能是中国设计中最为重要的价值观念之一。所谓"礼藏于器"，实际上就是以儒家思想来规范器物。在价值指向上，儒家中庸思想是超越实用功能的，也就是超越使用者的物质生活利益。按儒家思想规范设计，强调"执两用中"的原则，从而缓解人与物、人与自然的冲突矛盾，不至于将许多设计物做到极端，最终让人、物与社会生活处于和谐的平稳状态。这明显地区别于西方近代以来单纯的设计功能主义观念。当然，从古代到现代、从中国到西方，设计都不可能放弃功能，否则，设计的目标无法实现。但单纯地、执着地追求功能、追求实用利益是工业化社会所带来的弊端。"功能决定形式""功能第一，形式第二"的设计思想，在近代以来的中国设计艺术中成为主流思想深入人心，形式的、情感的、艺术的设计观念从根本上受到了颠覆。设计的实用功能主义有其正面的价值效应，它使那些烦琐的装饰彻底没有了市场，让设计在人的生活中更为合用。但也产生了种种负面价值效应：一是催生出实用主义的设计思想，实用观在很大程度上取代了生活观；二是实用主义让人盲目确信实用原则，由此而产生了否定实用之外一切的做法，忽视了人的情感要素，使物冷漠化，导致了人与物的不融洽，设计的文化与精神遭到了毁灭性的打击。

在价值观念的目标上，中国传统设计以整体为起点达到社会和谐的目标。整体不只是设计本体，更要高于其他一切利益；整体利益既是家族，也是社团、社会整体或国家利益。因此，以此为起点，个人、家庭生活无条件地服从于整体社会生活。物品设计不凸显个体利益，不从局部的效果出发，而是纳入社会整体，受主流思想的约束。也就是说，社会结构的各个子系统与整体结构之间有着协调关系，各子系统之间也有着协调关系，从而构成了社会整体的和谐发展。近代以来的多次思想解放运动，激发出中国人的独立自主意识、社会进步和人性解放，带来了对个体生活价值的重视和保护。中国设计在这一历史时期，学习西方设计思想，借助社会潮流而建立起了设计的个人幸福观。个人幸福观在中国历史上是前所未有的观念，在设计上的体现也有正负两种效应。设计的正效应是挣脱了封建礼教的束缚，提倡设计的个性本位，突出个人情趣，追求个人享受，完善个人人格。设计的负效应是强调个人高于一切、个体大于整体，个人享受成为设计的目的、成为设计的最高价值。然而，历史证明，社会各个部分的最优化，不一定能达到社会整体的最优化。从整体和谐社会的价值角度看，在当今激烈的商品市场竞争中，在极端的个人主义、功利主义、享乐主义影响下产生的大量破坏自然生态的设计，过于追求商品化的设计，使人们的社会生活受到大面积的损害，设计处于失范的状态。

在价值实现的手段上，中国传统设计主要依托手工艺生产方式。这种生产方式以家庭作坊为主要形式，工场手工业和官办手工业则处于次要地位。而家庭作坊以其灵活性、普遍性和合理性，成为传统设计价值实现的最佳手段。手工制作、自产自销及其传承方式都带有独特的工艺特性，它不只满足了中国人普遍的生活所需，在一定程度上也带来了工艺设计的独特性、地域性、趣味性和生活化。而工业革命以来的大工业生产使这种手工艺生产方式土崩瓦解，几乎彻底丧失了存在的可能。当我们告别传统的手工艺生产、热情拥抱现代大工业生产时，我们遭遇到了价值的困境。最让人感到痛心的是设计个性与地域性的消失；其次是设计中艺术因素的被冷落、装饰的被否定、精神追求的被忽视；再次是现代科技在满足了人们普遍需要的同时也加剧了生态的危机。因此，当代中国设计存在一个如何从热切崇拜高科技的迷雾中走出来的问题。

在价值实现的规范上，中国传统设计中存在着严格的工匠制度和"工律""例则"一类的设计规范，这一方面有着较好的设计约束和标准，但同时存在着禁欲和人治的负面影响。当设计规范不足时，就运用人治手段来约束。传统礼制的力量在设计中具有法律效力，人们生活中的物品必须受礼制的束缚，否则就违"法"。与此不同，现代社会借助法律法规的手段来解决设计中的相关问题，这较之传统社会有了巨大的进步。但当代中国的设计法规还不完善，无法适应人们日益增长的法治意识和实际的设计需要。

3. 中国设计的根本问题在于价值观的确立

中国设计的现代转型能否成功，在世界现代设计中能否占有一席之地，取决于很多因素；但最主要的，也是最根本的问题，是中国设计价值观的确立与否。或者说，设计价值观确立和设计价值论研究的水平是中国现代设计成功转型的基础或前提。

通过对中国现代设计的价值考量，我们发现一个基本的事实：传统设计价值观已经丧失，新的设计价值观尚未建立。中国现代设计的各种问题就出在这一没有了价值观的真空地带。如前所述，在这个价值观丧失的真空地带，设计的文化与精神遭受了毁灭性的打击，设计处在一个失范的状态；设计被高科技劫持，自然生态受到破坏，设计真正的"法"还未建立完善。所有这些问题要想在当前立即解决是有困难的，甚至想直接攻克其中一项难题也是不容易的。而可行的途径，还是要从一些设计现实问题出发，通过调查研究，了解和把握问题的实质，再依据目前通行的标准或规范，进行真实有效的归纳，并全面展开设计价值观的研究，进入学理、科学的讨论层次之中，从而确立起中国自己的设计价值观。价值观如能确立，就可寻求具有启示作用的解决问题的方法。

设计的现实问题也是时代的回声,对于理论研究具有导向作用。随着时代社会的发展,中西方设计文化的激烈冲突和设计价值观的深刻变革已经成为设计中的一种文化现象。由于经济长期处于迟缓的发展之中,我国设计艺术在近代的转型也极为缓慢。改革开放以来,接触到大量外来的设计思想和观念,这一转型进程逐渐增速。但是,设计价值观作为一种思想观念是与社会总体的意识系统相联系的,某一观念的变化会牵动系统整体观念的变化。而某一新观念的变化不可能独自完成,其中必定会有反复的过程。新旧价值观也不断地较量与争斗,一些思想上的困惑和观念的混乱时有发生。而作为研究者,减少这种争斗与混乱,缩短困惑、迷惘的过程需要不断努力,这也是一种学术责任。

设计价值观的冲突与重建并非中国独有的现象,在全球范围内也广泛存在。近年来经济一体化的过程中出现了一系列全球化问题,不同国家、地区、宗教、群体、个人之间的交流日益频繁,"世外桃源"式的封闭状态已不复存在。设计领域更是如此,经济领域的全球化也促使设计艺术相互影响、相互合作、相互竞争和制约。但是,全球化并不能让"设计的价值观"完全一致,虽然全球化已渗透思想、文化的多个领域,全方位地改变着人们的生活,但在实际的生活中,人并不是抽象的、概念的、单一的,而是具体的、鲜活的、多样的。人类在全球化的影响下并没有失去自身所生活的那个共同体,人类的生活也不可能一体化,总会以各种不同的方式呈现。因此,作为设计主体的人,他们的文化传统、宗教、思想以及他们的生活方式、生活内容、需求、目的、能力均有不同的特征,相互之间存在较大的差异性,从而形成了人类多样化的生活现实。在历史上,这种多样性构成了各自独有的价值取向,建构出不同的价值标准。在现代,对多样性和单一性所产生的效应缺乏准确的评估,导致设计艺术出现许多极端的、简单的做法，一些传统价值观和多元价值标准被完全排斥，并将某种价值标准强加于设计之上，最终造成单一标准，产生价值观的失落或空白，给设计艺术带来了不可估量的损失。

在强调设计价值多样化的同时，也应看到设计确实存在着一些普遍价值，即那些对于价值主体一致性的东西，如自然生态价值、环境伦理价值，也包括设计的实用价值等。这些价值观都有其普遍的意义，但也有其局限的一面，表现在各设计主体因自身利益和需要而有所选择。因此，合理的普遍价值的建立必须有一个科学的论证过程，并需在不同文化、群体之间加强交往、沟通和理解。

在反思中国设计各种问题的时候，我们最需用心的是价值观的确立。其中无论是多元化还是普遍性都是真正在探讨设计问题的实质，这是解决一系列设计问题和确立价值观的关键。可是，当前关于设计价值问题的探讨，在西方也是一个被忽视的环节，几乎成为制约设计研究及设计发展的一个"瓶颈"。假如我们不能立足于当代社会发展和人的现实和谐，对设计实践和面临的设计价值困境做出深刻的反省，并以价值研究这一新角度、新思路去认真地总结和归纳设计实践，确立合理的设计价值观，那么，无论是中国设计的现代转型，还是各类设计问题的解决，都有可能不得要领，原地踏步，最终延迟转型过程和问题的解决。

注释：

[1] 奥斯瓦尔德·斯宾格勒著，齐世荣等译，《西方的没落》，商务印书馆，1963年版，第767页。
[2] 《马克思恩格斯全集》第四十六卷下，人民出版社，1980年版，第113页。
[3] 马克思著，刘丕坤译，《1844年经济学—哲学手稿》，人民出版社，1979年版，第77页。
[4] 熊在高，《人文精神与知识分子的使命》，刊《价值论与伦理学研究·2008年卷》，中国社会科学出版社，2008年版，第393页。
[5] 乔治·巴萨拉著，周光发译，《技术发展简史》，复旦大学出版社，2000年版，第13页。
[6] 高名潞，《意派论：一个颠覆再现的理论（一）》，刊《南京艺术学院学报（美术与设计版）》，2009年第3期，第11页。
[7] 余常德，《人的价值观念与内心和谐》，刊《理论界》，2007年第9期，第31页。
[8] 江畅，《价值论与伦理学：过去、现在与未来》，刊《湖北大学学报（哲学社会科学版）》，2000年第5期，第2页。
[9] 刘湘溶，《生态伦理学的价值观》，刊《价值论与伦理学研究·2008年卷》，中国社会科学出版社，2008年版，第219页。

第二章

设计价值的一般理论

无论哪一种设计,总会有一个维度处于核心位置,让设计家为之耗尽心血,苦苦追求。这种维度左右这一设计的结构、功能、形式、趣味和精神。而这个关键的维度就是"价值"。设计价值论研究必须从价值的基本问题谈起。因此,我们首先遇到的困难便是如何把握设计价值的特征;如何了解设计价值的形态及功能;哪些是设计的主导价值,哪些是非主导价值,它们之间是如何互动的;如何理解设计的传统价值和当代价值;设计价值形成的心理机制以及适时演进的规律如何;如此等等。这些属于设计价值的一般理论,但却决定着设计"价值观"的择取,决定着价值论研究的进路,决定着设计价值研究的方式和方法。

第一节　设计价值的基本问题

把握设计价值的基本问题和方向可从以下三个方面展开：一是设计价值具有理性特征，二是设计价值是一种哲学形态，三是设计价值应有规范的功能。

1. 设计价值的理性特征

设计为达到人类生活和谐幸福的目标，需要遵循理性的原则。设计主体不会自觉地遵守理性原则，而需要一种机制来协调、规范，设计价值便应运而生，这也是理性选择的结果。在任何时期的设计意识中，处于核心地位的必定是设计价值。因为只有价值才是引导、调节、制约设计的主要因素；它是设计功能、设计审美、设计文化、设计历史的基石。作为设计主体人的思想意识，渗透进人类造物的各个方面。任何设计都是通过价值对设计活动的作用，使之控制在有序的状态。每一类每一种设计作品，都在价值的引导下做出功能、审美的调整，去实现自身的价值，从而获得社会、生活、主体的肯定，这一过程也是一种理性的过程。

* 图 3-1
石核。一种极低的价值观开始在人的思想中产生，并以石器的各种形式表现出来。石器种类的增多表明人类的理性思维的上升，直到一种原始的巫术附属在器物之中，设计价值就有了较多的依附形式。

如此看来，设计价值是理性的，设计价值的形成和作用过程也是理性的，可见，设计价值是人类理性的结晶。设计价值的理性特征还可以从设计历史进程中观察。当第一把石斧诞生之时，就可以看到价值形成的雏形，在此之前的原始蒙昧时期，人类并无理性精神，也无从言及价值。而进入石器时代，一种极低的价值观开始在人的思想中产生，并以石器的各种形式表现出来。石器种类的增多表明人类的理性思维的上升，直到一种原始的巫术附属在器物之中，设计价值就有了较多的依附形式。在新旧石器交替之时，陶器诞生了。那种低级价值体系因人类思维的不断开发逐渐发展升华，以前的价值观通过在砾石等石材上做减法而表达出来。制陶术则完全相反，是凭借泥、水等材料，用泥条盘筑的方式做加法，再以火的烧制来成型，其中的造型观、形式观、生活观、宗教观和价值观的思维意识已经达到了自觉的程度。由造型的减法到加法，由生产的工具到盛物的器具，由狩猎生活到家居生活，由实用物品到祭祀用品，人类对设计价值的追求遵循着一种理性的原则。人类的理性是在人的不断进化中形成和发展的，设计价值观是随着人类理性的发展而逐渐产生并不断完善的。从石器的设计制作到陶器的设计制作就是人类价值观由萌生到成熟的一个重要的过程。

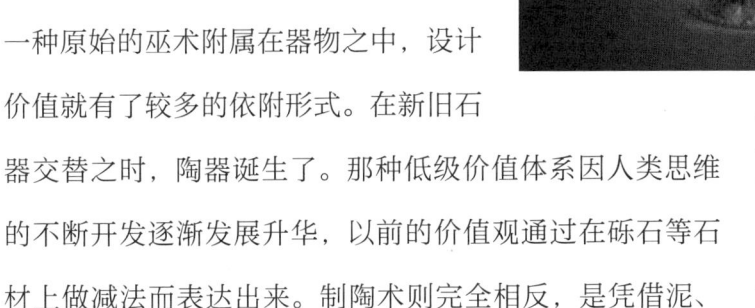

*图3-2
素陶器。在新旧石器交替之时，陶器诞生了。那种低级价值体系因人类思维的不断开发逐渐发展升华。制陶术凭借泥、水等材料，用泥条盘筑的方式，再以火的烧制来成型。

*图3-3
半山神人纹彩陶罐。其中的造型观、形式观、生活观、宗教观和价值观的思维意识已经达到了自觉的程度。

在这一重要的过程中，值得注意的是一种与实用价值无关的原始宗教所起的作用。譬如陶器，最初发明的陶器都是素陶，用于实际生活，并无任何装饰，但不久就出现了刻画有花纹的装饰彩陶。试想：原始先民在实际生活中以无装饰素陶来盛水盛物，是为满足当时的那种简陋生活。那么，我们要问：在陶器上画上花纹对于原始先民来说又有何用？答案是明确的：服从于原始宗教。人类初期无法理解自然现象以及人的生老病死现象，以为存在着一种无形的力量（神）控制着自然与人，于是为求"人神沟通"的原始宗教产生了，画满花纹的各种器物也成为宗教献祭的一部分。在原始宗教背后隐藏的最终目的仍然是让人类过得更好些。这就反映出人类在这一时期的价值观，它让陶器超越实用性，以非实用的、非现实的设计手法表达出人类对于外在世界的认识和想象。原始宗教也是一种精神现象，它是人类在生产生活的劳动实践中升华而来的，人类的生产实践是人类理性活动的一部分，也是人类追求生命价值的主要活动形式。因此，原始宗教对于石器、陶器等的设计价值观的构建是举足轻重的，它反映了人类对于设计功能的开掘，是理性思维进化的结果。

设计价值的理性特征与人的理性特征是一致的。人作为价值主体，并不是一个生物性的人，而是一个社会性的人，人的社会性就是理性选择的结果。设计价值的最初构建是遵循着社会生产生活方式而形成的，当社会生产生活方式发生变化之后，当时的理性部分就可能变为非理性了，需要新的理性价值的构建。摒弃非理性、服从新理性，体现出设计价值的一种理性发展规律。

2. 设计价值的哲学形态

"设计是什么"与"艺术是什么""美是什么"一样，充满争议。对这些问题的讨论仁者见仁、智者见智，至今没有一个公认的答案。对这些基本问题的探讨，主要是缺少价值观视角的分析。如"设计改造中国"[1]的说法，极大地夸大了设计的功能与价值，认为改变中国经济、生活现状必须依靠设计，设计具有超越一切科学学科的价值。也有一些设计研究者提出，设计应该与科学并列，设计家是智慧的化身，是社会发展重任的承担者。而痛恨"中国制造"、期望"中国设计"的言论在当今中国充斥耳目。这些都将设计抬得很高，似乎只有设计才能救中国。"设计万能论"的种种表现看似有据可依，但都未能从价值哲学的角度对科学与设计加以区分；因此，论述设计的价值关系很有必要。把设计价值作为一种哲学形态来认识，通过对其抽象与具体统一过程的观察，才能真正把握设计的价值之所在。

设计价值的哲学形态具有以下三个基本方面。

其一，设计研究以及问题意识的价值化。设计研究是问题的解决，解决什么问题？人与物之间的各种关系问题。设计研究就是要解决各种设计价值矛盾，推进人类社会生活的和谐发展。设计研究的哲学旨趣并不在于描述设计世界，而是表征人与物、人与社会"应该如此"的期望，呈现人类生活对现实世界的超越意识。设计研究的这个基本出发点决定了价值化设计不应如同其他学科那样只对其研究对象发问："这是什么？"而是自觉地表达对于设计存在价值的理解，追问的不是"设计是什么"，而是"设计应该怎样"。这种价值论的提问与研究方式，说明设计价值论是以问题意识为主要形式来追求设计的价值目标的，这是设计价值体系的哲学形态；它将设计研究主题与设计问题意识价值化，从而使设计研究从一开始就呈现出反思性的价值判断。

其二，从"以设计的角度研究价值"到"以价值的角度研究设计"。价值是设计艺术无法回避的重要问题，尽管人们对设计价值的研究还未真正展开，但关于设计价值的活动言论则是与设计发展同步进行的。近代工业革命成功以来，人们大多是从设计的视域来研究价值的，这是科学技术的进步尤其是大工业生产实践的产生带来的。工业化时期的设计艺术满足了人们普遍的生活所需，设计的发展给人们的生活带来了诸多变化，进而引发了人们对于物质需求更强烈的欲望。人们不再去寻找设计活动所引起的生活变化的终极根据，不再从普遍的理性中寻求价值作用的力量，转而强调"设计"的作用。"设计万能"的言论取代了理性法则，"价值"在设计的视域中成了需求的产物，得到了与价值哲学完全不同的诠释。这是一种认识论模式，存在着某种内在矛盾，如对功能、审美、生活等的不同认识体现出在价值观上的客观化立场。从设计客体出发来评价外部生活世界，片面追求现实利益，必然导致设计中的人文文化的失落，价值理性也彻底丧失。

从价值的视域研究设计，不只是从形而上的价值论视角对设计进行研究，也是从实践的价值论视角对设计进行研究，探讨设计艺术活动的合理性问题，即结合人与自然、生态对设计艺术进行整体性研究，着重于设计中的精神价值以及能够兼顾人类弱者和其他生命的价值要求，并不只是追求设计价值的实现，也要追求整个自然系统的价值实现。与上述从设计的角度研究价值不同，在工业文明的早期阶段，设计价值着眼于对人的物质的实际利益具有历史意义。进入21世纪信息化时代，若仍着眼于物质效益就过于狭隘了。应跳出设计本身的单向性利益，以人和自然的和谐性、整体性的价值实现为出发点，使设计艺术能够趋向更加合理的评价和规范。

其三，设计价值的二律背反。人类追求设计价值总会处于一种矛盾或悖论之中：当工业化时代到来之时，人们构建起新的设计价值体系，丧失了原有的设计价值体系；当信息化时代来临，某些新的设计价值的获取却又是对工业化时代设计价值的一种毁灭。在设计价值的主体与客体、功能与审美、理性与感性、实用与装饰、精神与物质等的价值择取中，人们常常陷入难以自拔的困境，有时，这样的矛盾可能成为一种永恒的矛盾、一种二律背反的现象。譬如，设计价值追求的行为目的存有二律背反：正面为设计价值归于实用，反面为设计价值归于非实用的装饰。如果归于实用，就是要将实用功能作为衡量设计价值的标准：有实用功能者为正价值，无实用功能者为负价值；一切非实用的、无功能性的装饰即为负价值。最后的结论是：反装饰。实际上，这个命题是荒谬的、行不通的。如果将实用功能作为设计价值的唯一选择，那么，人类设计价值就只是对实用功能的追逐，设计价值也成为实用需要的产物了。这显然是不符合事实也不合理的。

但是，如果将设计价值归于不实用的装饰，就等于否定了设计存在的必要条件。没有实用功能的设计，对于人类生活来说是不可想象的。人类首先要满足基本的生活所需、衣食住行用的物质享受，然后才能从事社会、审美等精神活动。实用功能又是设计价值无法回避的实实在在的内容。设计价值实用与非实用的二律背反，主要在于设计价值追求的矛盾性未能解决。而实用还是装饰并不依据设计主体的判断，而应根据社会生活来判断，并取决于社会生产方式的需求。

设计价值的二律背反是一个普遍的现象，在各种矛盾的展开与矛盾的解决过程中却能给设计价值增添丰富的内涵；在一次次对于设计价值的否定与肯定中，展现出的是一个无法彻底解决的二律背反，而这也是设计世界内部具有矛盾性的结果。这种设计价值的哲学形态正是人类精神现象的一部分。

3. 设计价值的规范功能

人们的社会生活有两大领域，一是受规律支配的领域，二是受规范制约的领域。同样，设计艺术也可做这样的两分。设计家的设计行为一方面受设计规律的支配，另一方面又受到社会生活等规范的制约。设计行为的成败，取决于设计家对这两个根本性因素的处理。而规范制约就是告诉设计家"应该做什么""不应该做什么"，如"应该以环境保护为设计使命"或"不应该照抄西方设计中一次性消费的方式"。可见这样的规范并不是一种指手画脚的乱指挥，不是长官意志，而是社会生活共同体的绝大部分成员一致认同的，具有公有性、普适性和长期有效性的一种指示系统。这样的规范实际上就是价值规范，是指导或调控设计行为的设计价值体系。

设计价值体系在总体的规范设计中有两大功能作用，一是"创造生活"，二是"造福人类"。前者为指导设计行为的元功能，后者是设计在生活中应用的元功能。这两个功能作用是设计价值体系建立的逻辑起点，其余的规范与功能均是以此二者为基本点推导而来的。譬如，我们提倡设计的伦理价值，这是为人类中的弱者"创造生活"，是倡导性、呼吁性的，而不强求每个设计家都如此去做。这种价值规范为设计家指示了一条比较理想的设计路向，让设计家为实现这一价值目标做出努力。如果我们提出设计的生态环保价值，这是一项"造福人类"的规范性措施，应该是强制性的，是所有设计家必须遵守的规范。这种价值规范为设计家设置出设计行为的底线，并有设计批评和相应的惩罚措施来执行，绝不允许设计家逾越这一规范。

不同的设计价值体系有不同的规范功能，东方的设计价值体系与西方的设计价值体系、古代的设计价值体系与现代的设计价值体系、一个短时期的设计价值与一个长时期的设计价值在规范功能上都会有差异性，有些甚至是对立的、冲突的、不相融的。但是，无论如何不同，对立也好，冲突也好，设计价值体系都是根据设计行为的对象和关系而形成的，对象与关系不同，各自的规范亦有不同，所起的功能作用也自然不尽相同。一般而言，设计价值的规范功能有三个方面：第一是调整人与物之间关系的规范功能，即调整使用者与设计物之间的关系，在现代，涉及人机工学、界面设计、感性工学在内的人与仪器设备、人与物质之间的关系规范功能。其中技术因素占比较大，但不是技术标准，其目的仍然不离上述两个基本点，即"创造生活"和"造福人类"。第二是调整人与自然之间关系的规范功能，即调整人类与人所生活的自然环境之间的关系，涉及自然生态、环境保护、多次利用等绿色设计的规范功能，实际上也与技术性规范相关。但这是将选材与设计的技术性问题转化为一种人与生态环境的关系，成为一种完善的价值系统。第三是调整人与社会之间关系的规范功能，即调整社会个体与社会共同体之间的关系，涉及设计社会心理、生活环境、人际交往、设计伦理、设计新旧价值的协调等规范功能，这是真正抵达设计价值终极目标——"和谐幸福"生活的规范功能。

上述三个方面的功能作用不尽相同，但必须有益于人与社会的进步。设计价值规范不是一些条条框框，而是一个条理清晰、理性协调、与时俱进的严整体系。只有具有了这样一个价值体系，才能够实行对设计行为的合理调控。

第二节　设计价值取向及类型

设计价值如何确定，主要体现在人们对于设计行为的认知、看法、观点与态度上，体现在对各类设计现象所做的抉择与寻求的行为方式上，这就是设计价值取向，是通过择取与比较的方式来确定的。设计价值的取向因时代、观念、文化、社会的不同而呈现出不同的层次和类型，探讨其中的异同点，分析其与社会生活的适应性，能够帮助我们把握当前设计价值取向中的问题。

1. 设计价值的取向及基本模式

在设计实践中，我们总会疑惑有些地方的设计者为什么是这样看问题，为什么信奉这个而不相信那个。在设计历史回顾中同样如此，为什么卢斯认为装饰是罪恶，而屈米相信设计者的幻想能够决定设计的形式？这里涉及价值取向的问题。某些事物对于某些人、某些地区、某个时代来说是有价值的或没有价值的。相信它、提倡它、回避它或否定它都是一种选择。一个设计家做什么样的价值选择，并不完全取决于设计家的个性，而取决于这个设计家所处的社会文化体系。设计的历史证明，任何社会在某个历史时期都流行一种主导性文化，这一主导性文化与这一时期的政治、经济、宗教有着密切的关联，一旦形成主导性文化，社会风气、大众心理、生活时尚、民间信仰都将以此为向导。设计价值的选择同样无法背离这一主导性文化，因此，若要研究设计价值取向，必须了解当时的社会主导性文化。

最初关于价值取向的研究源于人类学中的文化与人格学派，他们关注异民族的原始部落。马林诺夫斯基的经典著作《西太平洋的航海者》，通过对特罗布里恩德岛交换方式的考察，建立起与价值观相关的人类学的一系列主要研究课题。如特罗布里恩德人的主要生产所得物是供给姐妹家的而不是自用，交换物项链、手镯等设计物品无实用性也无货币功能[2]。由此观察到西方经济学概念不能解释非西方社会的经济文化现象，并因此而引发一些新课题，整体性地了解一个地区的经济社会文化脉络，以被观察者的视角认识他们的行为方式的价值取向。

由此可见，一个社会的价值取向，是社会学家、人类学家们关注的主要问题，也是研究某些重大问题的突破点。设计价值的最终目标是实现人类生活的和谐幸福，但不同社会文化群体对"人的和谐幸福"理解各异，特罗布里恩德人与现代西方人的理解不同，东方人与西方人的理解不同，就连同是欧洲人、同是亚洲人，内部也存在理解上的差异。因此，任何关于设计价值取向的研究，都应对一个社会、民族的思想观念、文明状态以及政治、经济、文化等做一系列的调查考察。只有通过比较，才能真正合理把握并深入理解价值取向。

设计价值取向是从如何实现优质生活的角度来决定如何设计，其存在着一个基本模式：设计的主体角色存在（取向者）——设计价值取向的立场与依据——取向者认为如何设计才能对主体发生最大、最佳效应，即设计客体对设计主体产生好的效益的作用和影响——在设计行为中注入择取的价值思想。这一模式中的设计价值取向者实际上就是设计主体人，这一角色存在是早就由这个角色所处的社会、文化体系给定的，不可更改。也就是说，设计主体在价值取向问题上应该是理性而非感性的、整体而非个体的，是由这个社会"总体的喜好"决定的。将这一模式图式化，见下图：

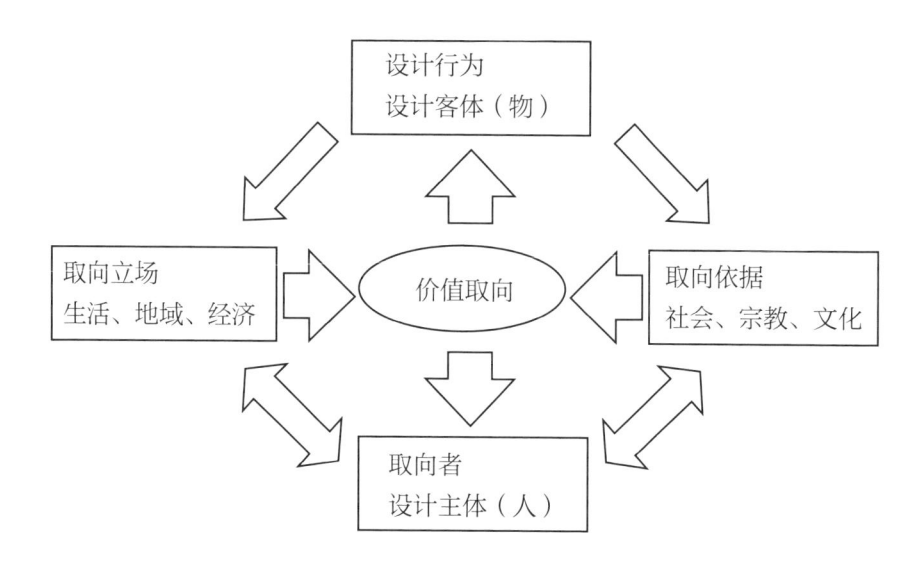

```
           ┌─────────────┐
           │   设计行为    │
           │ 设计客体（物）│
           └─────────────┘
      ↙         ⇑         ↘
┌──────────┐           ┌──────────┐
│ 取向立场  │ ⇒ 价值取向 ⇐ │ 取向依据  │
│生活、地域、│           │社会、宗教、│
│  经济    │           │  文化    │
└──────────┘           └──────────┘
      ↖         ⇓         ↗
           ┌─────────────┐
           │   取向者     │
           │ 设计主体（人）│
           └─────────────┘
```

设计价值取向的基本模式图

设计价值取向者在取向时并不完全从自己个人的立场出发，而是以超越自己的眼光对各种社会、生活关系做理智冷静的思考，因此反映出的设计价值取向并不能有特别、丰富的个性特点。但是人类设计主体的角色存在并非完全一致，世界各民族、各文化区域的主体角色均有较大的差异性，主体角色在各个历史时期也会发生很大的变化。另外，设计主体在取向时的取向立场和取向依据也会有所不同，会因社会环境、科学技术、生产体系、生活方式等的变化而变化。所以，取向时发生的种种变化，将产生设计价值的改变。当然，作为同一文化体系的价值取向，虽然基于上述的"社会""宗教""地域""经济""生活""文化"等普遍性立场和依据而发生变化；但不论变化如何，在价值取向上，其实只有程度和类别上的不同，而没有本质上的不同。因此，同一文化体系的价值取向内涵应该是一脉相承的。

2. 设计价值取向的层次与类型

设计价值的取向是一个涉及人类物质活动与精神活动的诸多方面，并与人所生存的社会生活领域密切相关的问题。由于人类精神活动与社会生活的复杂多变，人们在择取价值时会对价值的有无做出判断，对价值的大小、高低做出判断，因此，在价值取向问题上具有三个层次：第一，择取有设计价值的，放弃无设计价值的，这是首要层面，在有无设计价值上做选择；第二，择取有设计正价值的，否定设计的负价值，这是第二层面的选择，在正负价值之间做选择，譬如装饰一般被认为是有设计价值的，但也要用得好，恰到好处时具有正价值，过度运用的烦琐装饰则会产生负价值；第三，择取设计价值高的，去除设计价值低的，这是第三层面的选择，在高低、多少、大小价值之间选择。

在以上三个设计价值层次的选择中，第一层面是确定有没有价值，第二、三层面是确定好与不好或哪个价值更好、更完善。从前面的取向模式看，不同的取向立场、不同的取向依据却会有哪个更有价值、哪个更完善的问题，事实上，人类历史上的设计价值体系是有不同的"类"的区别的，也就是有不同的类型体系。这种类的形成除了有自身形成的原因和基础，主要还是由价值取向决定的。下图是设计价值取向的五种类型，这五种类型并不能全面涵盖设计价值取向中的全部要素，但无疑在人类整个设计历史发展中起到了重要的作用，有着"类"的代表性，而任何一类都是经过价值判断、经过若干层次比较之后择选出来的。

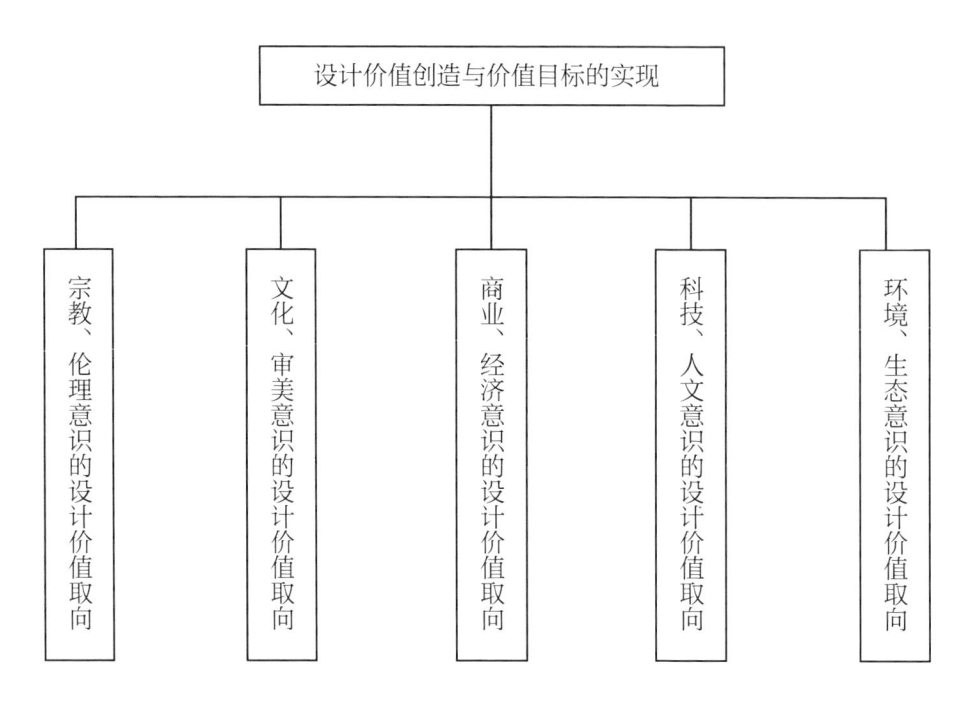

```
设计价值创造与价值目标的实现
├── 宗教、伦理意识的设计价值取向
├── 文化、审美意识的设计价值取向
├── 商业、经济意识的设计价值取向
├── 科技、人文意识的设计价值取向
└── 环境、生态意识的设计价值取向
```

设计价值取向的类型

以宗教、伦理意识为主的设计价值取向：原始宗教与社会政治伦理的核心是把"神"或"礼"作为主要的设计价值目标，旨在通过对"神"或"礼"的崇敬、遵循，达到人神沟通、社会和谐的理想境界。这种价值取向经历了漫长的历史时期，自石器时代起，原始宗教意识就对人类设计价值取向产生影响，尤其是欧洲中世纪时期，1000多年的漫长岁月将宗教与设计价值合为一体。在亚洲，佛教对于设计价值取向至今仍有着潜在的影响。社会伦理意识的价值取向，以政治宗教的需要为着眼点来确定设计价值的取向。这一取向意识萌生于新石器时代后期，自商周时期起直到清代末期，始终作为中国设计史上最为重要的价值意识而存在，规范着设计思想，并得到了充分的实践。在西方，从克里特文化开始，直到近代工业革命时期，社会伦理意识曾在设计价值中占据核心地位。与中国不同，其发挥重要历史作用的过程并不连贯，而是与人文意识、宗教意识断断续续地相互交替。

以文化、审美意识为主的设计价值取向：指对文化生活圈、文化群体的意志的充分关注和以这一生活群体的情感宣泄、审美趣味作为设计价值的取向。这一取向选择是把一个民族长期形成的文化上的意志力、精神上的象征性和文化情感、民众美感意向的表现作为设计价值的取向目标，体现出地域性、民族性在设计价值上的意向要求。西方拜占庭艺术设计、哥特式风格设计、巴洛克和洛可可风格设计，以及近现代产生的工艺美术运动、装饰艺术运动等是这一取向的代表性设计流派。世界大部分文化区域自早期设计开始直至今日，在设计价值取向上均体现出这一意向追求。如果进一步举例和深入研讨这一取向类型，艺术人类学是寻找这类设计价值取向最为有效的方式方法。

* 图 3-4
希腊浮雕战神雅典娜。古希腊曾经有过尊人崇技的价值取向，政治体制上的"以人为尺度"也逐渐地成为艺术所遵循的思想，价值的核心是把培养"理想国"的有用完善的人作为目标。

以商业、经济意识为主的设计价值取向：指以设计对于商业利益的客观效用为尺度，突出设计经济促进社会生活变化的意义；其核心是把社会发展、人类幸福的设计价值目标与追求设计的经济效益、市场竞争结合起来。设计作为商品，离不开经济市场运行。人类为实现自己物质生活和精神生活的需求而进行的产品设计和精神财富的创造,是需要有生产过程和消费过程的,有了这些过程才能真正实现设计价值。工业化社会产生的某些设计价值如"有计划的废止制"这样的设计方式就是这一取向的代表,在西方现代设计价值中这不是主要的价值取向之一。它甚至发展到背离设计价值总目标,唯经济价值为取向的程度,给我们留下了许多值得研究的经验教训。

以科技、人文意识为主的设计价值取向:是把价值中立的科学技术与人文思想结合,"以真摄善",再从人的全面发展的角度对设计技术做出价值关怀。古希腊曾经有过尊人崇技的价值取向,政治体制上的"以人为尺度"也逐渐地成为设计艺术所遵循的思想,以人的正常合理发展为尺度的设计价值的核心是把培养"理想国"的有用完善的人作为设计的目标。古希腊有发明神赫耳墨斯与技术神赫菲斯托斯神庙。古希腊设计中的"不求繁复""勿过度"均表现出希腊设计崇技尊人,将形式美感和理想人格思想统一起来。科技为人是最高目的,但若不对科技做出人文价值的关怀,将会带来很多的负价值。科学技术充分显示了人类利用和调控自然为自己服务的能力,但科技本身并不直接关注人的发展目的和前景,它仅对人的发展起手段、工具的作用,科技工具代替人的功能越多,人对它的依赖性也就越大。在现代,当人类离开科技工具几乎无法生存时,就更需要发展有人文关怀、人文伦理的高端科学技术。高技派设计在这方面的价值取向具有一定的代表性。

以环境、生态意识为主的设计价值取向:所谓"环境—生态意识"是指设计依循着自然生态、环境保护的方面来进行价值取向,其核心是把设计活动纳入保护地球生态的活动之中，以人的设计行为对自然环境的实际效应来评估它的价值。这一环境生态意识孕育于20世纪后半叶，当时以环境问题为焦点的各种危机大量出现，人们开始探索现代工业文明的范式转换，环境问题、生态问题、地球资源问题越来越被重视，对于过度的物质欲望、过度的破坏环境的人类行为进行批判、反省，敬畏自然、珍惜地球资源、与万物共生的生态设计观应运而生。环境、生态、自然、互利、共生等是这一价值取向的几个关键词。生态价值的重要目标之一在于使人类走出以自我为中心的狭窄领域，真正乐于与自然合作互利，更多地以极大的积极的态度关注人类生存的环境状态，勇于承担改善地球生态的任务。在人与物、人与自然的关系上，待遇应是互惠互利的，资源应是共生共享的；唯有如此，共享资源才能越来越丰富，人类社会的发展空间才能越来越宽广，人类设计的终极目标才能真正实现。

以上五种是设计价值取向的主要类型而不是全部类型，这五种类型之间存在着许多横向的联系，并不是完全分离的。而且每一类型又有着一定的纵向关系，是在各自不断的演变发展中，尤其是在不同的历史条件下而构成的择取结构，在一定程度上决定着设计艺术价值体系的基本面貌，并在当代的设计思维中不断重组、嬗变。

第三节　设计价值演变的规律

我们设想：必定有一个动力机制的推进才能形成价值观并使其运行，作为一种关系，设计价值涉及人与社会的价值形态，由此，人的生理、心理行为与相应的社会实践就是设计价值形成并运行的主要动力。另外，基于心理与社会机制形成的设计价值观，在具体的实践过程中，必然存在主导价值与非主导价值并存的情形。这两种价值相互作用，推动设计价值实践不断深化与拓展。这也是设计价值适时演进的过程与规律特征。

1. 设计价值形成的生理、心理与社会机制

价值本来与人的生理、心理、情感有关，是人的一系列生理与心理结构的呈现，同时与人所生活其中的社会因素有着密切的关联。设计价值的形成受人的生理、心理与社会机制所支配。前者是一种内在的动力机制，也是基本的动力机制；后者是一种外在的平衡机制，是一种关系均衡的机制。基本的心理动力机制和社会均衡性机制的相互作用推动价值观的形成，产生设计价值。

自然界本没有价值，价值的产生来自人类存在的客观活动。与自然界任何动物的存在不同，人以一种特殊方式而存在。动物的存在方式是按照其生物遗传的本能来适应自然界的各种特定的生存条件，如蜜蜂筑巢、海狸筑坝都有其生物遗传性，这些活动维持它们生命存在却不能有一丝一毫的改变，一旦生存环境发生变化，它们无法适应新的环境，就可能灭绝。而人则不同，人不是被动地适应自然，而是主动地创造生活。所谓"劳动创造了人"就是人的劳动创造了人所需的各类物质的和精神的东西，创造了人的生理所需的衣食住行用的一切物品以及由此而来的精神物品。这是人之所以为人的根本原因。人的劳动即创造表现出人的生命结构的特殊功能，即既能从自身的生理需要出发，又能从人之外的外部对象（物）出发思考人类如何生存，这就是设计价值产生的前提或生理基础。

满足衣食住行用的"生理所需"还不能说是价值形成的主要因素，因为"生理

所需"是地球上每个生命体的自然属性，而价值则是人所独有的，所以"生理需要"不是价值产生的关键之处。我们再从"劳动创造了人"这一深刻的理论看，人具有"创造性"就是通过劳动改变了外部对象来为人服务。从人通过砸击砾石制作成砾石工具这一点观察，人已具有了最初的设计意识。因为砾石圆润不伤手，砸击后形成的锋利一面有使用功能。人类在具体的劳动实践中，清楚该选择什么、摒弃什么。比如，会选择砾石，而不选四周锋利的碎石，原因在于自然破碎的石块在使用过程中容易伤手。人类还知道应该怎样砸击砾石，懂得如何改变其形状，使之符合自己内心所期望的那种形状。有了这几点，也就拥有了一种能把人与外在的物相联系的"心理意识"，这也是最初的设计意识，表明人已经具有了自己的愿望和意图，这种意图还具有一定的指向性，清楚自己在做什么、怎么做、为什么做。人的这种心理意识功能就是改变外部世界的能力，就是创造性能力，也就是设计能力。联系到设计价值上，心理意识是设计价值形成的关键，因为它在人与物之间起着沟通平衡的桥梁作用。可以说，心理意识是设计价值形成的心理基础。

当人具有了设计意识，知道做什么、如何做时，就在设计物的人和被加工过的物之间产生了价值主体和价值客体。具有设计意识的人是价值主体，设计加工成型的物是价值客体，而在主客体相互作用时，价值才产生并实现。在现实生活中，不存在完全独立、孤立的个体，无论是200万年前设计出第一把石斧的人，还是当今社会中的每一个人，都归属于某个人类共同体。在这个共同体中，人与人相互联结，以特定的社会方式开展实践活动。人的直立行走、狩猎、采集果实等生活行为是集体性的，选择石料、打制石器、修整工具、盖房挖穴等设计制作行为也是通过集体性的活动才能最终完成的。这种借助社会合作的行为方式来改造外在事物的做法，贯穿于人类造物行为的整个历史进程，而这一进程是综合了社会集体的各种因素才最终完成的。所以说，社会实践是价值形成的社会基础。

但是，设计价值的形成，除上述三大基础之外，还需依赖一个运行机制的有效运转，才能得以产生。下面是"设计价值形成的生理、心理及社会机制与运作过程"示意图。

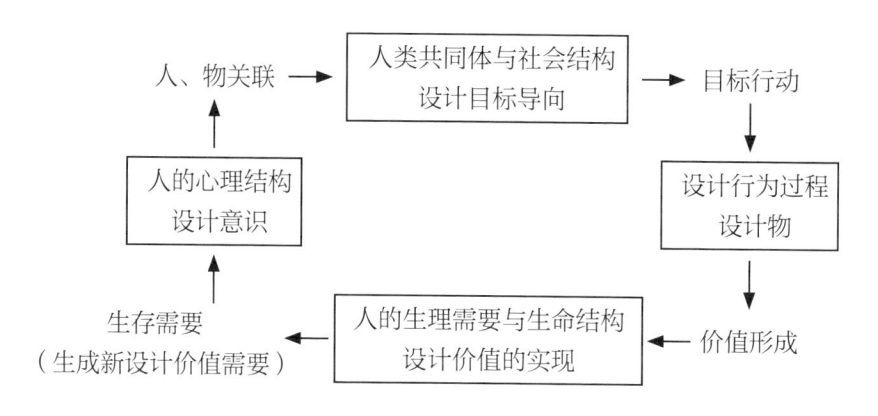

```
                     人类共同体与社会结构
        人、物关联 ──→  设计目标导向   ──→ 目标行动
            ↑                                 │
            │                                 ↓
        人的心理结构                       设计行为过程
         设计意识                            设计物
            ↑                                 │
            │                                 ↓
        生存需要       人的生理需要与生命结构
      （生成新设计价值需要）←  设计价值的实现  ←── 价值形成
```

设计价值形成的生理、心理及社会机制与运作过程图

这是一个从生理、心理和社会实践的角度对设计价值形成过程进行的观察，是设计价值形成机制的简要揭示。"生存需要"是设计价值主体的内在动机，但有别于动物性的"生理需求"，是人的生命结构的体现。"人、物关联"是在人的心理意识层面引发并催生了设计行为动机，这一设计行为动机的产生，实际上是将内在动机转化为行为驱动的过程。"目标行动"是在社会因素的参与下，在目标导引下的实际的具体设计行为。"价值形成"是价值客体设计物作用于价值主体人所发生的效应，从而达到设计价值目标实现的过程。其中，从"生存需要"到"价值形成"不但构成了具有内在联系的逻辑环节，还构成了设计价值形成的生理、心理及社会

机制与运作过程，任何新的设计价值的形成也是由这一相互联系的机制来完成的。

2. 设计主导价值与非主导价值的互动

在设计价值形成的实际过程中，价值观念不可能是单一的，而是会随价值主体的变化呈现出多种价值观。在这多种设计价值观中又会因主体的情况而产生主次关系，即产生设计主导价值和非主导价值。这种设计价值的主次状态是一种基本的、普遍的事实，是一种客观存在，是由人类社会生活方式的复杂性所决定的。而对于设计价值主体来说，设计价值观的主与从、内与外、高与低是必然的、可行的、合理的；同时，主次、正偏的价值观又是相对的，并非绝对的。在一定的历史阶段和社会时期，这样的主次、正偏的关系是合理的，价值效应是良好的。而在另一个历史阶段和不同的社会时期，主次关系不再合理或有可能被颠倒过来。人类历史上不乏有主导价值与非主导价值互动，甚至颠倒的例子。而且这种设计价值观的不断转化情况，不仅发生在不同历史时期，也会发生在同一个历史时期、同一个社会形态之内。

设计主导价值是一个民族、一个群体在某个时期于共同生活层次上的价值观念，其核心内容能完整地概括这个群体在这一时期的设计指导思想。譬如，英国在工业革命成功之后所进行的设计改革实践十分复杂，加上工业化程度的不平衡，形成了英国社会生活中人们思想认识的多样复杂的设计价值观念：机器观、工艺观、装饰观、美术观……在多元化价值格局形成之时，一股新颖的、综合了各种社会利益的、针对早期工业化时期设计混乱现象的主流价值观诞生了。这一价值观的中心内容和精神实质，被高度概括地表述为"工艺美术"；它有丰富的价值内涵，包括"为民众服务""艺术家的参与""向自然学习""哥特风格"等。这是拉斯金、莫里斯所发起的"工艺美术运动"的设计宗旨，是"工艺美术运动"的价值取向、价值标准和价值原则，也是这一特殊时期英国设计的主导性价值观。同时，崇拜艺术的设计观与最极端的工业机械设计观、新兴资产阶级的民主思想意识与保守的落后的封建社会观念，以及种种复杂的混合形式并存，以1851年的世界博览会最具代表性。应当承认，设计价值观由单一转向多元，是世界设计从传统走向现代、从封建走向开放、从手工艺走向工业化的表现，是工业革命所带来的重大变化。而"工艺美术运动"所形成的设计凝聚力，把年轻设计家的思想统一到向自然学习、复兴手工艺的目标上来，成为当时设计的主导价值。在这一主导价值的引导下，欧洲大陆甚至掀起了一场"新艺术运动"，影响深远。

随着工业化的迅速发展，人们在设计与生活生产中遇到了越来越多的矛盾和困难。过于艺术化的形式不能适应飞速发展的大工业生产，设计标准化、工业化的呼声日益高涨。这种状况促使欧洲的一些设计家开始冷静反思设计与艺术、设计与生产、设计与价值的关系，最终动摇了莫里斯以来的设计主导价值，恢复手工艺的价值观被冷落或遭抛弃，本为非主导性价值的功能性、机器美、几何形跃升为主导价值，成为现代主义设计的核心价值观。在这场设计主次、正偏价值的互动中，价值的合理性、效应性均有一个实际的实践过程，设计价值客体与主体都处于激烈的社会发展过程中，其价值关系也是不断地上下互动。工艺美术运动的主导价值观，本身也不是一个封闭、静止、固定的价值观，进入欧洲大陆之后，在生活生产实践中，随各种因素的发展而变化；原处于次要价值地位的功能性、标准化、机器美在大量设计实践中被重新认识并接受动态的检验，最终转化并跃居为设计的主导性价值。

以上仅是设计价值互动中的一个片段。进入20世纪，这样的互动层出不穷，有时主次复杂难决。但是，设计主导价值与非主导价值之间仅是主次关系，而不能简单地以好坏、正负、对错和利害得失来理解。要对其做出准确判断，须以实践加以检验，看其是否与人的生活实践过程相一致。因为只有将其置于人的生活实践之中，才能够清晰辨别价值的主次和高低，其正负效应也才会真正显现出来。设计主导价值与非主导价值的互动是一个循环往复、永无止境的过程，也是设计价值历史嬗变的过程。

* 图 3-5
Nycredit 大厦内部空间，2003年。功能性、标准化、机器美在大量设计实践中被重新认识并接受动态的检验，最终转化并跃居为设计的主导性价值。

3. 设计价值的适时演进规律

设计价值的适时演进，是与社会发展的历史进程密切相关的，与社会整体价值的演进在阶段与性质上也基本一致。主导性价值对设计起着引领作用，而一些非主导性价值在社会发展与生活实践中常常上升并分化设计价值整体，在与主导价值不断地碰撞、互动中适时整合，发挥出设计新主导价值的肇始作用。

设计价值适时演进的基点是以生活实践的逻辑来提炼价值。任何一个时代的设计价值体系均具有这个时代的特征，都是源于这个时代的社会实践，依据这个时代的生活实践而建构的。设计价值适时演进的实质也就是绝不脱离人们社会历史生活的具体实践，是具体生活中各种价值择取、评判的综合归纳。从巴洛克风格的设计价值观到洛可可风格的设计价值观，从莫里斯手工艺复兴运动时期的价值观到包豪斯现代主义的设计价值观，再到后现代主义设计价值观，都反映出设计价值生活实践内容的逻辑，都是从人们的价值生活和社会实践中而来，是价值主体在不同历史时期所确立的各种设计价值规范的表现，具有与逻辑和历史相一致的演变规律。

设计价值适时演进的主题与社会整体价值演进的主题相一致。格罗皮乌斯提出的现代设计价值的适时演进与德国社会整体价值观在主题、性质上是相同的，在过程上是同步的，总的目标是从手工艺价值观向工业化价值观演进，从艺术价值观向艺术与工业相结合的价值观演进，从神圣贵族的价值观向世俗普通民众的价值观演进，从意志至上的价值观向精神与物质并重的价值观演进。进入20世纪的德国社会正处于工业化上升时期，科学技术日益发展带来了工业生产的全面机械化；经过多次社会政治格局的变动、思想的启蒙，社会民主思想成为人们思想的主流，人们

* 图 3-6
左图为1907年的设计，右图为1928年的设计。"功能性"转换为"装饰性"，"工业化"替代了"手工艺"。

的社会生活较之 19 世纪末期呈现出了巨大的变化。设计价值的适时变化要求认真思考这一时期价值主体人与价值客体物之间的关系。在不同价值观的激烈碰撞、争斗中，在顺时应势的择取中，设计的"标准化"战胜了"艺术化"，"功能性"转换为"装饰性"，"工业化"替代了"手工艺"。这是现代主义设计价值与社会整体价值观变化的同质同步、适时演进，完成了从原来手工业、农业社会的设计价值观向大生产工业社会的设计价值观的转换。

设计价值适时演进的方式是设计主导价值与非主导价值的互动。无论哪一种价值的适时演进，都经历了主次价值观互动变化的方式，变化前为非主导价值，变化后即成主导价值，反之亦然。在 20 世纪的最初 20 年内的欧洲，设计价值观几乎是高度统一的，"新艺术"是主导的价值取向，来自英国的手工艺复兴的价值目标，为欧洲大陆大部分设计家所信奉。但是，并不是没有其他设计价值观存在，功能性、机械化、标准化的设计价值观已经形成，与手工艺价值观并存而没有被一概否定。这就是当时求同存异，形成主次、正偏的状况。在"新艺术"主导价值的倡导下，设计的功能性需服从艺术性，机器美要受制于艺术美，而标准化极难在艺术性的主导下展现其价值意义。因此，许多先锋设计家的设计价值观逐渐表现出从艺术化向标准化的偏移，特别是当德国工业化达到了一定的程度时，设计中的"艺术化"因过于强调艺术家个性及其利益，而极难适应工业化的大生产，因此必然遭到唾弃。1914 年发生在德意志制造联盟内部，由穆特修斯和凡·德·威尔德两大阵营引发的一场以"标准化还是艺术化"为主导性设计的大辩论，以标准化成为大多数设计家的选择而结束，就是一个明显的例子，这也是非主导价值在与主导价值互动中一跃上升为主导价值的例证。

当然，设计价值的适时演进并非如此简单，生活实践、社会变迁、主次互动是归纳出来的演进规律的几个主要的方面，仅仅这几个方面就能让我们感到设计价值适时演进的规律是动态的。这也就意味着设计价值的演进必然会在碰撞、分化、互动的过程中进行，而所有这一切的前提则是设计价值观的生活实践以及价值的多样并存。

注释:

[1] "设计改造中国" 全国设计论坛暨全国艺术院校学报年会于2006年12月26日—28日在厦门举行。

[2] 马凌诺(林诺夫)斯基著,梁永佳、李绍明译,《西太平洋的航海者》,华夏出版社,2001年版。

第三章

设计价值的本质

设计价值的本质是设计价值哲学的逻辑起点，要深入研究设计价值理论，必须深入研究设计价值的本质问题。设计价值属关系范畴，不是设计物固有的属性，而是设计客体物相对于设计主体人而言的，因此，也属功效范畴。设计价值的实质在于它的功效性，是设计主客体之间相互作用所产生的功效或影响。从根本上讲，设计价值在于创造人的日常生活，促进人类社会的发展。因此，必须从设计实践出发，从设计的生活实践结果，尤其是对人的生活效应出发，才能真正把握设计价值的本质。

第一节　设计价值的价值关系

人与动物的根本区别在于：人是社会的存在物，人能够设计创造物品，人和社会的一种特殊的存在方式就是设计。没有设计的族群不属于人类，没有设计的地方也不会有人类社会。设计就像生命体的新陈代谢一样，是人和社会根本的存在方式。但是，设计价值并不是设计物品存在本身，很难判断单一物品的价值，只有相对于人或物时，在相互作用下，才能确定其是否具有价值。因此，设计与人的关系才是一种价值关系。在这样的关系中，设计是客体，人是主体，设计价值就是主客体在相互作用下的产物。

1. 设计的主体—客体关系

"设计"一词的使用方式有两种：一种是用于人造物品的名称，当名词用，如"这是一类设计"，这是整体和一般的概念，具体的设计会有"服装设计""家具设计""MP4设计"等；另一种是用于表示动作，当动词用，如"请你给我设计一下""设计是什么""设计一件上装""设计一间厨房""设计一个庭院"等。根据名词和动词的使用方式，我们就可以来认识设计的主客体关系。

作为名词的设计，是指各种各样的人造物品，这无疑是设计价值的客体，是为满足、服务人类而存在的。这与自然界的空气、温度、植物与水一样，对于人类的生存都具有一定的意义。不同之处在于，设计物这一客体是人类创造的，而空气、水等客体是大自然赋予的。设计价值客体并不包含这些大自然赋予的物品，只有当它被改造和利用，成为一件人造物品时，才能被视作设计价值客体，如石油被提炼成某种材质制成服装等产品之后，才成为价值客体。

作为动词的设计，是指设计各种各样的物品，是由设计师来实现的；设计师在设计中是按照人的各种需求来设计的，所完成的设计物最终目的是服务于人，所以，人是设计价值的主体。

无论是设计价值客体——物，还是设计价值主体——人，都属于实体的概念。有学者认为："价值是关系概念而不是实体概念。"[1]也就是说，价值不是客体物所固有的，也不是主体人所固有的，而是由客体与主体的关系产生的；因物与人的关系而存在，是物与人相互作用的产物。这就是价值的关系概念。设计价值是设计客体物对设计主体人的生存、生活的某种效应，既不是物本身，也不是人本身；同时，既离不开设计客体物，也离不开主体人。譬如，一把椅子是设计客体物，它自身无所谓设计价值，只有当人使用时，才能体现出它的设计价值来，这就是"物"对"人"的价值。椅子是设计价值客体，人是设计价值主体。椅子是为人而设计的，离开了人，椅子就没有了价值。没有椅子，人也不能很好地舒适地生活。那么，既然椅子是为人而设计的，它自身为什么就不能体现出价值呢？因为一把椅子只是一件孤立的物品，只有对特定的对象人产生作用时，才具有价值。而价值（受体）主体人则多种多样，有大人、小孩、老人、病人、身体有障碍者等，加上椅子的使用环境有家庭、办公、室内、室外等，忽视使用者及使用的环境，将会陷入设计价值的客观机械论。事实上，并不是一把椅子在任何地方对任何人都有价值。一把椅子，可能适合大人而小孩不宜，可能适合家庭而办公不宜；一辆轮椅，适合身体有障碍者而正常人不宜，适合年老体弱者而健康人不宜。对适合者就有价值，不宜者就无价值。这就是从设计价值的存在的角度，肯定物的作用，也肯定人的作用；既有价值的客体性，又有价值的主体性。因此，设计价值属于主客体的关系范畴，这种主客体关系的论述也是一种价值思维模式，是从主客体的相互作用出发去研究价值问题，只有这样，才能合理地解释设计价值因人而异、因时而异等现象。

在设计价值的关系范畴中，"物对于人的作用"这一主客体关系是至关重要的，但是客体对主体的价值不是唯一的价值关系问题，还存在"人对于物的作用"这样的主体对客体的价值问题，这就是所谓相互作用的问题。在这种情况下，双方互为主客体。还存在"客体与客体的关系问题，主客体与其中介时间、地点或环境因素的关系等，只有全面地研究主客体的这些方面的关系，才能全面地理解价值的本质"[2]。在设计价值关系中，客体与客体的关系就是物与物的关系。在人类生活中，构成生活场所的物十分复杂：从大的方面看，就是所谓的"第二自然"；从小的方面看，就是室内外的生活、工作用品场景。在这些同属客体价值的物之间，相互联系、相互作用的双方都是物，都是客体。它们构成的价值或是一种相互协调和谐的环境氛围，即正价值；或是一种不协调不和谐的环境氛围，即负价值。一张沙发，如放置在唐宋风格的室内空间里，就与周边的物品不协调；如放置在民国建筑空间内，就非常和谐。沙发本身无所谓价值，只有当它与周边环境物发生关系、产生作用时，才会立显其正负价值。当然，在物与物的关系中，也要考虑人的因素，不能脱离主体尺度的需要。如国家大剧院的设计方案，放置在故宫、前

* 图 4-1
桑拿椅，1952 年。一把椅子只是一件孤立的物品，只有对特定的对象人产生作用时，才具有价值。

门、人民大会堂周边，引起强烈争议，双方焦点集中在物与物的关系是否协调和谐方面，其中也有与社会、政治、经济等方面关系的考虑。

总之，在设计价值研究中，关系式思维是科学地把握设计价值本质的关键。这种关系不是单向的，而是双向的；不是局部的，而是整体的；不是片面的，而是全面的。

* 图 4-2
凯阿赫姆宅，1962 年。沙发本身无所谓价值，只有当它与周边环境物发生关系、产生作用时，才会立显其正负价值。

2. 三个基本环节

设计价值并不体现在单独的物或人这样的实体上，而是体现在人与物，即设计价值主体与设计价值客体的关系上。而设计价值是通过三个基本环节生成的，这三个基本环节是认识论环节、实践论环节和价值论环节，这是设计价值产生的全过程。

首先是认识论环节。人类社会的设计价值体系是对一定的价值主客体关系的反映。人类在追求设计价值的过程中，不断地深化对价值主客体关系的认识，并在这种认识的基础上调整这一主体与客体的关系，从而进一步创造设计，推进社会生活的发展。在现实的设计价值关系中，设计价值主体通过评价来把握和选择设计价值客体；而设计价值客体则在功能、形式和观念上反映设计价值主体。设计价值主体对于设计价值客体是一种能动的选择；反之，则是一种制约的反映。这是设计价值主客体的一种认识关系；在这一认识关系中，主客体成了价值认识的主客体，而"价值认识反映的是价值关系"[3]。这种价值认识关系也是设计价值主客体之间的选择与被选择、反映与被反映、制约与被制约的关系，是双向的、互动的，直至产生出价值效应。

其次是实践论环节。在设计价值关系中，价值主客体之间的认识关系是通过实践的方式产生和发展的，选择与被选择、制约与被制约都是实践关系。设计价值主体基于价值认识对价值客体所做的选择，是根据自身生活、生产所需进行的实践性活动。当所做的选择无法达到理想的目的时，就要对设计价值客体进行重新设计，或批评，或改进，直到能够实现主体所预想的目的。设计价值客体基于材质、技术、功能及观念，制约着设计价值主体的选择，也制约着设计价值主体的实践过程。当这种制约无法创造设计价值时，就会配合主体的实践活动完善客体自身，以适应现实生活所需。设计价值的这种实践关系是将设计价值认识关系上升到设计价值关系的必由途径，是创造设计价值、有效地实现设计价值的中间环节。

最后是价值论环节。在设计价值的实践论环节，主客体的实践关系使得设计价值主客体不断选择与完善，从而在主客体之间产生一种功效关系，设计也就表现为

* 图 4-3
国家大剧院。双方争议的焦点集中在物与物的关系是否协调和谐。

客体对主体产生效能。这种效能就是价值关系，设计价值就存在于这种价值关系中。在设计价值关系中，价值主体将实践活动内化为一种创造力，使价值客体不断满足其需求、理想，实现其目的。而价值客体作为物的外化也在适应、制约价值主体的过程中实现其服务功能。

由上可知，认识、实践、价值三个环节始终是在价值主客体的相互作用下生成和发展的。设计价值来源于主客体的认识、实践和价值关系。认识是主客体之间反映与被反映的关系；实践是认识的基础，也是价值的源泉。

3. 设计主体需求和客体属性辩证地统一

上述三个基本环节包含着设计价值主客体关系的三个基本层次。从认识关系层次上升到价值关系层次，其间经历了一个重要的实践环节。设计价值的存在是设计价值主客体认识和实践关系发展的最终结果，也是设计主体需要和客体属性辩证地统一起来的必然结果。

但是，在设计价值主客体间，从认识关系、实践关系到价值关系的三个环节来看，始终充满着对立和矛盾。在认识关系上，选择和制约就是矛盾的反映。设计价值主体会依据自身的内在要求和设计物的功能形式来把握并评价价值客体，在选择与被选择之间会产生一系列的矛盾冲突。客体物在接受选择的同时，不可能完全符合主体人的意愿和目的，会在各个方面制约主体需求，于是，在制约与被制约之间，矛盾也是不可避免的。在实践关系上，价值主体对客体的批评、改造和设计，是尝试性的、多方面的，实践的过程不可能是完善的，必然存在各种各样的不足和问题。

而客体物在被改进的过程中，所基于的那些技术、材料，并不能完全适应主体的意愿、观念和设计。因此在实践环节，必定会有多种设计方案和设计实验，这些设计实验和方案就是为解决实践过程中的矛盾和困难而做出的尝试。在价值关系上，主客体产生的功效也需要做适当的调整；否则，也会引起矛盾、导致问题。譬如，某一时期某一地区客体物服务于主体人，有效地发挥出功能作用；而在另一时期另一地区，却不能发生作用。或者这一客体物对于主体人所产生的功能效用是负面的，这就会产生矛盾和对立。

因此，设计价值要真正发挥实效功能，要促进人类生活的进步与发展，就要处理好主客体之间的矛盾关系。具体地讲，要处理好从认识关系到价值关系的任何一个环节。设计价值主体是多种多样的，其需求目的也是繁杂多变、永无止境的。对设计价值客体而言，多样的价值主体应有多样的客体功能相对应，多变的需求促使客体属性有无限的发展。在每一环节中暴露出来的主客体之间的对立矛盾，应该通过主客体关系的调整、改进和创造，在每一环节中协调解决，实现设计主体需求和客体属性辩证统一，以达到主体生存生活的目的。

设计价值主客体之间的对立与统一关系，既是一个历史的过程，也是一个具体的现实。设计价值主客体之间的矛盾，是价值主体的需求目的和价值客体的功能属性之间的矛盾，是需求与满足、目的与实现的矛盾。客体自身不会自动地实现主体的目标，主体自身也不能决定客体的属性。只有主客体双方都被纳入价值关系，形成互动、呼应的交感关系时，主体对于客体，或客体对于主体才呈现出一个具体的统一体，各种矛盾、错位才会得到较好解决，设计价值功效才能真正发挥。因此，主客体关系统一论是揭示设计价值本质的一个科学的理论指导。

第二节　设计价值的价值意识

设计价值的重要特征是设计主客体的相互作用，其中价值意识是这种价值关系在主体精神和需求上的反映，是人的生活、社会意识的价值内容。在价值哲学理论的启示下，我们注意到，设计艺术从传统向现代的转型，其背后有"价值意识"之手的推动；设计史的演变以及每一次设计运动的形成，也都有新的设计价值意识参与其中。通常说，设计艺术是艺术情感和社会生活的体现，从主体方面而言，则是价值意识的体现或折射。从这一点出发，将有助于我们理解设计价值的本质。

1. 设计转型与价值意识

设计价值是主体价值和客体价值的统一，是人的价值和物的价值的统一，这种设计价值关系论无疑是准确的。但是，仅仅坚持这种关系论，还不能够让我们真正触摸到设计价值的本质。因为物对于人而言，在什么尺度上才能完全达到主客体价值的统一呢？马克思说："动物只是按照它所属的那个种的尺度和需要来建造，而人却懂得按照任何一个种的尺度来进行生产，并且懂得怎样处处都把内在的尺度运用到对象上去，因此，人也是按照美的规律来建造。"[4] 这里涉及尺度和规律的问题。种的尺度当然是由生理性的遗传基因决定的，不可改变。而人的内在尺度与种的尺度完全不同。如果说种的尺度是一种客观规律，那么，人的内在尺度则完全是一种主体的创造，这是由人的本质特征决定的。在这里，马克思明确地说："动物只是在直接的肉体需要的支配下生产，而人甚至不受肉体需要的支配也进行生产，并且只有不受这种需求的支配时才进行真正的生产。"[5] 可见，种的尺度受肉体需要支配，而人的内在尺度却并不完全受这种生理需要的支配。因此，人的内在尺度应该包括人的情绪、喜好、审美等肉体的基本需要之外的精神因素，它是一种主体性的价值意识，是主体精神的反映。它是现实的、具体的、历史的价值存在，随社会、生活的发展而变化，价值关系的统一应该以此为出发点。

有了这样的认识，让我们再回到设计艺术领域，看一看人是怎样创造设计的历史、创造自己的生活的。人的本质特征是具有创造性，这是人与动物的根本区别。人是自我创造的主体性存在。在设计活动中，人将自我之外的一切当作客体，自己成了主体存在。回顾设计的历史，我们发现，设计价值在其实现过程中，以主体的内在尺度为实质内容，是主体人的本质的物性呈现。在设计史上曾有过多次明显的设计转型，较早的一次是公元前 500 年左右被称为"轴心时代"的时期，它的标志是人性的觉悟，以从神转向人的哲学理念的诞生，促使人类思想、社会生活包括设计艺术开始了对人的关注，凸显出世俗生活在设计艺术图景中的重要地位。在漫长的历史进程中，人类自身的主体结构、规定性以及与外界的联系发生了巨大变化。主体的内在尺度及本质决定着主体的需要，一种以形式性的、人化的设计思想为实质内容的价值意识开始注入设计价值主客体的相互关系之中，原有的主体价值意识中的祭祀性、礼仪性及神性内容逐渐从互动关系中淡化而出。

因此，轴心时代的设计转型，实际上与特定时代人的价值意识的离合变化有着必然的联系。在东西方社会生活中，这一时期是价值意识的自觉时代，以此为界，政治、宗教、思想、艺术才呈现出各自独立的面貌。希腊艺术的成熟成为高不可及的典范，春秋战国时期艺术冲破旧有规范全面繁荣的事实，其背后均有"价值意识"

之手的推动。哲人提出的"人是万物尺度""尸礼废而像事兴"等思想观念逐渐成为价值意识的一部分，在当时无疑起到了对旧有价值意识的颠覆作用。

时至今日，设计艺术的价值体系已几经变迁，影响设计艺术发展走向的因素不断增多且范畴持续拓展，新科学、新技术彼此交织，不同民族与不同文化也相互交融。但是，主体的价值意识影响设计艺术走向、推动设计艺术发展的方式依然没变。20世纪以来，新艺术运动、装饰艺术运动、现代主义设计、后现代主义设计、国际主义设计、结构主义设计、微电子设计、微建筑风格设计等设计艺术潮流变幻莫测、层出不穷，我们只要仔细观察，就可发现"价值意识"之手仍然在其中起着调节的作用，从某一设计潮流产生与消失的现象就可感知到这一点。现代主义设计诞生之初，其实正是几何形式、功能主义、民众主义等设计价值意识兴起全盛之时，仅仅过了20年，从设计者到使用者便开始否定或抛弃这种设计价值意识，于是，后现代主义设计思潮就闪亮登场了。

* 图 4-4
莲鹤方壶，春秋时期。春秋战国时期艺术冲破旧有规范全面繁荣的事实，其背后均有"价值意识"之手的推动。

总之，从设计艺术的产生、转型、演变的历史看，设计艺术一直是主体价值意识的反映或折射，无论是在设计的功能形式上，还是思想风格上，都是如此。人的主体价值意识的每一次变化，总会在设计艺术的发展历史上留下痕迹，这几乎是板上钉钉的结论，是历经岁月而始终不变的规律。从另一个角度看，设计艺术的不断发展也正是人的本质力量的显现。

2. 设计的生命价值意识

生命价值意识作为人的价值意识中对生命体的理性认识，具有强烈的生命情感和生命意志。人类若要在生活中获得真正意义上的幸福与进步，就应该尊重生命，构建生命价值意识。通过培育生命价值观，涵养包括艺术情感在内的生命情感，磨砺生命意志，促使设计主体在设计艺术时，能够进一步融入生命价值意识。可以这样说，在当前，生命价值意识应该成为设计主体意识重要的价值取向之一。

首先，我们来谈生命情感与设计关怀的问题。设计是人的一种生存方式，生命意识是人与设计最初感知的意义和价值，也是终极意义和价值。人对生命情感的体验越深，设计对人类生命的关怀就越多。早在新石器时代，设计中就有较为完整的生命意识的呈现。新石器时代的骨器、磨制石器、彩陶等设计制品，不仅已经具有了对于人类生存与死亡的意义追求，也反映出早期人类对于生殖繁衍的态度。在仰韶文化半坡遗址，人们发现在一些孩童的陶器瓮棺上，开启了一个灵魂出入的洞，这种特别的方式昭示着远古人类对于死亡的态度。对死亡的态度可以直接影响到对人类生命、生存、生殖等意义的理解。彩陶上大量的鱼、蛙，以及人物形象等纹饰主题，就是生殖崇拜的体现，这些生殖性主题在数量上远远地超过了死亡主题，反映了早期人类对于死亡的镇定以及对于生命价值的狂热意识。

21世纪应该是人的生命意识高度自觉与高扬的时代,但遗憾的是,人们不能真正深刻地去关注人类的生存境遇与命运,去寻求生命存在的意义与永恒。早在20世纪60年代末,美国的设计理论家维克多·帕帕奈克在他的著作《为真实的世界设计》中,就提出了有关人类生命价值的若干命题。其中最重要的有三点:一是设计应该认真考虑有限的地球资源的使用问题,二是设计应为身体有障碍者服务,三是设计也要为第三世界的民众服务。在当时,帕帕奈克的观点引起了极大争议,由于和美国设计的商业价值唱反调,帕帕奈克被开除出美国工业设计协会。到如今,第一点已普遍被全世界认同、接受。但是,人们认同这一观点是基于自20世纪70年代以来不断加剧的能源危机的事实。而帕帕奈克真正的思想观点还没有被认识到,他的主要思想是立足于设计的生命价值的,反对设计去创造商业价值,认为设计的最大作用并不是创造商业价值,也不是在包装及风格方面的竞争,而是一种适当的社会变革过程中的元素。可见他于设计的商业行为中看到的不是迷惘和恐惧,而是自己的设计责任感和历史使命感。他激发出强烈的生命意识和拯世济道式的积极态度,所著《为真实的世界设计》唱出了时代的最强音,体现出一种新的价值取向:关注资源的有限,关心弱势群体,倡导人类的共同幸福。这些无疑是设计的生命价值意识的真正体现。

* 图 4-5
马厂女性生殖器纹壶。生殖崇拜的体现。

其次是艺术意志与情感设计的问题，生命价值是人类永恒的主题。黑格尔曾经说过："只有当生命以某种具有价值的事物作为目标时，生命才具备价值。"[6] 尼采借古希腊时期的"酒神精神"来弘扬和肯定生命价值。而在中国魏晋时期，则凭借"文心精神"表现出艺术意识的觉醒。这都是艺术的意志，是生命情感的回归。生命情感是个体生命的内在情感，而它的外化，可以通过艺术的方式来实现。艺术意志所展示的人类对自身生命的热爱是充分的、绝对的。无论是"酒神精神"还是"文心精神"，都是艺术意识的觉醒。在文学艺术、设计艺术的价值意识中，社会的、理性的、功能的价值追求逐渐减弱，而个体的、感性的、形式的价值追求逐渐上升，这也意味着主体价值意识取向在发生变化，反映出当时人们对于生命价值的追求。随着这种价值意识的变化，艺术意志得到加强，因感性、生命、自然形式等价值因素的不断渗入，艺术与设计呈现出自由的活力，使之再一次发生转型。不仅具有情感层面的影响力，其审美取向也被普遍接受，几乎决定了之后一个时代——古罗马和隋唐时期——艺术与设计的发展方向和整体风貌。古罗马和平祭坛的建筑装饰、图拉真柱的设计风格，以及金银饰品、服饰设计等，皆深受"酒神精神"式生命价值意识取向的影响，与之同步发展。而唐代卷草纹饰、"陵阳公样"、金银器、秘色瓷等，也无不凝聚着"文心精神"的感性审美价值意识的主流。

* 图 4-6
唐卷草纹碗。是感性审美价值意识的表现。

3. 价值意识与设计价值本质

设计价值属于关系范畴，是价值主客体的互动。而价值意识则是主体的情感、欲望和兴趣。如果我们过分强调价值意识的作用，是否与设计价值是主客体的互动关系的结论相矛盾？是否是重唱西方价值哲学中唯主体论的老调呢？

前面已经论述过，我们坚持设计价值是主体和客体的关系产物，这是正确的，但还不够。主客体关系如果是客体物对主体人的价值关系，是容易让人理解设计物对人的功能、服务、效应价值的。但只讲客体对主体的价值，"不能解释人的主体价值、目的价值、内在价值，忽视了人的人道价值或主体价值，即人的生命的存在，人的尊严、自由和权利的价值"[7]。也就是说，主客体的相互关系，也要讲价值主体的作用。在价值主体性中最为突出的一点，就是主体的创造意识。这种主体的创造意识是由主体的价值意识推动的，再通过实践活动创造出主体所需的设计物品。

设计价值主体与客体之间的价值关系不是单向的、现成的、固有的，而是双向的、变动的，是价值主体人在具体的设计活动（实践活动）中与价值客体物的一种互动的创造性关系。价值主体依据社会、宗教、文化、思想及人自身的生命存在价值，形成人的目的价值和主体价值，在与客体的互动中，发现获取客体价值的手段并改进客体、实现价值主体的目标。所有这些过程发展，都取决于主体的价值意识的规定性。

设计价值的实质在于其功效性，不产生功效就不存在价值。这种功效的产生需要主客体之间的稳定的结构关系，而主客体结构的稳定性又取决于价值意识的状态。前面论及的"灵魂出入""资源有限""酒神精神""文心精神"等都是主体意识在一个时期的核心意识。从这一点看,设计价值首先是主客体相互作用中主体的能动作用,然后是客体对主体的效应。没有主体的能动性,就没有客体的积极功效;没有客体对主体的功效,主体的能动性也就无法显现。这是比较符合价值的本质特点的,因此,价值意识是价值主体的一个基本特征,它是个体的、情感的、主观的,也是社会的、精神的、生活的。设计价值的主客体互动是与这个基本特征关联的,没有价值意识,互动就无从论及,功效也不可能产生。

第三节　设计价值的实践精神

设计主客体的相互关系是设计价值产生的重要保证,而设计价值意识作为价值主体的基本特质,在相互关系中起到能动的作用。但关系与意识并不等同于价值的实现,它们是构成设计价值本质的依据。

只有通过设计实践,才能把设计与价值统一起来,只有从实践设计、实践精神与实践过程出发,把设计价值本质规定为设计实践的合目的性的形式,才能为设计价值构建起一个坚实、全面的理论框架。

1. 设计实践价值的生成与调控

设计实践是一个动态的过程,由此而生成的实践价值同样也是动态的。与设计调研、分析、评估、实验、制作、使用等实践活动不同,设计实践的生成途径是实践主客体的双向对象化,即主体客体化和客体主体化[8]。

设计实践价值的主体客体化,是将主体人的价值意识通过相关的技术、手段注入客体物即实践对象之中。譬如，当前，在我们的价值意识中，生态、环境、绿色成为意识核心价值，这是由人类对于工业化所带来的生存危机而引发的新的价值意识，有别于之前在设计评价中的经济、实用、美观的价值观。如果没有人类的生存危机感，就没有生态环境的价值意识，也就没有设计创造的实践动力。如果缺少主体的动力和期待，设计的实践活动就不会发生，实践价值也无从谈起。而且把人的价值意识物化到对象之中，创造出主体所期待的对象属性，也就实现了对客体物的改进。对于设计实践而言，一个生态的、环保的绿色产品由此诞生；对于设计实践价值而言，客体对于主体的价值也由此而产生。

设计实践价值的客体主体化，是客体对主体的生活、生存、发展、完善的积极效应。一件设计物能够使人产生兴趣，得到使用满足和快乐，这些是事实。但设计价值是对于事实的超越，"只有当事实作用于主体，对主体产生积极的效应，才是价值"[9]，才是客体主体化。上述所举生态设计是主体的实践活动顺应自然规律，而这一实践活动的结果——产品，作用于主体后产生的效应，就是客体属性指向主体的需要。"这就形成价值产生过程中的双向建构，即通过客体主体化和主体客体化两种趋向的交叉结合，使客体价值和主体价值同步生成，共同组合为价值整体。客体价值和主体价值是价值中既互相区别，又互相统一的两个方面，二者的总和（或统一）构成实践价值。"[10]

在设计实践中，构成的设计价值总会有正负的效应，而设计价值负效应会逐渐影响人类的生活、生存和发展。如因设计不当或过度消费造成生态失衡、环境污染等一系列问题，这些设计负价值都会在实践过程中逐渐暴露出来。从设计主客体的关系来看，其根源便是设计主体的价值意识存在着问题，或是主体的异化。价值意识的问题是过分追求个人自由、权利、享受，忽视主体的生命、幸福、发展和完善。主体的异化是人的创造力作用于客体后，客体中存在的某些因素或因自然状态的改变而对人的生活、生存带来不利。因此，需要对设计实践进行科学的、符合自然规律的合理调控。

合理的调控仍然需要在价值主客体的关系中进行。首先是在主客体关系下的宏观的调控。价值主体的价值意识、价值目标不能背离人类生活幸福这一总目标，应该以自然生态系统的良性运行、整体发展为原则；主体人不凌驾于自然之上，不以改造自然、人定胜天的思维去设计物品。价值客体的"有效性"同样要有益于主体人的发展，一切的实效、成效都要以此来衡量。设计"有效性"不完全等同于设计价值的"效应"，那些在设计历史上提出的"有计划的废止制""一次性设计产品"等都是有实效和业绩的，但实践证明，这样的设计实效产生的大量废弃物及大量消费加速了地球资源的消耗。因此，只满足一时之利、一时之效，无视人类的长期发展利益，将会威胁到人类的整体利益和根本利益。

* 图 4-7
一次性产品。只满足一时之利、一时之效，无视人类的长期发展利益，将会威胁到人类的整体利益和根本利益。

设计实践中的具体的调控——譬如选取绿色、环保材料——能在设计的第一步就能有效防止对环境的污染。再如调整设计产品的功能，从单一功能向多用途功能的转化，以防止过度用材，延长产品的使用寿命。如此等等，就是在设计实践的基础上，重新理解设计的价值，并做出具体的新的调整。

2. 设计与价值统一于实践

设计世界是实践的世界，只有在实践中才能揭示出设计价值的本质。因此，设计与价值都将统一于实践，设计、价值、实践三者是一体的。

* 图 4-8
绿色环保产品。在设计的第一步有效防止对环境的污染。

设计价值属于关系范畴，表征设计客体物为主体人服务，与主体人的生活、目标相一致。这种主客体的相互关系仅是一种效应关系，并不是价值内容。但是，从设计实践看，设计价值源于实践，其主客体都是实践的结果；价值主体人是社会实践活动的产物，价值客体物是人所创造的，更是具体的实践产物。因此，价值关系可以说"是特指物为人而存在的实践性关系"[11]。前面提到将人的价值意识注入设计物对象之中，这种主体客体化是实践性的关系；同样，一件设计物对人产生积极的效用，这种客体主体化更是实践性的关系。设计实践性使创造与生活、效应与目的、设计与价值统一起来。

设计的一切活动都是实践活动，都以处理主客体关系为依托。离开实践活动，主体的创造、目的无法实现，客体对主体的效应也无从发生。设计实践又会受到实际价值理论及某一时期的价值界定的影响。对于客体物满足主体人的需要，设计界常用现代主义设计的一条原则"形式追随功能"即"功能第一"为其佐证，这与设计提倡为生活服务的价值观似乎并不相左。但是，这里的"功能"则是实用的功能，把实用功能作为设计的首要任务，每一件设计品都遵循"功能第一"的原则，来达到满足人的实用所需。那么，什么是设计的价值呢？因为实用价值并不等于设计价值。在当前的设计理论中，有人提出了一个新的设计价值观——"形式追随幻想"，就是客体物的形式要满足主体实用需要之外的任何理想、愿望甚至想象。作为一种价值意识，对它需做完整的理解。设计是一种创造，创造物品、创造生活，创造越多、越丰富，价值就越高，从这一点看，也是这一价值意识的应有之义。

上述两种设计价值观都来源于实践，前者已有100多年的历史，可以说是同实践结合的理论，并指导着设计实践；后者是随着设计实践的发展而发展出来的理论。功能主义理论之所以流行百余年，是因为在工业化时期，人们是按照社会、生产和人的生活方式及事物逻辑来思考设计价值的，是把设计价值看成一个与生活生产相互关联的整体，而不是孤立的关系。在工业化时期，作为思考一切价值问题的前提，工业化生产为满足人们日益紧迫的实用所需，这一时期的设计与价值在生产、生活实践中得到过统一，但很快不和谐音就产生了。当把"功能主义"的设计价值事实放入生活环境中思考时就会发现，"主体的尺度"远远没有抵达，许多具体的设计价值难题，诸如人与自然、传统与现代、人与社会、人与人、物与人等矛盾冲突重重，过去在实践中被认为是"可行的""好的"，现在却成了"不可行的""差的"。"理论的对立本身的解决，只有通过实践方式，只有借助于人的实践的力量，才是可能的。"[12]"幻想论"的提出，虽然不能说就是"可行的"和"好的"，但这是通过设计实践及其发展，在理论价值上的检验、判决、修正与发展。就如同社会实践是检验真理的标准一样，设计实践也是检验设计价值的标准。因此，只有当设计与价值被纳入人们的生活实践中时，才能与历史的、鲜活的生活实践融为一体。

3. 设计价值本质是设计实践的合目的的形式

行文至此，我们已经感知到，设计价值的本质不是一种理论，也不是研究目的，而是设计实践活动。它追求对于现存设计、生活、观念的超越，致力于批判、修订、建构新的设计、生活与观念，建立起一个合乎人的目的的理想、幸福并不断发展的生活世界。

前面提到的设计理论"功能论"和与其完全对立的"幻想论"，从设计实践的角度分析，则是主体的目的性和客体形式的矛盾，也是人类实践过程中所表现出来的实践的合目的性与合规律性的矛盾。在"功能论"中，设计价值的目的是以生产力、人的物质生活的贫乏及工业化的大工业生产为基础，以机械结构为美，以普遍适应大部分民众生活所需为要务，是客观的目的。设计价值合规律的形式，是自然与工具形式相统一的设计形式。自然形式以几何化为适应大工业的生产方式，突出机械结构美；工具形式的存在是强调功能性，符合多数的普遍的需求，以符合社会的发展。这种主体的客观目的与客观形式在工业化的生产实践中获得了统一，这就是设计的合目的的形式，是设计价值的存在。"功能论"影响设计100余年，实践证明，它曾是合目的的形式，为现代主义设计价值的存在和标准提供了理论先导。

然而时至今日，"功能主义"设计已是一种事实存在，不能与价值存在混为一谈。因为，"价值的存在与事实的存在是有差别的同一性。所谓差别是指，价值存在是合目的的存在，离开了目的性，只能是事实存在，不具有价值的特征。所谓同一性是指，价值存在和事实存在一样，都必须有形式的规定。这就是说，价值对象不仅具有合目的的特征，还必须具有合形式的特征，否则只能是主观的，不具有客观性。但是价值形式和事实形式在表现上也有差异。事实的形式是一种静态的结构，而价值的形式是动态的结构"[13]。

由此，从设计价值存在的主客体实践关系来看，"功能论"为人类生活的基本需要服务，在任何时候都具有效应作用；但"功能论"如果不与人的社会生活目的相联系，其"实用"就无法发挥应有的作用。在工业化时期，"功能论"由于具有了合目的的"大工业"与"几何化"形式的规定，就成了价值存在。这里大工业的目的与几何化形式统一在一起。但是，大工业并非人的生活目的。作为主体目的，有个人目的、生活目的、社会发展目的。在主客体关系中的价值目的，实际上就是上述各目的的综合。而在这样的个人性、生活性、社会性目的中，功能实用并不是必需的。"功能论"面对这样的主体目的，无法做到目的与形式的统一，也就不具有价值特征了。

或许这就是屈米"幻想论"的依据，矛盾就出现在主体目的与客体形式之间。如何解决？只能在设计实践中做调整。这种调整不是认识上的理解，而是要通过设计实践活动未完成。所谓批判与解构、超越与构建，就是在实践的基础上，观察主客体双向的作用效应所做的调整，这种调整也表明了设计价值的形式不是静态的，而是动态的。屈米的"幻想论"是否真正合目的，我们将在后面讨论，在这里我们只注意到屈米是在靠近、接近价值主体的目的性。因此，只要是合目的性的设计，价值就存在其中。也可以这样说，设计实践的合目的性与设计实践的合规律性形式，不仅是界定设计价值的依据，也是设计价值的本质特征。

注释：

[1] 牧口常三郎著，马俊峰、江畅译，《价值哲学》，中国人民大学出版社，1989年版，第13页。
[2] 王玉樑，《关于价值本质的几个问题》，刊《学术研究》，2008年第8期，第45页。
[3] 李庆云，《论价值主体与价值客体的关系》，刊《黑龙江交通高等专科学校学报》，2000年第4期，第51页。
[4]《马克思恩格斯全集》第四十二卷，人民出版社，1979年版，第97页。
[5]《马克思恩格斯全集》第四十二卷，人民出版社，1979年版，第97页。
[6] 黑格尔著，王造时译，《历史哲学》，商务印书馆，1963年版，第140页。
[7] 王玉樑，《关于价值本质的几个问题》，刊《学术研究》，2008年第8期，第45页。
[8] 邵德进，《实践价值的生成与调控机制》，刊《南通大学学报（社会科学版）》，2006年第6期，第34页。
[9] 王玉樑，《关于价值本质的几个问题》，刊《学术研究》，2008年第8期，第46页。
[10] 邵德进，《实践价值的生成与调控机制》，刊《南通大学学报（社会科学版）》，2006年第6期，第35页。
[11] 季爱民，《哲学与价值统一于实践》，刊《理论界》，2006年第10期，第141页。
[12]《马克思恩格斯全集》第三卷，人民出版社，2001年版，第306页。
[13] 杨菘，《价值：实践的合目的形式》，刊《理论界》，2006年第4期，第89页。

第四章

设计价值的创造

设计价值的创造问题是设计价值论研究的目的。价值的创造,并非在设计之外凭空打造一种名为"价值"的事物,也并非设计天然自带的属性。事实上,价值创造就是设计之于人类生活所蕴含的意义,体现在设计的创新之中,能够丰富和改善人们的生活。因此,价值的创造就是人的创造。那么,如何创造设计价值,如何赋予设计一定的价值呢?本章拟从设计创作的主体与客体、设计家的价值认识、设计价值实现的途径等几个方面对这一问题展开探讨。

第一节　设计与价值创造活动

在设计价值的创造中，谁是创造的主体？当然是人。作为设计创作主体的人起着主导的作用，而设计活动及其生活实践既是人所特有的一种生存方式，也是人的价值创造活动，设计价值就存在于这种活动之中。

1. 作为设计价值生产过程的设计创造

设计价值存在于设计活动之中，这表明设计价值在本质上是设计实践活动的结果。在设计实践活动中，作为设计创造的主体人，以设计的方式创造了物。这一造物活动使自然世界发生了改变，从此产生出一个新的人造物世界，设计之物成为有目的、有意义、有价值的存在。

在设计创造活动的过程中，最初那些自然的材质——如木、漆、火、金属、泥土等——是与人分离的自然物，其本身不是价值。因为它们与人并没有发生相互作用的现实关系，因此，也不存在价值的意义。但这些自然物质通过人的设计创造活动，作为创造的对象物，成为设计的物质前提与基础，因而对人具有现实的意义。而进一步在创造活动中，通过人的本质力量，从人的现象出发去造物，这样的设计创造物，在服务人类生活的实践过程中，建立起人与物的关系，创造出一个合目的性的价值关系，人与物的相互效应及设计价值也由此而产生。

设计创造是设计价值产生的关键。一般而言，人的生存状态、历史社会因素、生产技术水平等，都会对设计价值的产生发生一定的作用。而生活实践又直接地促使设计创造出新的符合人们生活更高要求的物品，例如，在工业化社会，人们在生产与设计的实践活动中，建立起符合大工业生产和普通民众生活所需的现代主义设计体系。相对于之前的人类创造物而言，现代主义设计摆脱了那些烦琐的装饰因素，在功能和形式、生产方式和设计理念上超越了过去几千年来形成的设计样式和标准，在人与物的关系和价值关系上产生了新的变化。而随着社会生活的发展，在现代主义设计的基础上，设计实践中又产生出弥补现代主义设计缺乏感性因素、缺少人情味的后现代主义设计，这是人们经过生活体验之后建立起的新的设计方式和思想，借此来调节人与物、物与生活和社会的关系，设计价值关系又一次发生新的变化。从人类历史上产生出第一个设计价值关系，经过漫长的历史演变，到20世纪发生的一系列急促的设计价值变化都是人们生活实践活动所带来的。而设计创造正是由生活实践所调节，不断适应、满足着生活和社会所需，并产生出设计物对于人、对于生活的价值意义。

在设计价值的产生过程中，设计创造因人们丰富多样的生活实践与社会实践活动，呈现出物的系列化发展，并开拓出新的造物领域。以电话机设计为例，从固定电话演进至移动电话，物与人的价值关系突破了原有的局限，为人们的社会生活赋予了极大的自由。而人的自由全面的发展，反过来又与物建立起全新的价值关系。由此看来，设计价值的产生是人的实践活动的结果，是人的本质力量的呈现，也是人自觉能动的设计创造性活

* 图 5-1
手机。最初的无绳电话是技术上的移用和突破，而后来发展出如此丰富多变的手机样式，则完全是艺术设计创造的力量所致。

动的结果。设计创造一方面是设计创作主体人的自觉能动性的充分展现，另一方面又要在设计创作客体物与人的生活社会活动之间做出协调与调节，解决供与用、服务与需求之间的种种问题和矛盾。如前所述的电话机设计，固定性是电话机的特性，规定着人的使用场所、程度和范围，为人提供了交流的基础，这是物的尺度或规定性，是客体物对主体人的作用。而移动性则冲破了这种固定式的规定性。如果说最初的无绳电话是技术上的移用和突破，而后来发展出如此丰富多变的手机样式，则完全是艺术设计创造的力量所致。自由携带体现出人的创造力量，体现出主体人对客体物的创造作用。在生活、技术、艺术、社会实践中，在主客体之间，人的本质与创造能力和物的特性、尺度之间，相互产生作用，推动设计活动的积极进取和自觉创造。

2. 设计创作主体

设计就是价值的追求，设计价值的获得和实现就是设计的最高标准。因此，对设计价值的论述不能仅仅停留在价值关系、思想观念的层面，还必须对设计创作的主体，以及设计知识系统进行分析，以提高设计家的价值创造能力。

设计学科属应用科学范畴，是以创造生活价值为目的的学科，不同于经济学和伦理学中以获利和善德为目的的类型，也不同于纯艺术中以创造美为价值目的的类型。因此，设计的价值创造应以设计创作主体——设计家——的设计能力及作用为对象，研究设计创作的知识系统以及如何更新、评价、创造，真正发挥设计创作主体在价值实现中的作用。

创作主体应该是能动的。在设计活动中，如果一位设计家以自己的创造力，通过作品呈现出设计价值，这就是一种设计自觉的创造。这种自觉创造得益于设计家所掌握的设计的知识系统。一般地说，在设计实践活动中积累起来的设计知识越丰富，设计能力就越强，也就更能够设计出具有价值意义的作品。假如均具有良好的艺术素质和社会活动能力的一位国画家与一位设计家创作同样的设计作品，对于国画家来说，在艺术之外的那些设计知识——诸如材料、技术、方法、市场等——必定有许多的欠缺；而对于设计家而言，无论是设计原理还是具体的设计技术，必然是掌握充分的，这些设计的相关知识系统均能为设计家创造设计价值发挥重要作用。这一方面说明设计价值是具有明显创作主体性的，设计创作的主体是设计家，设计家必须树立一个信念，在设计价值的创造上应具有主体意识和责任感；另一方面说明设计价值也具有一定的设计实践性，缺乏设计实践知识的创作者难以胜任复杂的设计创作工作，这样的例子并不鲜见。

设计的知识体系是一个庞大的结构，在设计家的设计实践活动和设计的生活实践中，大量丰富的知识对象会进入设计家的视野，被纳入设计家的知识体系。最终会使设计家不满足于现有设计话语，并以自己的设计行为创造出新的设计语言，呈现出新的设计话语。但是，知识体系的构成，并不是抛弃原有的结构，无中生有地建立起一个新结构；而是在原有知识体系的基础上，在认识设计的规定性、设计自身的发展规律之后，运用新的知识对象，在限制中发挥设计家的设计才能，使自己的设计活动真正成为一种创造性活动。

文丘里就是最为突出的一例。文丘里毕业于普林斯顿大学建筑系，随后于意大利罗马的美国学院深造。回国后，他先后在两位现代主义设计大师——沙里宁和路易斯·康——的设计事务所工作,因此,对现代主义设计有着全面的了解,并深刻地看出了现代主义设计存在的种种矛盾和问题。于是,他不满足于设计现状而决心以自己的行动做出改变。他在宾夕法尼亚大学任教期间,针对密斯·凡·德·罗"少就是多"的理论,提出了"少就是烦"的思想,主张建筑设计折中的观点,认为杂乱才有活力。这些思想体现在他1969年的《母亲住宅》作品和《建筑的复杂性与矛盾性》《向拉斯维加斯学习》等著述之中[1]。文丘里拉开了后现代主义设计的序幕。他作为一个设计家创造出了新的设计话语,其伟大之处不在于他能够不受现代主义设计尺度的限制,而在于他能自觉地把握设计与人、设计与生活之间的关系,在现代主义知识体系之上更新自己的知识结构,充分展现新知识带来的设计创造能力。

3. 设计创作客体

设计创作的客体是设计家创造活动的结果,其本身虽不能产生设计价值,却是设计价值产生的基础。如同用于治疗的药物、补充营养的食品、植物生长所依赖的土壤,价值的形成和存在均以此为先决条件。所以,设计价值从一开始就取决于创作形成的设计作品这一客体,需要考量其具备何种功能、呈现何种形式。这就如同治病,必须制造出有针对性且能产生疗效的药物;要获取良好营养,就必须生产营养价值高、营养结构配比恰当的食品;要让植物茁壮成长、花儿盛开,就需合理利用肥料进行施肥。没有药物、食品、肥料及其设计作品这些前提,要想产生

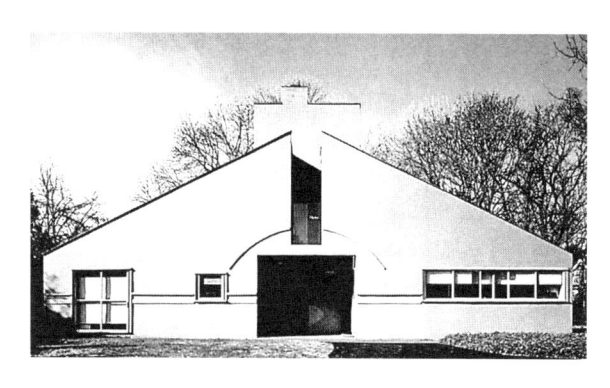

* 图 5-2
文丘里设计《母亲住宅》。

价值就如同巧妇难为无米之炊。

设计作品作为设计创作所形成的价值客体，由物质材料、相应技术手段以及设计的形式要素共同构成。它是承载设计功能因素和精神因素的物质实体，当被应用于实际生活时，就能彰显出有意义的价值。设计作品是客观性的，生活需求、设计理念以及社会宗教因素，在不同历史时期各有差异，这使得设计作品的物质体也各不相同。一件设计作品，在设计家设计之时便被赋予了一定的功能和形式，有时，功能就为特定的形式所体现。如椅子，坐的功能由椅子的面、背以及支撑的脚的结构形式所体现。但相同的坐的功能可以表现为不同的形式，同样为椅子，在形式上和功能上往往也是互有不同的，有背和无背、四条腿和三条腿或无腿的椅子等，这是由实际生活需要的差异和设计家的不同选择决定的。

* 图 5-3
文丘里设计的住宅。能够把握设计与人、设计与生活之间的关系，在现代主义知识体系之上更新自己的知识结构，充分展现新知识带来的设计创造能力。

设计物一定具有上述所说的功能与形式等客观因素。一件设计作品要在生活实践中产生价值，笔者认为在形式所表现的内容上应该是一致的，但并不一定是由功能决定的，因为物质形式表现同一功能会有多样的选择方式。再以椅子为例，坐的功能是相同的，形式如何运用物质因素去表现则有各种方式。自人类设计出第一把椅子之后，产生了无数形式多样、繁杂多变的椅子，其中坐的功能未有丝毫改变；

*图 5-4
椅子多样图。椅子的形式并没有完全追随坐的功能，而是表现出一种真正自由的状态。

而形式却从简单到繁复、从理性到感性、从规范到自由、从庄严到休闲，产生出无穷的变化。椅子的形式并没有完全追随坐的功能，而是表现出一种真正自由的状态，这种自由性是受一种没有具体形式的心理、社会状态制约的。各个时期表现的这种自由度是以这一时期人的情感、时尚、社会等因素为中心的，是由这些精神的因素决定并通过物质材料表现出来的。如果仅仅由功能来决定椅子的形式，表现出来的椅子形式就会比我们所见的少之又少。

那么，这种设计创作客体还是客观的吗？还会独立于人的主体之外吗？从创造的角度来看，人类历史上所有的人为物品——诸如药物、食品、肥料——都是属人的，是社会和主体的创造成果。它们不同于空气、水等纯自然物，并非主观臆造，也不完全由人的意识决定，而是一种主体性的客观存在。对于使用者主体人而言，它是客体，也是前提条件。明确了这一点，我们就可以重视设计创作客体，真正发挥自己的创造才能去创造设计的价值。

第二节　设计家的价值认知

设计价值的创造过程有其重要的认知本质。设计家对于价值的追求、信念和理想以及设计活动中的价值取向等都与价值认知有关，因此，对于设计价值认知的诸种问题的讨论，无疑具有重要的意义。

1. 设计价值认知的基础

价值不是哲学的专利，它存在于人类发展的各个时期。在人类设计的早期，原始初民制造生产工具的时代，价值就已是工具的功能形式所遵循的根本目标。最初的价值表达是建立在最初的设计意识上的，反映出这一时期人的价值认知经验的匮乏；但价值的本元性、始源性的特质已经显露出来。价值要为人们所认知，需要有一个基础，人类意识的产生，对于事物的记忆、分类、比较、提取、运用等形成特定的概念。随着从形象思维、象征思维到逻辑思维、理论思维的演进，人们对于某种事物均会产生某些判断，"判断"反映出人的认知程度和人的价值取向意识。人们通过视觉、听觉、味觉、嗅觉等生理性感觉来感知事物，再通过大脑、心理活动来"认知"事物。一切知识、科学、艺术都有这一过程，其最初的认知基础都是相同的，已经涉及与人相关的价值关系，但都是一般的形式或普遍的价值形式。

设计价值认知的基础有特殊的方面，在心理上，是设计动机和设计情感。设计动机是设计价值认知必不可少的基础。"动机"是人的设计意识向人的行为、设计活动转化、实施的直接形式，经过思维的理性思考，使一般意识转化为目的意识，从而在设计价值的认知上产生自觉的、全面的和久远的认知结构，形成一种个人心理的设计价值形式。设计情感是设计认知走向精神的、社会的、道德的、美感的基础，是加深了的个人心理设计价值的形式。情感并不仅仅是个人的，一定还与其所处文化的社会、宗教、实践相联系，与设计的兴趣趣味相联系，能够对设计价值的认知起到调节的作用。只有充满情感的人，才热爱自己所从事的工作，才能高度体现人的本质力量，发挥创造的能动性。

在思想上，是设计信念和设计理想。设计信念是在设计的生活实践基础上产生的某些认识和思考，是对某种生活现象或设计现象所持的态度。如由生活有障碍者或病人在生活中不能自理的现象，引发某种思考，产生出"要"为这一部分弱势群体设计的行动模式。这属于一种"伦理"方面的信念，还不是知识内容，但却同设计应持的态度和应有的行为有关，与设计价值的认知有关。其中信念将影响到对于价值的认知。在设计信念的基础上还会确定设计的目标体系，这就是设计理想。譬如，上述为老弱病残、生活障碍者设计的信念，会形成一个完整的设计伦理思想体系，为人设计的思想，从权贵到民众，从普通到普适，最后纳入设计的知识结构，成为设计价值认识的思想基础。

2. 主体的创造性与设计价值认知

设计价值的实现，必须有真正设计主体的创造，有真正设计家的产生以及设计价值的认知。设计家是否具有创造性、是否具有价值认知，直接关系着设计价值的实现与否。设计家应当具有良好的价值认知。

良好的设计主体的创造性与设计价值认知，实际上就是一个优秀设计家必备的素养，这对于设计价值的实现具有特别重要的意义。缺乏创造性和价值认知的设计家如同没有音乐的耳朵的欣赏者、不懂法的价值的执政官。设计价值深藏于设计创造及其生活实践之中，缺少一定的设计价值认知就无法把握设计创造和生活实践的价值实现。设计价值的认知是文化、生活、创造"三位一体"的认知，认知的框架是生活与文化。设计的创新靠认知，认知也体现出文化、生活、创新三者之间的综合关系，从而充分呈现出设计的认知价值。

设计家的设计意识中，首先生成的价值认知便是对设计的历史与文化的认知。各个历史时期，不同民族所形成的文化传统和文化习俗，对设计认知有着极为深刻的影响。一个对本民族历史文化缺乏了解的设计家，很难创造出契合本民族使用需求的生活日用品。一个民族的历史文化极为错综复杂，涵盖伦理、道德、思想、精神、官方、民间等诸多方面的问题，这些内容会通过某种传承方式在设计中得以体现。然而，要将其在设计中普遍呈现出来，却极为困难。因为倘若没有一定的价值认知，就难以从传统文化中抽取精髓，并运用到设计创造之中。传统的历史文化不是一元的，而是多元的，设计家要克服在价值认知上的偏见，放弃个人对传统的观念认识，去寻求符合当代民族文化需要的设计价值。

设计家的另一种价值认知，是对设计的生活方式与习俗的认知。设计创作主体的价值认知，其目标在于准确理解人的生活方式和习俗，而不能随心所欲地以个人方式取代普遍的生活方式，也不能将其他地区行之有效的设计价值准则，原封不动地搬来用以解决本地区民众的设计需求。正因如此，绝大多数成功的设计，都以当时当地人们的生活方式和习俗作为设计价值准则。任何一种设计价值准则都不是放诸四海而皆准的真理。一种设计可能适合于某一时期、某一地区，而不适合于另一时期和另一地区，这是被历史反复证实的。所以，生活方式与习俗无疑是设计家必须重视的价值认知对象。设计家在面对设计问题时，应当审慎考量生活习俗相关因素。在认识层面，要考虑设计是否与当下人们的生活方式和习俗产生冲突矛盾，反思自

＊图 5-5
干栏式建筑。生活在潮湿湖泊地带的人们设计出通风防潮的干栏式建筑。

＊图 5-6
窑洞。生活在黄土高原的人们因地制宜创造了窑洞式建筑。

身对当前人们的生活方式与习俗的了解是否不足，并审视自己对于设计价值观念是否存在错误认识。只有这样，设计价值才能在生活实践中真正产生并得以实现。

设计主体的创造性就是在这样的认知基础上获得并体现出来的。后现代主义设计所谓"历史的拼贴"就是在历史、文化认知中产生的价值观。针对现代主义割断历史、抛弃传统的做法所带来的种种设计问题，后现代主义设计家首先明确历史因素在设计中的重要性，并通过设计隐喻的使用，透射出对于历史文化根源的重要性的认知，具有较高的历史文化认知价值。再如，在世界设计史上，许多设计创造物本身就是其所属民族生活方式和习俗的生动体现。比如中国人独特的饮食习惯孕育出了以筷子为中心的食具文化，而西方人的饮食习惯，则催生了刀叉这类设计物品；生活在潮湿湖泊地带的人们设计出通风防潮的干栏式建筑，生活在黄土高原的人们因地制宜创造了窑洞式建筑。设计承载着人类的生活方式与习俗，这是设认知的关键问题，在正确把握设计本质的基础上对生活方式进行考察，对于设计的创造无疑具有重大意义。

在全球一体化的大背景中，对于主体的创造性与设计价值认知的研究能使我们更好地把握东西方设计中不同的历史文化与民族心理特征，有效地促进中西设计的交流和融合，真正揭示出设计认知现象的本质。

3. 设计家的价值直觉问题

在实际的设计实践过程中，设计家的设计敏感始于直觉。直觉思维在设计活动中表现为一种设计直觉；在设计价值认知活动中，表现为一种价值直觉。价值直觉是设计家对于生活实践状态、文化发展特征最直接的感知，并快速地从中抽取出设计价值的能力。直觉的方式初看似乎缺少逻辑推理，但实际上逻辑过程在直觉形式中已经简化。价值直觉是设计家在创造活动中设计敏感的体现，是设计主客体相互联系的特殊心理感知，其中有表层和深层两个直觉层次。

设计的表层直觉是设计家对于人们生活实际中所表现出来的事实和人的生活环境的变化所产生的心理感受，这是一种感性的心理认知，能够引起设计家对于某一生活事实或社会事件的关注和高度重视。1952年，在伦敦的当代艺术学院有一群年轻人，他们是战后成长起来的一代，对于美国西部电影、爵士音乐、牛仔裤、X光片、人类学资料极为敏感。这是一个充满矛盾的时代，工业社会正在向后工业社会即信息化社会转变，传媒的发达使地球成为一个村落，发达国家弥漫着享乐主义的情绪，而贫富差距、种族问题日益严重。就这样，他们根据社会存在的种种现象，锁定了"复制"

*图 5-7
波普设计。工业化的主题是复制，艺术也是复制，文化、生活以及由他们所创造的"波普"设计风格也是复制。复制成为现代精神之所在。

*图 5-8
长町三生。日本著名的感性工学研究专家。

这一设计价值对象，引出工业化的主题是复制，艺术也是复制，文化、生活以及由他们所创造的"波普"设计风格也是复制。复制成为现代精神之所在，由此质疑设计与艺术的"原创性"，形成了一个波及美国、意大利等范围较大、影响深远的"波普设计运动"[2]。

设计的深层领悟是设计家面对生活、社会活动，从外表的浅层认识引发心理判断，从而在一瞬间理解事实活动的本质所在。如1970年，日本广岛大学工学部的研究人员，考虑将居住者的情绪和欲求注入住宅设计之中，参与其中的一位研究者——长町三生——通过观察，觉察到了日本的产业模式在悄悄地发生变化，那种为满足消费者普遍需要的大量生产的方式正在逐渐消退，他敏锐地感到了一个表现消费者个性需求的"感性的时代"即将到来。于是，他努力研究"感性工学"，从1989年开始，发表了一系列关于感性工学的论文和著作，成为世界著名的感性工学研究专家[3]。由外在信息的认识引发内在的领悟，通过内外的撞击得出某种规律性的理论。

设计家的价值直觉是一种复杂的心理问题，浅层、深层的领悟也是对于生活现象的价值判断，两者并无前后、高低的区别，也不能截然分开。对于设计家来说，依赖价值直觉是把握现实生活、创新设计不可或缺的重要一环。

第三节 设计价值实现的途径

设计价值的实现有一个过程，其途径却是多种多样的，总体来说由设计客体的价值潜能、设计价值的主体认同、设计价值的效应三个基本环节构成，只有具备了这个结构，设计价值才能真正实现。

1. 设计客体的价值潜能

设计价值的实现，必须具备一种客观属性。也就是说，设计物品首先存在一种价值实现的潜能，其中隐含着日用、舒适、美观、经济、社会、政治、宗教、伦理、环境等方面实现设计价值的种种可能性，这些可能性共同构成了一个潜在的价值结构。这是一个稳定的静止的状态，当获得服务主体认同时，就会实现设计价值，某些价值潜能转化为价值，另一些价值潜能因无法实现而消失。设计客体的价值潜能是设计价值实现的基础，并不是设计价值，还需要在生活实践中被主体认同、产生效应，方能真正实现价值作用。但这是设计价值实现途径的第一步，是一个重要的基本环节。

设计客体的价值潜能是设计作品本身所规定的一种客观存在，它是由设计家的价值认知或对于生活现实的直觉所决定的。设计作品由物质、功能、形式、结构等基本因素组成，在每件设计作品的结构中，还包含着某种文化、社会、宗教意义，这些均有在特定的生活环境中被接受和使用的可能。设计物质通过某种形式能产生某种固定的使用功能,对生活发挥作用,设计作品也在使用者的认同下产生影响。这些都是由作品结构决定的,具有客观性。功能的作用是固定的,意义有时会发生转化,所以,这种设计客体的价值潜能具有特定的功能指向和意义转化的可能。当具体到生活使用的实践中时,特定的指向就能作用于人并发生意义的接受或转化。如一把椅子,其特定的功能是"坐",是普通生活中的"坐"还是会议室中的"坐",或是外宾来访两国外交礼仪中的"坐",意义均不一样。"坐"只是具有功能的普遍性,而"坐"的场合就赋予它意义上的特殊性。只有设计作品的功能与意义相统一时,其设计价值才真正产生。而"坐"的意义会因同一作品发生变化,也会因作品形式的不同而产生作用。

所以,设计的价值潜能在生活使用中不会因使用者的实际需要的不同而发生功能上的变化,但会随实际需求的不同产生意义上的转变。

2. 设计价值实现的主体认同

任何设计作品中的价值潜能只有在生活实践中被使用者认同才能得到发挥,也就是说,设计价值是作为消费对象在使用过程中体现出来的。在使用者的使用过程中,设计认同并非单纯基于功能,也不是仅以审美为主导,而是以舒适生活、达成意义目标为本质的活动。在这种由生活主体所产生的认同中,生活者的舒适感受与认同存在一定关联,设计作品的意义及其所达成的目标,也由生活者进行评估与认可。因此,生活是否舒适以及设计是否达到预设目标,成为评估、衡量作品价值的重要尺度。设计被主体认同属于主观行为,设计本身所具有的价值潜能属于客观存在。认同将潜在价值释放出来,设计所具有的潜在价值又制约着主观认同,两者是相互作用、互相影响的。

如前所述，设计价值的潜能具有一定的指向性，在功能上的指向一定需要得到生活主体的认同才能产生作用，如前面椅子的例子。再如为保护环境而生产的绿色作品、为生活有障碍者所做的伦理设计，都具有较强的指向性，当其指向与使用者的需求相一致时，设计所具有的价值潜能就被认同、激发出来。椅子的价值潜能包括意义在使用者的舒适享受中被认可，环保作品的价值潜能及意义因其目标所达而获社会公众的好评，价值作用也被呈现出来，伦理设计也因服务到位被生活有障碍者接受而实现其设计价值。因此，认同的基础是设计客体所具有的价值潜能，在认同中被激发、呈现出来的设计价值就是设计作品中价值潜能的实现。

* 图 5-9
领带。意义上的追求较多，实用功能满足较少。

* 图 5-10
首饰。

主体的认同是由主体人在社会生活中所处的角色、兴趣和需求决定的。有时是功能上的需求较多、意义追求较少，如日常用品、生活必需品的认同；有时是意义上的追求较多，功能满足较少，如礼仪用品，一些特殊场合穿着的服装、领带、首饰等等。因而主体认同总是有限的，只能引发设计客体中一部分价值潜能产生作用，而客体价值潜能因素必定会多于主体认同因素。无论哪种认同，都只是与主体有限认同相适应的那部分价值获得认同，因而，在价值潜能与价值认同之间形成了一种关系，即一个作品的价值潜能越多，就越能获得主体的多样认同，从而更能充分地转化为价值效应。所以，近来兴起的一种"design for all"[4]，被称为"一体通用性设计"或"普适设计"，是一种企图获得更多的主体认同的新的设计理念。

3. 价值效应与价值实现

设计价值的潜能经过主体认同而产生价值效应，设计价值就已经实现了。但是，设计作品的结构中常常具有各种功能和隐含的各种意义，也就包含着多样的价值潜在因素。一般主体只能根据自身的需求与期望，选择其中部分价值来产生效应，而其他的价值因素常常被忽略或弃之不选，无法转化为设计价值效应。在生活实践中，我们经常会遇到这类情况：同一件设计作品，被两种生活使用者认可接受：一种使用者认可作品中的某些主要的功能和意义，在生活中享用并体验其价值；另一种使用者接受其中的次要功能和意义，将作品转化为另一种价值效应。以抽水马桶为例，其设计初衷是满足人们每日排便需求，实现冲刷清洁的功能目标。但在非洲一些地区，当地民众却将其用于冲刷采摘下来的葡萄，无论是留作自用还是用于出售，他们看重的是抽水马桶所带来的便捷卫生的功能。抽水马桶的设计价值在他们那里没有得到充分的实现，却转化为另一种功能和意义，产生了与本意完全不同的另一种价值效应。

还有一种情况，对于同一件设计作品，生活者有两种完全不同的态度：一种完全接受，在生活中常常使用并十分赞赏，颇感舒适和谐，其作品的设计价值得到了充分的实现，产生了较强的价值效应；另一种完全拒绝，并不选用，甚至产生反感，其作品的设计价值根本无法实现，设计价值效应也无法产生。这种设计价值实现过程中的纯粹主观因素决定的现象，使得设计作品中隐含的价值潜能若隐若现，无法完全真正实现。这种主体认可的差异甚至对立，并不能说明设计价值是相对的，而证明了价值效应是价值潜能与主体认可碰撞的结果；它是主客体的一种关系，本身不是固定不变的，固有的设计价值并不存在。从作品的价值可能性经主体认可与否，到决定是否产生价值效应、是否实现设计价值，这是设计价值的"三步曲"。

在这个"三步曲"中，第一步隐藏在设计作品中的价值潜在性是客观的，它的指向性和意义能引导和规范使用者的选择；第二步使用者对设计作品的认可是主观的，不同的使用者有着完全不同的接受标准，但这并不说明设计价值是由主观性决定的，因为过于单一的价值可能性会导致使用者放弃该作品，而价值可能性丰富的设计作品会获得较多的选择；最后一步是产生价值效应，这是设计潜在价值实现为设计价值的标志。设计价值的创造就在这个实现途径中真正完成。

注释：

[1] 王受之，《世界现代设计史》，中国青年出版社，2002 年版。
[2] 王受之，《世界现代设计史》，中国青年出版社，2002 年版。
[3] 李立新，《探寻设计艺术的真相》，中国电力出版社，2008 年版，第 274 页。
[4] http://wenku.baidu.com/view/84fb95360b4c2e3f572763e1.html.

第五章

设计批评与价值判断

设计批评与价值判断是设计价值研究的重要内容之一，关系到设计价值的实现以及如何丰富并真正发挥设计价值的作用。本章将在批评与判断之间进行深入探讨，梳理评判的价值分类，进而对人们共同关注的设计的重要价值准则做出合理的、公允的解析。

第一节　设计价值与评判

虽然设计价值评判与价值认知都适用于设计实践，但价值认知是认识其重要性，而评判则注重价值的整体意义，涉及主客体信息如何辨别、设计的生活实践事实如何把握和评判活动个体性与社会性如何统一等问题。

1. 设计活动的评判性特点

设计活动是一种创造性的活动，而设计价值的评判是设计实践活动中不可缺少的活动。一个没有价值评判的设计活动，就如同一次不守规则的博弈、一场缺少法律规范的审判，其结果可想而知。设计的价值评判直接作用于设计师及其设计活动，是基于一定的价值标准的一种设计实践性活动，是设计创造活动有机整体的一部分。设计创造活动都具有评判性的特点，评判与创造是设计活动过程中相互联系、相互影响的两个方面。

设计活动有各种形式，除了设计家的创造活动，也包括设计学术活动、设计教育活动、设计评奖活动、设计展览活动、设计考察与调研等等。在这些活动中，人们常常以价值评判参与其中。如在设计考察中遇到某些生活现象与设计问题时，总会用一种价值判断去评价：为什么在银行门口放置两只大狮子，而不设计一个供人休息的共享空间？这样的发问表明，公共的共享空间比两只大狮子更具有设计价值。再如在设计学术活动中，判断一个研究主题是否具有学术性、一次学术讨论是否具有现实意义、一个学术研究项目是否具有学术水平时，也会以某种价值标准去判断。而任何设计评判都以现实设计价值为最终目标，在评判标准与设计实践正负效应的关联中，不断调整评判规范与方式，这对于设计活动中价值的选择具有重要意义。

缺少了这种评判，将无法丰富设计作品的价值潜能，在多样的价值选择面前无所适从，设计活动也将无法顺利展开。当设计的价值评判出现问题，如有偏差、失误时，也会使设计价值的选择产生错误，导致设计活动失败。比如，许多室内设计做个西方式的假壁炉，似乎是一种新颖现代的设计符号；而实际上，设计师所选择的这种"欧洲风"是拼贴的、生硬的、媚俗的设计语言，也就是价值判断出现错误所致。

* 图 6-1
汇丰银行门口的大狮子。为什么在银行门口放置大狮子，而不设计一个供人休息的共享空间？

设计的价值评判是使设计走向合理、规范、更新、发展的关键，设计活动无法脱离对价值评判的依赖。价值评判并不仅仅作用于设计活动的结果，也对设计活动的过程产生作用。在设计活动中，价值评判根据各个阶段以价值估量、价值比较、价值判断、价值预测等方式作用于设计活动。设计的价值估量可能在设计活动之初，在价值上对功能意义进行度量评估，为设计活动的全面展

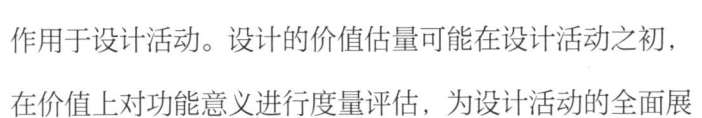

* 图 6-2
假壁炉。设计师所选择的这种"欧洲风"是拼贴的、生硬的、媚俗的设计语言，是价值判断出现错误所致。

开起到框定的作用；设计的价值比较是对活动过程中所遇到的价值选择做出比较，以便明确不同价值之间的异同，确立与目标、生活联系紧密的那部分价值，作为设计活动所要遵守的规范；设计的价值判断是对设计的价值目标做出适当的评判，以进一步分析设计活动的重要环节是否能真正达到所选价值目标；最后的设计价值预测是对于设计活动最终结果的一个价值推测。这几种评判方式并非与设计活动的各个环节完全一一对应。在实际操作中，它们有时会前后交替使用，有时会被综合运用，甚至有时某一种方式会贯穿设计的整个过程。总而言之，一切设计实践活动都具有评判性的特点，无论评判是否得当，没有评判性的设计活动并不存在。

2. 设计评判活动的关系分析

设计的价值评判是特定的主体对于设计在生活实践中所产生的价值的评价，这种评判活动具有三个基本要素：一是特定的主体，是指对设计的价值做出评判的人，也称评判的主体，由批评家、专家、艺术家、公众、业主、使用者、领导者等组成；二是设计客体，是指设计作品以及设计现象，包括设计法规、设计教育制度、设计的各种事实等；三是生活者主体，是指对设计有切身体验的人，有从基本所需到舒适、社交、礼仪、艺术化、和谐化等方面的一系列需求。这三个基本要素之间相互关联，构成了设计评判活动的种种复杂关系。

首先是特定的主体与设计客体之间的关系。从主体出发来评价客体，能够清楚地认识设计客体的价值和意义，较好地实现评判的客观性、公正性，其中也意味着发挥特定主体的主观能动性。这是设计价值评判的主体性原则，这一原则要求设计价值评判主体对于设计客体的评判具有批评的自觉性和创造性。特定的主体作为设计价值评判活动的主体，实际上是由个人主体和社会主体相结合的批评团体，是广泛意义上的人。他（她）们是设计活动的引导者、参与者，因此也创造了设计客体，同时也会成为评判的对象，这是一种主客体变换的状态。海杜克把建筑设计隐喻为"假面舞会"，其中的人物有一个特点：既是表演者，又是观众。评判家与社会、评判家与设计、设计家与社会、设计家与设计、评判主体与设计客体之间还有这样一种舞会的参加者与观众的关系。

其次是设计客体与生活者主体的关系。这是一种揭示设计客体存在意义的关系，是客体的性质、功能、形式以及其他各种状态与设计的价值主体（即生活者主体）的需要之间的关系。设计客体服务生活这一实践事实，需要得到生活者主体（即使用者）的价值认可；没有获得使用者的价值认可，设计客体的价值将无法实现。只有将设计客体与生活者主体密切相连，才能获得设计客体全面、准确的意义。设计客体的指向性不同，生活主体的要求不同，构成了两者复杂多变的关系，并影响到价值评判。设计客体服务于生活者主体，生活者主体反过来要求客体在物质、精神、意义、环境、尊严等各个方面符合生活所需。主体的个性差异极大，因而造成客体服务的多样性；当主体与客体产生矛盾冲突时，评判就会在其中发挥调整的作用。

再者是特定的主体与生活者主体的关系。生活者的评判是隐性的、分散的，又是最直接的价值评判，受个人切身的使用体验、心理状态、理解能力和社会地位的制约，是感性的、非系统的、非整体的评判，是特定的评判主体所需的第一手材料。当生活者评判构成了一个庞大的感性材料来源时，就构成了社会生活的价值评价；它所表达的是生活其中的人对于设计价值的共同要求和心理，为特定主体提供充分的评判准备。有了生活者的评判，特定主体才能从社会、文化、经济、整体、理性出发，着眼于设计价值的实现，对整个设计的价值评判才具有可信的准确度和说服力。

3. 评判活动的个体性与社会性统一的关系

设计的价值评判首先是评判者个人的价值判断，但不能局限于个体的价值判断，还应当有社会性的设计价值判断；缺少这种理性的、共同的判断，就会使评判活动产生偏差。因为评判者的判断受制于个体的自我性，这种自我的判断会因个人的阅历、际遇、环境的变换而左右摇晃，有时纯属个人的观点，难以成为评判主体一致的、共同的设计价值认识，因此也很难获得认同。

"批评是一种思想行为的模仿性重复，它不依赖于一种心血来潮的冲动。"[1]社会性的设计价值评判是将个体性评判理性化，是设计价值评判活动在个体基础上的综合、提炼、深化和完善。这就要求评判主体具有一定的设计素养和较高的分析思辨能力，不仅要掌握设计的基本规律，还要把握价值规律和设计价值体系，并能面对设计在特定的社会生活行为中所呈现出来的种种问题，克服随意性和个别性，做出适当、合理的评价。这是一个将设计评判具体为社会生活关系的归纳，调整设计与相应社会生活关系的过程，设计评判活动就是对具体的设计与生活、设计与社会关系的价值评判，因此也就决定了评判活动必然具有社会性的性质。

但是，强调社会性并不否定个体性，因为"在大多数情况下，个人主体往往又是社会主体的代表，是个体与社会的统一。他们的批评在不同程度上反映了社会的需要"[2]。譬如，拉斯金和莫里斯对于1851年第一次世界博览会的批评，就是在一片赞扬声中切中时弊，发出不同的声音，揭示了工业社会早期工业设计的种种问题，成为 19 世纪英国工艺美术运动的先声。再如，文丘里对现代主义设计的批判，同样是设计价值理性化、社会化的一种判断，反映了社会生活新的需求。无论是拉斯金还是文丘里，最初对于设计的价值判断都是个体的、感性的，但之后却能超越价值的感性认识，其中必定得益于个体对于社会基本价值和设计整体价值的把握，得益于对当时的设计状态和社会环境的全面的深入的分析。然后将个体评判社会化、理性化，最终获得"设计回归自然"（拉斯金）和"设计的折中、娱乐、隐喻"的价值选择，使他们的设计价值评判具有了公认性和科学性，并能指导设计实践，从而产生了广泛的、持久的影响。

设计价值的评判活动是一个将个体性价值评判与社会性价值评判统一起来的过程，这一过程强调社会的共性，但不否定个体独特的评价，同时也强调评判主体对于设计、生活、社会三者的综合评判能力。不具备这种能力的评判者只能停留在自我的价值感觉状态，其所得评判结论也因此不能被社会民众认可。

第二节 设计评判的价值分类

设计的评判是价值的评判，自然会让我们想到实用、审美、生态、伦理、生活、社会、文化价值以及正与负的价值等。对于设计价值来说，最基本的是人的生活实用与审美价值，由此而引申出种种与人相关的价值类型。对于实用与审美价值，我们可以有极为细致丰富的论述，但我们往往会忽略了如历史价值、发展价值、特殊价值、和谐价值以及综合性价值等其他价值。而进行设计评判，必须掌握全部设计价值类型，确立多元的、动态的、整合的设计价值观；只有这样，才能让设计的评判更有力，更符合实践的需要。

1. 从设计的功能作用划分

从设计的功能作用划分，设计价值可分为实用价值、商品价值、市场价值、经济价值、生活价值、政治价值、宗教价值和军事价值等。

一切设计均服务于人，如果没有人，设计就失去了服务的对象。而要服务于人，其必备的基础是实用性，这是设计的最初价值。实用价值是评判设计的基本标准。同样，设计的最初价值还包括商品价值、市场价值和经济价值。从哲学的角度看，这些价值属性属于特殊的使用价值范畴，与我们论述的设计价值属于两个不同的范畴。但是，从整体的设计价值观察，缺少这样的使用价值就无法扩展、上升到艺术、道德、生活伦理的价值层面。设计毕竟需要一定的手段，通过生产与消费、需求与供给、分配与交换等方式，才能真正作用于人。因此，考察设计的价值作用就必须将使用价值纳入设计价值类型，作为设计价值产生的根基。正如恩格斯在马克思墓前所说："马克思发现了人类历史的发展规律，即历来为繁芜丛杂的意识形态所掩盖着的一个简单事实：人们首先必须吃、喝、住、穿，然后才能从事政治、科学、艺术、宗教等等。所以，直接的物质的生活资料的产生，从而一个民族或一个时代的一定的经济发展阶段，便构成基础，人们的国家设施、法的观点、艺术以至宗教观念，就是从这个基础上发展起来的，因而也必须由这个基础来解释，而不是像过去那样做得相反。"[3] 在设计评判中充分重视这些价值基础，将有利于评判活动的深入进行。

生活价值是设计重要的价值类型，衣、食、住、行、用的所有方面都与生活有关。生活是人类存在的根据与状态。任何生物都有自己的生存方式，人作为生物性的高级动物也是以生活状态存在着的。但人的生活状态与其他生物不同，除了生理、生命的状态，还具有心理、情感、创造、社会交往等状态。因此，生活价值包括物质与精神两方面，我们考察设计价值类型不可忽略生活价值在这两个方面的作用与影响。实际上，生活价值也是人类社会发展进步的价值。审美价值是设计功能作用的一部分，在实用性的基础上产生，并超越实用表现为精神性的艺术形式。在生活价值中，艺术性的审美反映出人的生活的丰富充实。只有当一件设计作品具有了审美价值，才能使设计的实用功能更好地服务于人的生活。审美价值有时也会脱离实用性而独立地存在于设计作品中，如首饰、领带、陶艺、漆艺等作品，其实用的意义几乎为零；而审美价值上升为作品的主要价值，这是审美价值中一类非常特殊的不可忽视的子类型。

政治价值与宗教价值是设计价值在社会意义上的分类形式。在设计作品中，有一些设计作品能够反映出一个国家政治经济的地位与形象，比如天安门、故宫、人民大会堂以及天安门广场、天坛等设计，再如奥林匹克运动会、世界博览会的设计，包括招贴、标志、吉祥物等等有体育的价值因素。但作为对外的一种形象，国家的政治因素却大于体育活动因素。而国旗、国徽等设计更是体现出政治的象征与意义。宗教价值是指设计作品是为宗教活动而制作的，宗教活动中的一切设计物，寺、塔、府、场所、法器、服饰、幢、幡、香炉、烛台、钟、磬、铃、数珠、禅杖等"庄严具"均具有宗教的意义。而在设计史上，尤其是新石器时期的设计物如彩陶、青铜器等，大量渗透着原始宗教的意味。设计的政治价值与宗教价值还未被人们重视。

设计的军事价值属于实用价值的范畴，但是，设计在军事上的应用导致新设计的产生和新设计技术与理念的出现，这一点并未被人们关注。如在第一次世界大战中，英法两国订购了大量汽车、救护车和运输卡车，促进了美国汽车业的急速发展，第一次世界大战的军事所需成为哺育机动卡车的摇篮。在第二次世界大战期间，还产生了人体工学的理论与技术，之后，核潜艇、喷气式飞机、雷达、计算机、多媒体等设计也因军事所需而诞生。军事价值促使一般设计技术向尖端技术发展，反过来，在军事转为民用的过程中，又给人类的社会生活带来了新的变化，这就是设计的军事价值的意义。

2. 从设计的价值关系划分

从设计的价值关系划分，设计价值可分为理论价值、实践价值、社会价值、文化价值、生态价值、伦理价值与和谐价值等。

在设计评判中，注重设计的理论价值与实践价值是批评家与设计家的责任，也是设计发展的一个重要方面。前述"人体工学"的理论就是在设计评判中获得的。第二次世界大战时，美国军方为支援菲律宾军事力量抵抗日本的侵略，运去大量枪支，但菲律宾武装力量屡战屡败。为查明原因，美国派出武器设计专家飞抵菲律宾，经过调查，证实了失败的原因是矮小的菲律宾人无法适应为美国大兵生产的枪支。于是，一个设计专家组赶赴菲律宾，测量菲律宾人的身材数据，根据所得数据为菲律宾军事人员特制枪支，以适合其使用，争取赢得战争胜利。而感觉敏锐的设计家由此而思考这一设计事实的理论价值，提出了科学的人体工学理论。在评判中获取设计的实践价值更为重要，这是设计创新的一种方法。例如，在公元1世纪，有人在古罗马城南200公里处考察一种轻火山沉积物，发现当它与水、石灰、碎石混合就会成为坚硬的混凝土，因此而感悟到了设计实践的价值。万神庙巨大的穹顶就是混凝土的实践结果。

设计的社会价值就是设计所表现出来的社会意义，这是一个综合性的价值关系。当设计作用于人的生活，满足社会所需而达到一种稳定有序的、舒适的状态时，社会价值就凸显出来。其中还包含文化价值的某些方面，文化价值是从设计所具有的文化意义上来衡量的。设计反映一个民族的生活方式，包括习俗、使用习惯、思维结构等，是一种文化的体现。设计的共性大多因使用功能方面的共同需要而产生，而设计的特性则完全是文化所赋予的。文化使设计具有不同于其他地区设计的风格与审美，一种在一地流行的设计风格，不一定适合另一地模仿，这是文化的差异所决定的。文化能够为设计创造出独特性，也能为设计的多样性提供保障，设计的文化价值正在于此，这也是设计评判要密切关注的重点。

*图6-3
万神庙穹顶。轻火山沉积物与水、石灰、碎石混合就会成为坚硬的混凝土，因此而有了设计实践的价值。

*图6-4
克劳狄输水道想象图。也是混凝土实践的结果。

生态价值包括自然生态和环境生态两个方面。对于生态价值的重视，是人类遭受到严重的环境污染之后的醒悟。在设计领域，对于设计所导致的人类生存问题的评判，让人感到了顺应自然、保护环境的重要意义，开始探讨生态设计、绿色设计的重要性以及如何实践等问题。在设计价值评判时，生态价值能够让设计家从设计的第一步选材开始，就树立起环保的理念，从而保证其生态价值的实现。伦理价值也是设计所要追求的重要价值，在设计评判中，如何看待设计与人、设计与社会、设计与自然的关系，可以通过善、道德和幸福的标准去把握，而伦理的本质就是善、道德和幸福。近年来人们关注伦理设计，正是考虑到设计是以实现人的幸福与和谐社会为终极目标，而将伦理思想纳入设计价值的评判之中，为设计评判提供了与以往不一样的规范和标准。

最后是设计的和谐价值，这是设计价值体系中的核心价值。对于和谐价值的评判针对的是设计流派、设计思潮、设计活动、设计思想及设计定位等大的方面，着眼于价值的综合因素，考察人与设计的和谐关系，从人与设计和谐的角度观察人与社会的和谐关系、人与人的和谐关系、人与自然的和谐关系。设计与人的和谐是基本的和谐关系，只有把握住这一基础，才能创造出和谐的生活与社会。

3. 从设计的价值层次划分

从设计的价值层次划分，设计价值有特殊价值、一般价值、核心价值、历史价值、现实价值、发展价值、正价值、负价值等。

设计的特殊价值就是应用、商品、市场、经济价值，以物质性为重点，不涉及精神方面的功能作用，是设计价值的根基。设计的一般价值是指具有普遍意义的设计价值，包括物质和精神两个方面。大部分的设计价值都属于一般价值，如前所述的审美价值、社会价值、文化价值、生态价值、伦理价值等。这是同设计与实践共存的价值存在。在设计的历史长河中，不同社会、不同文化选择设计价值的角度不同，呈现出来的设计价值也不可能完全一致。但是，设计价值毕竟是人类社会生产、生活活动的产物，是设计以及生活方式的调节器，具有一定的共同的设计准则和伦理准则，所以设计价值必定具有普遍的意义。设计价值是多元的，无论类别如何多样、分野如何悬殊，都同属价值范畴，有相同的价值共性，因此，这也是设计价值普遍性的一个表现。特殊价值与一般价值是相互影响、辩证统一的，特殊价值是一般价值的根基，一般价值是特殊价值的延伸。

核心价值是设计价值最高的主体，它超越所有设计价值，直抵人类所追求的终极目标。核心价值作为价值最高主体，吸纳所有设计价值围绕这一核心，使之从属于这个主体。生态、伦理、社会、文化、审美价值都无法脱离核心价值的目标，只有围绕这一核心价值才有可能真正发挥作用。同样，设计的核心价值也不可能脱离人类的终极目标，必须围绕人类社会整体的核心价值、从属于这个人类社会的核心价值，才能在设计领域发挥作用。

设计的历史价值是在设计史上发挥作用的设计价值。设计价值的内容绝不是固定不变的，各种设计价值都是历史的产物。人类社会的发展与人类生活的变迁，必然会导致设计价值发生改变。当社会生活出现急剧变化时，设计价值也会迅速更迭；反之，若社会生活变化平稳，设计价值则呈现出缓慢的渐进式演变。但一部分历史价值被淘汰，而另一部分历史价值会被重新选择，在现实的设计中继续发挥作用。所以，对待设计的历史价值需要认真评价，不断更新和鉴别，使之具有现实意义。设计的现实价值是针对历史而言的，是现实社会生活需要对于设计价值的要求。基于当下社会生活状况对设计价值所做出的任何选择，均为现实价值；即便是被重新审视和选择的历史价值，也蕴含着具有现实意义的价值。设计现实价值来源于社会生活的发展，是以人的生活属性、精神属性和社会属性为依据而构建的。没有社会生活的发展，就没有现实价值的形成和完善；没有社会生活的发展，也就没有历史价值的存在。现实价值在社会生活的发展中必然会成为历史价值，而现实价值则会不断更新、变换，始终与现实生活相协调、相匹配。

所以，设计价值中还有一类发展价值，这是对于社会生活状态预测之后的一种价值评判，是在现实价值的基础上产生、反映未来一个时期内设计价值新的更换的可能。比如在"感性工学"中，关于人类感性的价值、生活者优先的设计价值等都是发展价值的内容。同样，当发展价值成为现实价值之后，经过一段历史时期，也将会成为一种历史价值。或许在某一个新的历史时期，这一价值又会重新启用，成为现实价值。设计价值就经历着这样一种周而复始，不断发展、演化、变迁的过程。

设计的正负价值是设计价值的两极。在设计主客体的相互作用中，设计客体的性质与功能对于生活主体的需求、利益有积极的作用，产生良好的效应，达到了设计所预期的目标，这是设计的正价值；如果设计客体对于生活主体的需要和利益不能产生有效作用，而是相反产生了不利于主体生活的负面影响，这就是设计的负价值。本书所述设计的价值，指的是设计的正价值，其本质是促进人类的生存、发展、和谐、美满、幸福。在实际的设计实践中，设计客体对主体生活的积极作用越大，其正价值越大；对主体生活的消极影响越大，其负价值也越大。如果说，设计客体对主体生活不产生任何作用和影响，这就是设计的无价值。

第三节　设计价值评判的原则与标准

设计价值评判需要建立一个良好的评判原则，这一原则可以不断推进设计价值的优化和创新，并确立起设计价值评判的标准，有利于评判人通过这些标准来评价设计活动，也有利于通过评判排除设计活动的无价值和负价值。

1. 设计价值评判的原则

设计价值评判源于问题，它因设计问题而生，且围绕设计问题展开；虽不直接解决问题，却为解决问题提供科学依据。正因如此，设计价值评判活动应尽可能做到合理、公正。所谓"合理"，即尊重设计艺术规律的、符合设计艺术之理的恰如其分的评判；所谓"公正"，是在合理的基础之上，尽量做到客观、公平、公允的评价。而要做到这两个方面，就要归纳设计批评实践的一些尺度，建立一个接近合理公正的设计价值评判原则，这也是设计价值评判甚至设计价值论的重要理论问题。

设计价值评判需要遵循一些基本原则，以下结合批评实践，提出设计评判的四大原则——历史人文原则、环境生态原则、艺术审美原则和多元化原则，以期为设计价值评判作出规范。

（1）历史人文原则。首先是设计的历史理性问题，这是一个设计家、一项设计活动对待历史与现实应具有的态度。对于评判家而言，更应有历史理性的眼光和清醒的思考。设计价值评判强调历史理性，即需不受流行设计观念的影响与干扰，凭借明察秋毫的洞察力，揭示设计在历史社会中的真实面目，进而引发广泛关注。文丘里提出设计的"历史文脉性"正是这种历史理性评判的反思，有一种"众人皆醉我独醒"的智慧。同时，设计家、批评家应具有一定的历史责任感，尊重历史的逻辑性。设计家通过作品、批评家通过评判来表明自己对待历史的立场和倾向，而不是以自己的理想和倾向去冒充历史的逻辑[4]。现代主义风格、国际主义风格的设计家正是犯了这样一种错误。在全球一体化的浪潮中，设计家和评判家对历史理性的诉求是十分重要的，也是更为迫切的。

人文关怀是与历史理性相连的，是站在历史理性的基础上和人性、人道的立场上，对于人的生命和生存质量的关怀，源于轴心时代人性的第一次觉悟和在文艺复兴以及启蒙运动时期再次唤醒的人文思想。"人是万物的尺度""尸礼废而像事兴"这样的古老话题就是人文关怀的最初命题。在现代，则表现为对于人的现实处境和生存状态的道德关注，"为生活有障碍者设计""为第三世界而设计""为年老病弱者设计""为幼童设计""人机工学""感性工学""艺术化生存设计"等虽然并未受到广泛关注，但都是设计人文关怀的具体表现。这样的设计活动和行为，已经超越了一定的历史阶段、意识形态和设计流派的局限，体现出对人的因素与生存命运的思考，是提高人的生存质量和捍卫人的尊严的设计价值关怀。在设计的人文关怀已经缺失的年代，设计价值评判更应该高度重视设计的人文关怀。

历史理性与人文关怀是相互关联、不可分离的两个方面，无论从历史逻辑还是人性、人道的意义来看，历史人文都应该成为设计价值评判与遵守的首要原则。

（2）环境生态原则。在科学技术急速发展的时代，人类正面临环境生态的危机，"征服自然的最终代价就是葬送自己"[5]。面对日益严重的环境污染与生态危机，设计家与设计评判家应该抛弃设计"技术至上""消费至上"的观念，承担起保护自然环境、维护自然生态的责任。评判家将环境生态的思考纳入设计价值评价的视野，以人与自然的关系为基点，建立起一个新的价值评判形态。设计的环境生态突出的是自然生态，只有自然生态才能带来环境的生态平衡。因此，设计评判应将设计的自然属性置于相当重要的高度。在评判过程中，针对设计的首要环节——材料选择的评判，必须遵循这一原则。选用自然材质或环保材料，是确保设计及其消费过程尽可能减少对环境影响的关键。实际上，诸多再生材料的使用同样遵循着这一自然生态准则。

在环境生态的评判原则上，自然生态是基本的评判准则，而坚守环境生态的整体性则是其核心思想。环境生态的整体性就是将设计置于自然大系统中去考察，看其是否破坏了自然环境，干扰了自然生态的整体均衡。过去我们习惯于设计大尺度的作品，居住的房屋要大，使用的汽车要大，就连通信工具手机也要有大而宽的屏幕并经常

* 图 6-5
环保产品。选用自然材质或环保材料，是确保设计及其消费过程尽可能减少对环境影响的关键。

更换，却很少将这种大的设计放在整体生态中去考察评判。从整体生态的角度，大的设计势必造成材料能源的高消耗，频繁地更换使废弃物越来越多，同样造成极大的浪费与污染。生态的整体性不只是材质选择上的自然性，也包括各个设计客体、生活使用者在耗能、功能变换以及再利用等方面对于自然环境整体所产生的和谐稳定作用，把影响自然环境的因素降到最低，真正在生活中显现出一种生态保护状态。环境生态作为原则，是设计价值评判必须遵守的，也是设计家与生活使用者义不容辞的责任。

（3）艺术审美原则。设计是工科与艺术的结合，设计的生产制作属于工科范畴，而最终呈现的造型必然是与艺术相关的形态。因此，对设计价值的评判务必坚持艺术审美这一原则。设计艺术在给予人舒适体验的同时，应当升华至审美的层面，而不能仅以生理舒适为单一目标。生理舒适只属于应用价值范畴，而心理与精神层面的愉悦，才是审美价值的体现。设计的艺术审美价值同时也与设计的政治、宗教、社会、生活价值相交融，政治、宗教、社会价值是通过艺术审美形式呈现出来的。而设计本体的形式，也包含着设计家对于历史、人文、自然生态的思考，凝聚着真、善、美；因此，设计的艺术审美是设计作品形成中的客观存在，是多和少、降和升的关系，而不是有与没有的关系。

德国乌尔姆造型学院强调的办学理念和精神是"理性优先""科学优先"，否定将"美"作为设计口号。这是将设计中的艺术审美价值降到最低，这种解构"艺术审美"的思想行为也许正是导致它15年历史终结的根本原因。当前，我们的设计现实状况呈现出两个方面的特点。一方面，设计在回应西方设计的"全球化"与"一体化"趋势；另一方面，又提出"艺术化生存"理念，强调设计需实现"日常生活审美化"。然而，设计的一体化必将致使艺术审美变得单调，难以实现真正的升华；而过度强调日常生活审美化，也会引发设计的泛美化现象，导致生活原本的审美趣味丧失。这两种倾向都有可能催生设计负价值。设计发展历程中的经验已经表明，对设计艺术美的否定和过度拔高，都会使设计陷入乏味和庸俗化的境地。而坚守设计的艺术审美评判、把握艺术之度，是设计家与评判人必须遵守的一项原则。

（4）多元化原则。对当下设计价值进行评判时，要将设计多元化纳入评判范畴，并将其作为一项必须遵循的原则。这将为价值评判引入全新理念，助力突破设计中"西方中心""一体化"和"全球化"的倾向。让设计能够凭借多样的存在形式，履行服务使命和社会责任，逐步推动从西方设计价值意识向地域性、文化性、民族性价值意识的转变。设计的现代性始于西方，在工业技术的作用下，首先在生产制作上改变了设计的成型方式，之后，又在生活、社会、文化意义上改变了设计的价值观，逐步形成了功能突出、形式统一、价值多元化的现代西方设计状态，并影响世界各国。

现代西方设计的关注角度、立足点、研究方向、价值观念等，都与西方社会生活和现代工业化相联系。它仅契合特定时期的需求，而并不适用于所有时期的社会生活，更难以适配在思想、文化、生活、社会等方面与西方存在差异的其他国家和地区。因此，在设计评判活动中需要有求同存异的观念思想，每个设计家、评判家，以及每一项设计活动在面对现代性时，都应该学习并研究西方现代设计及其价值理论，认识到其发展过程中存在的合理性；同时，充分关注自己的文化、历史传统，发掘本土资源，承续先民们留给我们的宝贵财富来研究设计价值，构建评判理论。

设计价值评判强调设计的多元化，其中包含着价值观的多元化和形式的多样性。价值观的多元化反映人类社会生活的多元化，功能形式的多样性表现出设计服务人类生活方式的多样性。无论哪种设计价值观或哪种功能形式，都源于人类生活从物质到精神的需求，都出于人类自身的使命感，源于对人类生活的未来的一种焦虑和期待，其目标都是人类生存的和谐幸福。所不同的是，每一种设计价值观、每一种设计功能形式都只适合特定的服务对象，而不具有长效的普遍意义。我们提出设计多元化，在设计价值评判中强调多元化并将其作为一项原则来遵守，目的是在设计领域为人类社会生活的多样性作出贡献，为提倡设计价值观的多样，消除设计一体化带来单调的方式作出贡献，最终通过设计多元化而实现人类的终极目标。

总之，历史人文原则、环境生态原则、艺术审美原则和多元化原则是在设计评判过程中不可或缺、必须遵循的原则，是设计价值评判的"四大原则"，应当成为构建我国设计批评学的基础。

2. 设计价值评判的标准

设计价值评判的标准，以价值观为参照系，以设计的物质与精神相统一的取向为基准，在设计评判原则的基础上提炼构建而成。评判标准不是一般意义上的功能、形式、风格的认同，而是突出其价值意义，强调设计的时代性与评判的全局性，是设计核心价值的体现。这种核心价值也就是在设计事物及设计活动中处于主导地位、起支配作用的价值准则，是评判设计的终极标准。过去我们曾有过"实用、经济、美观"的工艺美术评价标准，古罗马维特鲁威在《建筑十书》中提出了建筑的"坚固、适用、美观"的准则，从价值学的角度看，实用、经济、坚固、适用属使用价值范畴或价值基础,并非设计的核心价值。因此,我们确立的设计评判标准也有三个:文化标准、生活标准、生态标准。这三个标准既适用于设计评判,也适用于设计创造。是"一种注重实效的评价标准"[6],也是开放的、发展的设计价值标准。

确立文化标准是需要长期坚持的一以贯之的设计评判标准,其中包含着历史、人文、伦理、社会、道德、审美等各个方面,是一种对设计价值在文化意义上的评价。在这样一个由文化总括起来的大框架内,历史人文原则就建立在对于设计作品及其活动阐

*图6-6
现代主义设计千篇一律的风格,割断历史、冷漠、缺少人情味、缺乏人文关怀。

释的历史逻辑与人文关怀的基础之上,实际上就是对以前所忽视的设计的文化意义的解读。如果按照传统的评价标准,实用、经济、适用、美观是设计的核心价值,用其来衡量现代主义设计和国际风格设计是十分恰当的。"功能第一"的观念与实用准则完全一致,"经济适用"也极符合现代主义设计的生产消费观念,大工业所产生的机械美学十分简洁,具有新的审美感受。如果仅从实用、经济、美观的准则评判,现代主义设计是完美无缺的,但是,现代主义设计和国际风格设计所暴露出来的种种问题已受到广泛的批评:千篇一律的风格、割断历史、冷漠、缺少人情味、缺乏人文关怀。这种种问题实质上就是文化的缺失问题,而传统的设计标准却无法评判这一问题。艺术审美原则是在实用功能层面上的审美升华,传统标准中的"美观"因注重美的外观(即单纯的形式美)而忽略了美的社会、伦理、道德的综合性体现;因此,我们必须将艺术审美纳入文化标准,从文化意义上来确认艺术审美的价值。

设计评判的文化标准,正是在上述各个方面对传统设计准则予以更新和拓展。这是由于设计价值的评判,既非单纯关乎设计的实用功能,也不是聚焦于设计的商品经济属性,更不是着眼于设计的外形美观。文化标准超越了设计的使用价值范畴,将评判引入一个融合历史、社会、伦理及人文意义的全新视域,真正切入设计的核心价值领域。

生活标准是有益于人类个体、群体、民族生存和社会存在的设计评判标准。这一标准涵盖了人的所有生活活动——从衣食住行用的日常生活活动到超越日常生活的、不以生存为直接目的的社会交往、艺术、宗教等纯精神性生活活动。后面部分与文化标准相重叠,但不是从文化、生活的角度去评判设计。生活标准从根本上指出了人类设计的本质,切中设计实质和本源。设计的本质是生活,服务于人生,即人的生命存在、日常生活与社会进化。人的一切活动都可以称之为生活。冯友兰对生活的理解就是"人生",人生是"人之生活之总名"。以前我们以"衣食住行用"来说明设计与生活的关系,实际上并没有涵盖人的生活的全部,而"人生"才是生活的全部。

那么,如此宽泛的概念与设计活动的评判标准相关吗?实际上,不仅相关,而且就是要确立这样一个生活评判标准。从这一标准去衡量人的生活设计的丰富多样,是作为服务对象人的发展所引发的,也意味着人自身的完善和进步。正如马克思所说:"对象如何对他说来成为他的对象,这取决于对象的性质以及与之相适应的本质力量的性质;因为正是这种关系的规定性形成一种特殊的、现实的肯定方式。"[7] 这就是说,设计是为对象性的人的生活服务的,脱离生活的设计违背了设计的宗旨,不能达到设计的预期目标。生活标准正是按照设计的这个本质特性制定的。

生活标准也是在传统的设计标准基础之上的一种综合，它既把实用、经济、坚固、适用纳入评判的基本范围，也将精神需求作为其重要部分，更为重要的是以人的生活实践作为评判标准；不是停留在传统的对于设计形态的表层的评判，而是深入设计活动，服务人的真实生活。这既有利于设计评判的具体操作，也符合主体的客观价值标准。设计评判标准的生活取向，是一个时而浮现、时而沉没，始终未能真正确定的评判问题。本书确立设计评判的生活标准，在这一问题上弥补了传统设计评判的不足。

生态标准是将人类置于自然整体之中去评判设计的一种新的价值标准。这一新标准基于人类在生产生活实践中面临生态危机，将设计的评判置于自然生态的大背景中，以改善环境、拯救生态失衡的状态。这无疑是受到设计价值实践中矛盾冲突的挑战，因而把价值标准设定在维护生态平衡的实效层面。生态问题是设计评判的核心问题。几十年前，生态问题还没有被真正重视，自20世纪60年代美国设计理论家帕帕奈克提出"地球资源有限论"以来，生态问题已是无法回避的重大问题，人与自然价值需均衡发展已成人们的共识。建立设计评判的生态标准是期望人们用生态标准来审视或指导设计实践，这也表明设计评判的标准并非固定不变的，而会随人类面临的各种问题或危机发生突然的改变，生态标准的确立是最为明显的例子。同时也证明，人的本质力量让人类在面对危机时总能以智慧和反思来调整自身的行为，以确保人类终极目标和谐社会的实现。

注释：

[1] 乔治·布莱著，郭宏安译，《批评意识》，百花洲文艺出版社，1993年版，第280页。

[2] 郑时龄，《建筑批评学》，中国建筑工业出版社，2001年版，第52页。

[3] 恩格斯，《在马克思墓前的讲话》。

[4] 顾祖钊，《论文学批评的三大原则》，刊《江苏社会科学》，2010年第4期，第152页。

[5] Linda Lear, Rachel Carson: Witness for Nature, New York: Henry Holt & Company, 1997, 407.

[6] 李德顺，《新价值论》，云南人民出版社，2004年版，第236页。

[7]《马克思恩格斯全集》第二卷，人民出版社，1979年版，第125页。

第六章

中国设计史上的价值观

设计的价值观念是人类生活社会观念的组成部分，是特定的生活现实和社会实践的反映，也因而是社会生活发展的产物。中国传统的设计价值观具有悠久的历史渊源，是一个丰富、深厚、多变又统一的整体，历经数千年的演变发展，其内容蔚为壮观。若要了解历史上中国设计的价值观，只有从设计价值观建立的生活、社会、思想基础出发，明确各个时期社会生活的价值取向，才能梳理出设计价值观变迁的历史脉络。

第一节　先秦多元的设计价值观

先秦时期的设计价值观，大都集中在诸子百家关于治国平天下的思想言论中。诸子借用种种设计价值思想来阐发各自的政治主张，其目的并非工艺设计这类"小道"，而是为治理国家的"大道"，但呈现出来的价值观念却具有先秦设计的现实基础和基本价值信念。另外，对于先秦设计价值观的讨论，不可忽略商周物质文明与精神思想的价值，这是诸子思想形成的源流；因此，《周易》的价值思想应首先纳入我们的观察视野，只有这样，才能反映出先秦设计价值观的全貌。

1.《周易》整体和谐的价值思想

对中国设计史上的价值观的探索，可以追溯到《周易》这部著作。《周易》的价值观在先秦社会有广泛的基础，也对造物设计价值观的形成有着决定性的影响。造物设计的价值观也是整个社会价值观的构成部分，因此，我们的探索就从《周易》开始。

《周易》的价值观蕴含着丰富而深刻的和谐思想，其中关于设计的价值取向是从重生、民本、尚中、变通以及天人关系等方面反映出来的，体现出《周易》造物设计整体和谐的价值思想，这是先秦设计价值的核心。

重生是设计诞生以来重要的价值思想之一，从《周易》价值观的结构中，可以找到这一价值取向的原始依据。《易经·序卦传》："有天地然后万物生焉。"什么是生？生的价值何在？曰："天地之大德曰生""生生之谓易"。这里的"生"绝非简单的物的产生，也不是人的生死之生，而是一种物的繁衍与跃进，是生活的发展与进步，是人的生命形式的升华。所以，《序卦传》又曰："物生必蒙，故受之以蒙；蒙者蒙也，物之稚也。物稚不可不养也，故受之以需，需者饮食之道也……物不可以终否，故受之以同人。与人同者，物必归焉"；"物不可以苟合而已，故受之以贲；贲者饰也，致饰然后亨，则尽矣"。从以上所引可见，物的生不只是从单一到多样、从简单到复杂的增值过程，更是一个从量变到质变、从物质到精神的由低层面的人的饮食之道到高层面的审美追求的过程。人类整个设计的历史正是物的发展升华的过程，而这一发展升华得之的"生"，就是设计最基本的事实，也是设计最根本的价值。重生的价值思想在中国设计史上是非常深厚的，从设计诞生一直延续至今；重生就是重人道、重仁义、重精神、重艺术、重人类生存的持久发展。所以，重生始终是中国传统设计活动的价值指引和判断设计价值的准则。

民本是先秦时期设计重要的价值思想，《系辞》曰："利用出入，民咸用之谓之神。"陆绩注："圣人制器以周民用。""说明人们设计和造物的目的是为民所用。这成为《周易》的基本思想之一。"[1]造物设计为民而用的价值思想在《周易》中随处可见，《系辞》关于包牺氏作八卦，黄帝制器、垂衣而治，神农作耒耜以及一切舟车弓矢等等的记载充分说明了这一点。"是以明于天之道，而察于民之故，是兴神物以前民用"；"通其变，使民不倦，神而化之，使民宜之"。物的为民思想跃然纸上。民乃立国之本，设计的利民、为民、益民，为百姓日用的价值被统治阶层所看重，将其纳入治理措施之中，因为这种制器造物为民的设计价值思想是社会安稳、民心所向、国家长治久安的根本。《周易》价值思想中所体现的这种民本思想有着十分普遍和深刻的社会意义。

尚中是《周易》价值思想的又一重要内容，中就是恰当、正中，尚中的价值思想就是要恰如其分地把握住"一阴一阳谓之道"的法则。在《大过》卦中，《彖》曰："大过，大者过也，栋桡，本末弱也。刚过而中。"栋桡者，屋梁被压弯之意，压弯屋梁是因为"本末弱"，是阴阳不平衡所致。但该卦阳爻居中多，基础好，因此"栋隆、吉"。《象传》曰："栋隆之吉，不桡乎下也。"就是说，"屋梁升高就吉利，是由于不变直为曲去俯就下面"[2]。这是借建筑设计中的结构均衡来说明西周政治上的度的把握。《离》卦六二爻辞曰："黄离、元吉，得中道也。"黄离即离黄，离是碰上、掌握之意，黄是柔和中正之色，意为将黄色装饰于器物之上，使之富丽增辉，便能获得中和吉祥。《离》卦六爻之象为："柔和中正，无往而不胜，体现出尚中的设计价值。"《周易》强调造物设计的适度、中正，但"中"并非数学意义上的对等，而是要看是否达到了和的目的。尚中就是把握一个度，这是实现事物和谐的必要条件。

变通是《周易》极为重要的价值思想，也是中国传统设计的一个突出特征。《周易》在天、时、地、人等多个方面强调变通。所谓"应乎天而时行"就是要顺应事物发展的规律，不可逆规律而行。《易传》曰："广大配天地变通配四时"；"变通者，趣时者也"。这就要求变通应适应一年四时的变化，方能化育万物。而变通更要"观乎人文，以化成天下"。事物求变的目的就是"变则通，通则久"，使之通达，长治久安。变还不能仅仅应于天、配四时，还要关乎人，看这一事物是否符合人的需要、是否满足民众的期望。能做到"使民宜之"者，必能使民众受益者，变通价值的效应由此产生。这是针对人事而言。同样，设计造物"开物成务"，在尊天时、借地利的基础上求人和，将天地之物转化为人的宜用和精神享受，以达品物咸亨、天下平和，变通因此也就成了中国数千年设计活动的价值思想。

《周易》体现的重生、民本、尚中、变通思想是周人社会生活的价值观，也是周代设计的价值取向。从"近取诸身，远取诸物"效法天地之规律，到"得中道""观乎人文""使民宜之"，这是一个完整的有机的价值整体，先秦设计正是以此价值整体作为活动指导的。其中设计的本质、作用、效应以及规律已有完整的阐述，尤其是自然规律与人事规律的利用与升华，产生了天人和谐的价值思想，这在2000多年前形成是极其珍贵的。人与自然的关系、设计与自然的关系、设计与人的关系都朝向和谐的方向发展，设计天人和谐的途径就是重生、民本、尚中、变通价值思想的实现与综合。《周易》所体现的这种整体和谐的价值思想具有积极的、现实的意义。

2. 孔孟的社会和谐价值思想

儒家思想主导中国社会2000年，也规范了整个2000年的设计艺术，其历史价值巨大。先秦以来，经历代儒家对儒学的阐明和发展，形成了一套完整的儒学价值体系，在各个历史时期的设计艺术中发挥作用。而其关键的核心价值在先秦时期已经确立，表现在儒家思想的奠定者孔子、孟子、荀子等人的思想中。考察孔孟等人的价值思想，有助于我们认识传统设计价值的儒学渊源。

孔孟的价值目标是"仁"，以重视设计的"明道""中庸""美善相乐"为实现途径，达到社会和谐的理想设计境界。

孔子认为要实现"仁"，必须重视包括设计装饰在内的乐、艺的通政、知政功能，也就是强调"明道"的价值作用。因此，设计价值以"道"为根本，规定了装饰工艺的政治教化、修身正义和宗教感化的功能结构和形式特征。他提出"成于乐""游于艺"就是装饰设计明道的具体过程。"乐"和"艺"包括礼器、服饰、工艺技术等设计内容,各种艺事安排、物质技能、器物设计都需要按照"道"的规范,强调乐、艺、器、技对人的伦理作用,要求这些物质因素在自然规律和社会规律的作用下服务于人和社会生活,明道的价值正在于此。"巍巍乎其成功也,焕焕乎其有文章",文章即纹彩礼仪,设计装饰的成败正是与为政的成败相关。孟子将"仁义"并列,更重在义;在义与利的关系上,肯定利。但要求以义取之,"非其道,则一箪食不受于人;如其道,则舜受尧天下不为泰"[3]。不符合道义,但箪食之利也不正当;符合道义,则大若天下也不为过。这种强调"道"的作用的至上性,与孔子的明道思想一致,将道作为生活活动、设计行为、个人利益和公共利益的基本价值尺度。

* 图 7-1
象首耳兽面纹铜器,西周。器物设计按照"道"的规范,强调乐、艺、器、技对人的伦理作用。

中庸者,居中常态也,具有一种不走极端的价值意义。孔子的"文质彬彬"就是对中庸思想的论述,"质胜文则野,文胜质则史"。野,缺乏文饰修养;史,脱离了质,文饰变为虚饰。而文质彬彬、不偏不倚正是适宜中正的状态,是文质统一的尺度。"合乎人的情感表露,合乎道德理性规范,是用与饰的合理状态,真正可以达到'明道''和志'的目的,成为道的呈现、道的核心思想的体现。"[4] 荀子的中庸思想体现在"性伪合一"上,《礼论》曰:"性者,本始材补也;伪者,文

第六章 中国设计史上的价值观

理隆盛也。无性，则伪之无所加；无伪，则性不能自美。性伪合，然后成圣人之名，一天下之功是就也。"性即先天的质朴，伪是文饰的美化，"性伪合"就是文质和，从设计的角度理解就是天然之材加上人为装饰的合理运用。荀子注重人的创造在设计活动中的能动作用，以文饰来改变恶质。这种"先文后质"的思想与孔子"先质后文"的思想殊途同归，其实质都是注重文质中庸和谐对社会生活的价值作用。儒家中庸思想是对西周以来的尚中、中和思想的深化，体现出儒家文质观认识与道本思想的联系，阐明了器物设计正常发挥其功能作用的价值意义。

*图 7-2
象首耳兽面纹铜器局部，西周。

儒家重文饰，重工艺设计，而孔子重饰是显德尊礼、美善相乐，并非单一的审美。文饰之美不能作为器物的装扮，而应成为器物作用于人，培养人格修养、道德追求的重要价值因素。所谓"尽善尽美"就是美善的统一。"尽善"就是使工艺器物合于道的精神，在本质上达到仁、德的要求，成为社会道德的一种外在形式。"尽美"就是使器物设计在合乎道的基础上追求审美享受，是内在善的外在呈现。美善的分离是不能获得价值效应的，器物之美是由善作为内涵支撑的。孟子引子贡言："见其礼而知其政，闻其乐而知其德。"可见他认为美是可以作为德政和善的手段，是能够表达善的内涵的。这表明在儒家思想中，美是能够让工艺器物更好地、更有效地服务于人，服务于政德的；而只有当美善交融达到统一的状态时，这种价值的有效性才更为突出。

孔孟等人的"明德""中庸""美善相乐"的价值思想是着眼于社会生活伦理的，是以社会和谐作为理想境界来追求的。这种社会伦理的理想渗透到人的日常生活之中，影响到工艺设计活动的每一个行为细节，以至于所有的工艺器物都应具有社会道德的基本内涵，符合相应的礼节规范。设计成为社会结构的一部分，并转化为一种道德行为，设计的价值以社会价值为核心。

3. 老庄的主体审美价值思想

道家学派的创始人老子的言论博大精深、玄奥难解，庄子的语言喻示独特、充满智慧，构成了道学体系的基本思想，对中国传统艺术产生了不可替代的巨大影响。老庄关于"自然""无为""生态"以及"精神自由"等命题的思想，虽然并不直接针对艺术与设计，但具有重要的设计价值意义。

与儒家的社会之道相比，道家更重自然之道。老子认为自然规律统驭一切，具有极高的价值作用，因此而重视自然之道。宇宙自然无正偏亲疏，按自然规律行事就能得益，反之就会受害。天地万物生生灭灭、循环往复，均遵其自然规律才得以均衡和谐，这是老子"自然"价值的思想。自然之道的内涵是宇宙本原，具"有与无"两个特性，这就是万物生长的普遍规律。有是化生万物的最基本的物质，无是化生万物的最原始的动力，"从永恒的自然法则——'无'中，可以洞察万物造化的无限奥秘和玄机；从长存的自然基本物质——'有'中，可洞见宇宙万物的奥秘"[5]。老子借设计的造车、制陶、盖房来阐明有与无的自然规律价值："三十辐共一毂。当其无，有车之用。埏埴以为器，当其无，有器之用。凿户牖以为室，当其无，有室之用。"其中"无"这一使用空间是通过"有"的物质空间产生的，物质空间是必备条件，使用空间将产生价值效应。这一有无相生的自然规律在造物设计中起着普遍性的、决定性的作用。庄子的自然价值观是要顺应自然，不以外力干预，需按自然的本性任其活动。他举造物为例，所谓"夫残朴以为器，工匠之罪也"，而"大朴不雕"的造物设计是不能有任何斧凿痕迹的。这并不是完全不要工匠所为，而是说不要因为工匠的雕凿行为而伤及物的自然本性，应该保持物的自然本性，不追求残雕伤物之乐。老庄关于造物设计尊重自然规律的思想实质上就是自然价值论，或进一步说，自然价值论是老庄自然规律思想理论的依据。

* 图 7-3
青铜乐器，战国。追求一种不装饰的装饰，是大器所具有的极庄严、极崇高的品质，超越了文饰的单纯感知所达到的境界。

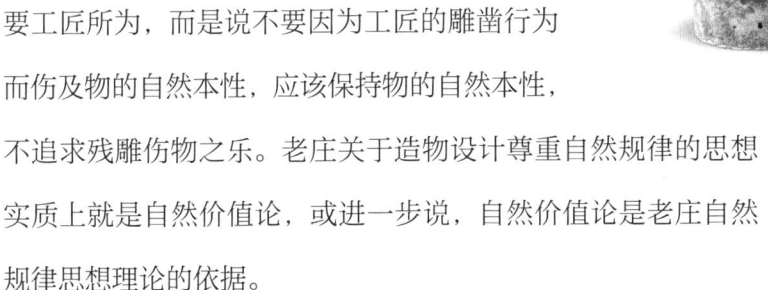

老庄都有"无为"的思想，无为是辩证的，并非真正的不为；无为是不争、朴实而达到永恒，这是"道法自然"的结果。老子的"大器晚成"按《帛书》乙本是"大器免成"，但并非无成不作，不是"大音希声"式的无形，而有免饰之意[6]。"老子的思维方法又是相对的，语言是正言若反，他的无为正是有为，反饰正是装饰，装饰才是其目的。但老子的装饰非一般意义上的外表的装饰，也不是虚无或不可感知的，而是追求一种不装饰的装饰，这才是大器所具有的极庄严、极崇高的品质，超越了文饰的单纯感知所达到的境界。"[7] 老子的无为思想反映在造物方面具有较为深刻的美学价值意义，而庄子更进一步，强调造物"在'道'的自然无为的运动中所获得和达到的自由"[8]。庄子反对伯乐治马"烧之剔之，刻之雕之"，否定"机械""机事""机心",注重顺应自然、效法天道,无为而为。这种对于大自然规律的敬畏和尊重体现出人的审美是合自然规律、自由的活动的思想,庄子的审美思想集中体现着道家学说艺术价值的形态整体,在中国传统造物中有着深远的影响。

老庄的生态价值思想是宏观的思维观念。老子把人作为大自然的一部分来审视:"道大,天大,地大,人亦大。域中有四大,而人居其一焉。"将人与自然、人与物同等看待,并无人类中心的思想。这是老子生态观的基本立场,由此来考察人、物,进而阐明自然生存的法则:"人法地,地法天,天法道,道法自然。"人、物、自然和平共生、相互依附,才能得以延续、平衡发展。所谓:"高下之相盈也,音声之相和也,先后之相随,恒也。"老子的生态价值思想是强调人、物、自然的同构、同一、有机和整体性,相互依赖、相互作用,循环往复,组成一个完整的自然生态系统。

庄子的生态价值思想是平等对待天地万物,否定人类的改造特权,主要集中在他的"齐物论"思想中:"以道观之,物无贵贱;以物观之,自贵而相贱;以俗观之,贵贱不在己。""物无贵贱"是庄子生态思想的直觉,"以道观之"的感受,世上万事万物包括造物设计都在自然之道的运作之中形成发展,不可有任何人为雕琢和干涉的行为。物无贵贱,万物平等,正是朴素的生态价值理想的体现。违背自然之道,也就失去了自然生态的完整性与自然性。庄子举例鲁侯养鸟,是"以鸟养养鸟";即按鸟的本性去养,就能"命有所成而形有所适"。反之,"以己养养鸟",即按人的本性去养,却三日而死。这就是"以天合天"的道理。庄子还有"天和""天均"的思想观念,这与上述万物平等思想是互为表里的。无论是"物无贵贱""以天合天",

还是"天和""天均",都不是庄子社会伦理思想的反映,而是自然生态思想的反映,是自然生态的均衡发展的价值体现。

老庄价值思想的根本仍然是人,是使人与物和谐发展,追寻主体人生活的自由。"自然""无为""生态"价值思想正是要消解物对人的支配与牵制,从而获得主体审美精神真正的自由发展。

4.墨子、韩非子的功利价值思想

墨家、法家一切从实际出发,崇尚实用,务实功利,强调其治理的功效性,具有一般的价值意义。墨法两家的功利价值思想常常借用工艺设计来说明,几乎与现代设计重要的价值命题相同,也因此成为中国传统设计价值研究的重点对象。

墨家认为任何事物都应有实际的用途,反对过度的礼乐修饰。墨子说:"何故为室?"曰:"冬避寒焉,夏避暑焉,室以为男女之别也。"这里强调的是房屋设计的使用功能的价值。避寒暑、男女有别,已不仅是一般意义上的实用性,也涉及生活和伦理功能价值,但以使用功能为主。他说:"为衣服、适身体和肌肤而足矣";"其为舟车也,全固轻利,可以任重道远,其为用财少而为利多"。这是墨子"节用"原则的体现,与现代主义设计的功能思想完全相同。墨子"用而不文"的价值思想并非他的本意,而是针对当时社会物欲横流、雕缋满眼的状况提出的一种纠偏主张。统治者的日益奢侈促使"女子废其纺织而修文采,故民寒;男子离其耕稼而修镂刻,故民饥",这是切中时弊的批评,是墨子强调造物的实用功利第一的思想。墨子并不完全否定造物设计的装饰审美的存在,而是主张在实用功能未被完全满足之前,不可过分追求繁文缛节的礼乐和审美艺术性，这是他"非乐"原则的体现，也是墨家造物设计功利价值的特质。

法家的功利价值观与墨家略有不同，法家认为造物设计的成败，是以有无功用来检验：有用则贵，无用则贱；物在于有用，无用则害。"夫瓦器至贱也，不漏，可以盛酒，虽有千金之玉卮，至贵，而无当，漏，不可盛水。"瓦器有用，则瓦器贵；玉卮无用，则玉卮贱。并不以材质纹饰为评判标准。如果说这一点与墨家的功利观相似，那么，楚人鬻珠与秦伯嫁女的事例，就是韩非子无用则害功利思想的体现了。买椟还珠反映出设计上的一种倾向，即过度包装。木椟上无用的装饰烦琐华丽，其价值远远超过了包装主体物珠的价值，从而造成珠的贬值。秦伯嫁女同样是文有害于质的典型故事，陪嫁之妾的穿着打扮完全超过了新娘，结果只能是小妾受宠而新娘被冷落，"可谓善嫁妾而未可谓善嫁女也"。韩非子的功利思想，是彻底否定造物中的装饰审美；在价值观上，他将实用的功利价值作为评判事物的标准，凡实用功利之外的任何价值都被排斥、否定。韩非子还认为，好的器物不需要装饰，"须饰而论质者，其质衰也"，表现出法家思想中的功利价值追求。

社会存在决定社会意识，墨法两家务实功利的设计价值思想，从墨子反对一切过度装饰，到韩非子完全否定装饰，其目的仍然是要争得器物的完美。只有符合功利价值的器物才是美好的，才能超过华而无用的器物，实现造物为人服务的目的。可以这样说，墨法两家关于造物功利价值思想的内容，包含了设计功能价值思想的深刻的精神主题。

第二节 秦汉系统的设计价值观

秦汉的设计价值观是以先秦设计价值思想为基础发展而成的。在造物设计上，汉代并没有像思想界那样抛弃墨法价值观，而是综合墨法儒道的价值思想，并以儒道互补突出儒家伦理价值的方式，在汉代形成了广博的设计价值思想体系，奠定了中国传统设计价值思想的基础。

1. 重整体、重秩序的价值实现方式

秦汉设计价值以儒家价值思想为中心，以阴阳五行宇宙图式为架构，综合墨、法、道等诸家的价值观，形成了一个广博的价值思想体系，其实现方式是重秩序、重整体。秦汉统一中国，也统一了政治体制、文字和度量衡，筑长城、建宫殿、造车辆、修驰道，条条大路通咸阳，所谓"席卷天下，包举宇内，囊括四海，并吞八荒"。如此气概反映出秦人为实现其雄心目的，而在政治、经济、文化、建筑设计等各领域，全面、系统、整体地实施其宏大规划。据《三辅黄图》载："筑咸阳宫，因北陵营殿，端门四达，以制紫宫，象帝居。引渭水贯都，以象天汉，横桥南渡，以法牵牛。"如此规模的离宫别馆，相望联属，东西八百里，南北四百里，史无前例。而设计装饰"木衣绨绣，土被朱紫"，宏伟壮丽，极其奢侈豪华。帝王之尊严和极权，一览无余。如果仅以墨法两家的设计价值观则无法助其实现。秦代设计价值思想并无诸子式的言论，而是以设计语言呈现，将先秦设计价值思想综合为一个整体，突出法象天地、帝王对应的价值观，在设计形式、技术、艺术上集先秦之大成，尊天人秩序，达崇高的极权价值。阿房宫、兵马俑、长城的设计建造正是这一价值思想的体现。

汉代设计以其雄浑的气魄和系统的规模、完备的设计制度和高超的艺术形态，奠定了中国传统设计的基础。在设计价值思想上，结束了先秦诸子百家多元价值思想的争鸣局面，融诸子各家价值思想于一体，似有百川归海之势；以更高的价值标准，营造了一个广博宏大的汉代设计价值体系，并延续2000余年，成为中国传统设计的主流价值思想。这一设计价值体系分三个阶段建成并实现。

* 图 7-4
兵马俑。突出法象天地、帝王对应的价值观，在设计形式、技术、艺术上集先秦之大成，尊天人秩序，达崇高的极权价值。

最初阶段在汉初，儒、道、墨、法的设计价值观相互对立，不相融合；非儒即道，非道即法，法儒对立。随着汉代物质生产的发展和对精神思想的追求，从人、生活和社会的角度所产生的设计价值认识与自然物质生产有了更多的联系。《淮南子》认为造物器具设计是"民迫其难则求其便，因其患则造其备"（《氾论训》），是适应民众生活便利的结果。《淮南子》在总体社会价值上尊重道家思想，但在设计价值的表述上已经否定了道家"无为""质朴"的设计价值思想，强调物质与现实生活的满足，因此"埏埴而为器，窬木而为舟，铄铁而为刃，铸金而为钟，因其可也"（《泰族训》），而不再是庄子认为的破坏了自然生态。《淮南子》在造物价值观上肯定人的主体创造性，提出"横八极，致高崇"的雄厚博大的价值思想，并将人的生活实践作为价值评判的标准：一个人若无生活而"囚之冥室之中"，那么"衣之以绮秀，不能乐也"。设计价值是主客体的效应，这一设计价值的本质思想在此已经十分明确。汉初的设计价值思想已超越先秦，达到了一个新的高度，显示出汉初学人对于设计目的性及其价值的准确认识和把握，反映出儒道价值思想结合的趋向。汉初设计呈现出恢复态势，并逐渐显露繁荣迹象，正与这种价值思想相吻合。

* 图 7-5 长城。

第二阶段是在独尊儒学之后，思想界发生了重大变化，而设计价值思想却还延续着墨、法、儒、道融合的道路前进，也产生出一些新的价值思想和命题。譬如董仲舒"同类相动"的命题就与"人与物""物与自然"同形同构的现代思想相似。这一命题并非董仲舒首倡，而是来源于道家思想，但"类之相应而起"，相应而动的"感应"则是他对前人思想的进一步理解。"这一原则实际是'自然的人化'思想在中国古代哲学和美学中的一种粗陋原始的和扭曲的素朴表现。"[9]"天人相近""自然的人化"将人的情感与自然物质相联系，并使其相互渗透、融为一体，这正是设计价值的一个根本思想，这一点表明汉代思想家的价值认识是正确的。另一思想家司马迁的"物盛则衰，时极而转，一质一文，始终之变也"（《平准书》）包含着历史发展的客观规律，较之先秦道家强调自然的"周而复始"的思想更贴近社会生活，更符合事物的发展规律。变是规律，也是价值观的一种；只有不断地适应生活、社会、自然，才能保持物的作用，达到设计目的。汉代设计价值观在时代变迁中顺势而为契合社会历史发展的进程。纵观中国设计史，"古今之变"背后的驱动因素，正是社会要素和人的本质力量。

最后阶段，综合各种设计价值思想，形成广博的设计价值体系。以儒家伦理思想为核心，以"容纳万有"的胸怀，体现出一种秩序和整体的价值思想。扬雄提出"丽以则"，反对"丽以淫"。"丽以则"合道，"丽以淫"背道，这是对文质、美善、用饰观的重新理解和统一。"圣人文质者也，车服以彰之，藻色以明之""文质班班，万物粲然"，重视物的装饰设计，可呈现蔚为大观、文物昭德的景象，这是先秦儒家思想在汉代的阐释。扬雄的"则"重在"度"的把握，而不是一味地表现；过之则"淫"，走向其反面。司马相如也谈到这一点："合綦组以成文，列锦绣而为质，一经一纬，一宫一商，作赋之迹也。"（《全汉文》卷二十二）谈的是赋，但以织锦设计为例，文质如同织锦的经纬交错一样，相互融合、交相辉映，才能艳丽无比。这种纯粹的审美思想在东汉产生无疑具有较高的价值。

* 图 7-6
"五星出东方利中国"锦护膊，东汉。文质关系如同织锦的经纬交错一样，相互融合、交相辉映，才能艳丽无比。这种纯粹的审美思想在东汉产生无疑具有较高的价值。

汉代设计价值思想源于先秦，自觉而系统地引入"自然""明道""通变""中庸""功利"等观念，并不肯定某一价值作用、否定另一价值作用，而是综合"自然""明道"等观念，形成整体的设计价值思想，在设计内部实现伦理价值秩序。从实质上看，已经标志着中国传统设计价值思想系统的建立，所呈现出来的汉人雄浑、宏大、日新的设计实践正是这一价值系统运行的结果。

2. 设计价值取向的系统模式

秦汉设计价值系统思想中，有设计价值取向上的多层结构、动态循环理论和平衡稳定的整体观，下面我们对这一系统模式做一个简要的分析。

多层结构的底层是功能实用价值思想，即"求其便""造其备"，这是《淮南子》从顺应社会发展以及满足人的生活所需出发，对此做出的积极阐释，体现出汉代对物质需要的重视。这一思想反映出当时普遍的设计价值取向，源于对现实社会生活的关注，以及对物质因素作用的考量。由此产生了对价值效应的理解和认识，也反映出汉代社会对物质生活的期望和人们生活的迫切需求。在这一普遍的价值基础之上，是物与人、人与自然"同形同构"的价值思想。造物与生活不可分离，"美事召美类，恶事召恶类"，这对造物创造具有重要的价值意义。从造物求便的角度出发，考量了与使用者之间的对应关系，是价值作用的进一步提升，属于层次的中层形态。上层的结构形态是"丽以则"的价值思想，将社会伦理之道作为造物设计的核心，合道之"丽"具有造物的正价值，不合道之"丽"则具有造物的负价值，其中并没有否定"丽"的作用。"丽合道"对于物为人服务产生更好的效应，实质上就是一种具有伦理道德的审美思想，这是汉代设计价值的重点和目标。

汉代设计价值取向不是静态的，而是一个明显的动态循环结构。从重自然之道的规律到重社会之道的规律，从道家学说的引入到儒家思想的运行，均按照动态模式发展，其中阴阳五行思想的影响较为深刻。阴阳作为物的深层变化的依据，是纵向的探寻；五行则是物的表层与转化，是横向的交错[10]。

* 图 7-7
户凤阙画像砖，东汉。重视现实社会生活，注重物质因素的作用所带来的对价值效应的理解和认识，反映出汉代社会对于物质生活的期望和人们生活的迫切需求。

阴阳五行思想对于设计价值取向的系统化实现具有很大的促进作用。阴阳五行并不是设计价值，而是一种运行系统的方式，这一方式将自然、社会、平衡、变化纳入一个动态循环的变化之中，对人、生活、社会、造物加以适应调节，以此达成目的性，这是造物设计价值取向的一种理论工具。

汉代设计价值取向注重平衡与稳定，并不是强调各种设计价值思想的对立冲突，而是追求在设计内部和外部的矛盾中协调，达到均衡的持平状态，使造物设计在使用中维持正常的作用，这一模式来自《周易》的尚中思想。但汉代价值思想发展了其中的合理因素，强调整体与局部的关系统一；设计的整体价值是社会伦理的实现，而设计的局部个体价值是"求便""丽以则"；个体局部按整体的规范实施，并不脱离整体而独立存在；整体与局部的复杂关联是整体由局部按整体原则组成，局部个体依赖整体，是整体的一部分。恰如一套组合七子奁漆器，构成的七子漆具是独立的存在,各有功能形态,但一定符合组合规律。这七件器具依照位置结构合成即为一套完整的器具。但是设计价值取向的整体性还不同于此,当各种价值观组成一个稳定的整体时,也就是整体大于局部的总和之时,汉代设计价值的核心思想也就凸显出来了。

* 图 7-8
漆双层五子奁,西汉。个体局部是按整体的规范实施,并不脱离整体而独立存在,整体与局部的复杂关联是整体由局部按整体原则组成,局部个体依赖整体,是整体的一部分。

先秦多元的设计价值思想是对立的、矛盾的,互不相让,并无协调。而汉代的设计价值思想是平衡的、协调的、综合的、整体的,这是历史上设计价值思想的一个大综合,构成了整体系统的价值取向模式。任何价值思想一旦纳入这一系统,就会在动态的平衡中被取舍。这一系统模式极具现代意义,值得我们珍视。

第三节　魏晋隋唐开放的设计价值观

设计价值思想的发展不是孤立的,在社会生活的决定性作用下,与意识形态相互作用、彼此影响。魏晋南北朝时期,玄学、道教、佛教的盛行和技术的进步,构成了一种新的张力,设计价值思想在这一时期也以一种开放的状态呈现新的转变。隋唐时期更以一种容纳四海的胸怀,在设计价值取向上,广纳各种思想,融会贯通,设计价值在生活、生命、审美的体现中进入了真正的艺术自由和生活创造的境界。

魏晋隋唐时期，中国设计领域发生了一系列重大变革与转折，而设计价值正是隐含在这些变革转折中，发挥着重要作用的思想观念。

1. 宗教、隐退与超设计价值

魏晋六朝"是最富有艺术精神的一个时代"[11]。汉代设计价值统摄于伦理教化功能之下，在礼乐制度的束缚中，设计价值的衡量侧重于德的标准。而到了魏晋时期，这一束缚被彻底打破，人的精神生活得到解放，人性思想重获自由，艺术设计的创造性得以全方位展开。就设计价值而言，开始趋向于一种开放与转变的状态。魏晋六朝时期设计价值的升降沉浮集中体现在以下三个方面。

* 图 7-9
东晋古寺。宗教价值观由浅层向深度渗透，构成了魏晋南北朝时期设计特有的品性风格。

首先是宗教价值的提升。汉末政治混乱，造成社会生活的极大痛苦，佛教、道教以及玄学的出现使魏晋先民的精神获得了彻底解放，尤以佛教对于设计的影响最为显著。杜牧"南朝四百八十寺"只是一个缩影，实际上仅梁一代就建有佛寺2800余所，梵宇宝刹，穷极宏丽。在政治利益的推动与精神需求的双重驱使下，佛教势力日益壮大，几乎成为社会的主流意识形态。佛学思想本就充满空灵之感，再加上外来文化天然自带的新鲜感，恰好与魏晋这一特殊时代相遇，很快被人们广泛接纳。此后，佛教不断与本土文化融合，逐渐汉化，最终整合成一种价值观。在设计领域,这一宗教价值观由浅层向深度渗透,构成了魏晋南北朝时期设计特有的品性风格。一方面,佛寺建筑装饰设计充分体现出"错金镂彩"式的壮硕华丽特征;另一方面,佛教的俗用使日常器物趋向"清水芙蓉"式的简约玄淡,超越设计的一般价值上升为"超越绝俗的哲学的美"[12]。以青瓷器为例,造型纹饰的莲花、忍冬形态,结合成熟的釉色,体现出一种清新的气息,一扫汉代的"云气""吉祥"图案形式,反映出佛教"心犹莲华……其净犹华,去离众恶,身意俱安"的价值思想。由于佛教价值的作用,魏晋时期的设计从形态到内涵均被赋予了一种新的意义。

* 图 7-10
青瓷盖罐,南朝。造型纹饰的莲花形态体现出一种清新的气息,一扫汉代的"云气""吉祥"形式,反映出佛教的价值思想。由于佛教价值的作用,魏晋时期的设计从形态到内涵均被赋予了一种新的意义。

与此同时,汉代构建起来的设计的社会伦理价值思想正在渐渐隐退,一种人性感化式的道德观替代了空虚和呆板的旧有礼教。在魏晋时期的社会生活中,儒学的道德伦理和礼乐观念的精神实质已经彻底丧失,那些"明道""中庸""和谐"的价值思想,以及所谓"依于仁""游于艺"的过程全被庸俗化,化为妥协与苟安。魏晋士人不惜以生命、地位来抗争极权势力正是这一时期社会价值思想在失落、混乱中变革的真实写照。在设计领域,体现道德伦理思想的装饰行为正在全面消失,那些追求历史名贤、功名利禄、达官贵人的思想系统再也得不到人们的认可,丰满的装饰、庞然的整体设计缩约成清瘦、空灵的意境。汉画像石的彻底消失、瓷器的崛起、莲花装饰的盛行，正是要摆脱不合目的性的、守着旧时代社会价值思想的设计外在形式；这种外在形式已经丧失了设计活力和时代精神内涵，"变成阻碍生机的桎梏"[13]。而新的价值思想和设计目标在这变革转换之中已经初露曙光。

魏晋南北朝设计在外来文化因素的影响和社会价值的历史变动中，人的主体审美因素不断提升，最终确立起设计的自然价值、感性价值、唯美价值和生命价值。

设计的自然价值集中体现在独特的情趣与细长秀美的外形上。尤其是园林设计，更崇尚自然淡泊，极少人工雕琢，正所谓"有若自然"。依山傍水，搭配树石竹梅、灵兽异物，均保留着自然的状态与蓬勃生机。东晋至宋齐梁陈时期的设计，普遍具备这一特征。"只有当审美感受在不同的个体身上滋生潜长，形成一定的美学定量，才会对自然对象形成审美兴趣，寻找适合于自身审美感受的物象自然，从而加以审美化，最终出现审美晶体。"[14] 设计的自然灵境是魏晋人对自然之美重新审视的结果，是一种由表及里的澄澈。同样，这一时期山水画的诞生，晋人书法的"游行自在"，以及音乐的"乐本自然"，都表现出爱赏自然是魏晋人的一致理想，也是魏晋艺术的价值思想。

* 图 7-11
青瓷蛙形水注，六朝。在器身嵌入一只生动可爱的青蛙造型，与器身浑然一体的形态让人获得了情感上的审美体认。

设计的感性价值表现出魏晋设计价值真正进入了主体审美状态。人的自我发现和人性的觉醒，使人们注重人的情感宣泄。设计"为情而造文"正是这一价值的体现。在实际的设计中，一个并不起眼的文房用具水注，在器身嵌入一只生动可爱的青蛙造型，与器身浑然一体的形态让人获得了情感上的审美体认。建筑瓦当设计微笑的人面和狰狞的兽面，表现出对于情感在各种载体和功能上的恰当运用，也表明感性的表达并非纵情放任，而是内外一致、情景合一。感性价值使设计富有人情味，人在使用过程中也获得了审美自由和完善。

* 图7-12
东吴人面纹瓦当。感性价值使设计富有人情味，人在使用过程中也获得了审美自由和完善。

设计的唯美价值，体现在设计过程中对"求雅"与"绝俗"的追求。魏晋士人秉持着一种唯美的态度来生活，行事不为追求实际目的。如王子猷访戴安道，造门不前而返，人问其故，王曰："吾本乘兴而来，兴尽而返，何必见戴？"王寄宅而住，即令种竹，谓："何可一日无此君。"唯美生活映射出晋人对审美本体属性的理解愈发深刻。这种理解反映在设计上，体现为对造型形态和色泽处理的形式美感的追求。那么一种臻于完美的结构形式，增一分则多，减一分则少，尽显精确与平淡，全然不见雕琢加工的痕迹。这是设计经三代——从秦汉到魏晋六朝——的过程中，首次以纯粹审美呈现设计形态。唯美价值成于晋人主体的生活心态，再作用于人的生活。这是中国设计史上最具活力的价值创造。

设计的生命价值是人的生命意识在设计领域的反映，是在战争背景下所展现出的对生命尊严的捍卫。正如陶渊明所言"一生能复几，倏如流电惊"，人的感伤情绪与生存意识相互交织，愈发凸显出生命价值的可贵。魏晋超然绝俗的设计之美正是生命价值的体现，人生多悲，命运多变，而生命如何延续？设计不滞于物的日用，而能扩展至心灵世界，"事外有远致"这种思想让人以宽阔的胸襟，将生死矛盾、伤感、热情浓缩为生命价值，创造出一种永恒的艺术设计。

* 图 7-13
兽面纹瓦当，六朝。六朝建筑瓦当设计中，微笑的人面和狰狞的兽面表现出对于情感在各种载体和功能上的恰当运用，也表明感性的表达并非纵情放任，而是内外一致、情景合一。

2. 克隆与杂交、艺术与道德的价值审视

隋唐是大一统之国，在文化艺术上异彩纷呈，蔚为壮观。唐代衣冠之盛、设计之美、工艺之精居世界之首。唐代又是一个开放之国，广纳精英，吸收外来文化，各种宗教、风俗、艺术、设计、技术兼容并蓄，各行其道，极大地丰富了唐人的社会生活。唐代设计豪放绮丽、纯熟妩媚，具有很大的包容性和扩张力。设计实践反映其价值思想，我们可以从以下两个方面去审视唐代的设计价值思想。

首先是克隆与杂交价值的审视。胡俗、胡器、胡妆、胡乐、胡食、胡舞、胡戏

大量进入唐土，必然会冲击原有的价值观。面对外来文化与商品，唐人的态度如何呢？太宗李世民说："自古皆贵中华，贱夷狄，朕独爱之如一。"可见有一种自信和开阔的胸襟。著名谏臣魏徵说："美玉明珠，孔翠犀象，大宛之马，西旅之獒，或无足也，或无情也，生于八荒之表，途遥万里之外，重驿之贡，道路不绝者，何哉？盖由乎中国之所好也。"[15] 对于外来之物也采取欢迎赞赏的态度。韩愈对于国外贸易也极其赞成："外国之货日至，珠香象犀，玳瑁奇物，溢于中国，不可胜用。"[16] 上层开放政策的实施，极大地促进了中外交流，唐代长安的外国使节、商旅、留学生达20万人。但是，对于大量胡风元素的接纳并没有使中国文化走向胡化，统治者对一些外来宗教采取"随方设教、密济群生"的政策，对一些有碍道德的艺术表演——如腊月里裸体泼水舞蹈"泼寒胡舞"——则禁止演出，所谓"法殊鲁礼，亵比齐俗"。在设计领域，对于外来的金银器、玻璃器、象牙玛瑙器，中国并非全部吸收或者原样克隆，而是在创造中有所取舍。以唐代金银器为例，中国风格始终是主导，只是在造型、纹饰、技法等方面融入了西亚金银器的种种影响。忍冬纹、连珠纹起源于希腊罗马，在西亚的建筑和器物中极为盛行。传入唐朝后，其内容形式发生了显

* 图 7-14
莲花纹提梁壶，唐代。对于外来的金银器，中国并非全部吸收或者原样克隆，而是在创造中有所取舍。

著变化，忍冬纹演变为"华丽丰腴"的唐卷草纹，连珠纹也在借鉴过程中完全被汉化。就连中国设计类型中过去几乎缺失的玻璃器，在完全采取萨珊、波斯的制作技术时，也是按中国传统器物的造型呈现出来。

* 图 7-15
花鸟纹高脚杯，唐代。在创造中有所取舍。唐代金银器中国风格是主线，其中在造型、纹饰、技法上渗透着西亚金银器的种种影响。

唐代绚丽、雍容的设计风格，正是在对外来文化的消化与吸收过程中形成的。其间，否定、放弃克隆，选择杂交、消化，这正是创造者价值意识的体现。"一个克隆的文化是一个无结果的文化。"[17] 克隆是对外来设计的复制，复制是创造的停顿，也是设计上的依样画葫芦；克隆必然导致设计的停止和文化的衰落。因此，克隆的价值是一种负价值，不为唐人所采纳。而杂交则是一种创造，它能够超越各方祖型，超越所有参与因素的归属，从而催生新形态的诞生。隋唐时期的设计，融合现象几乎随处可见，只是在程度上存在多少、轻重之分。各种文化以及各种设计因素的参与、交融、杂陈，其中蕴含的创造潜力显而易见。这些潜力一旦被激活，就能发挥作用，产生意想不到的价值效应。可以说，历经600余年的隋唐设计史，在文化层面呈现出杂交特性。唐代物质与精神世界如此丰富，正是中外文化杂交的作用。隋唐面对外来器物所选择的杂交价值取向是一种正价值取向。这一点无法在文献资料中获取记录，却在设计实践中得到了充分证实。我以为，隋唐时期在设计价值方面的择取，对我们现代设计者而言，犹如一剂清醒剂。

其次是艺术与道德的价值审视。经济学价值理论认为，确定商品价值的是消费者的观点，而不是生产者的观点，这一点也具有设计哲学价值的意义。在唐代社会价值转化中，面对物质的丰盛、文化的兴隆，作为王道的儒学则显得僵化、枯燥而失去了社会价值，各门宗教也在彼此的消融中无法与魏晋六朝时期相比；而文化艺术熠熠生辉，达到了历史的巅峰。在设计方面，寻求新的价值成为一种必然。强势的社会道德价值已经衰落、淡化，艺术的、享受的主观审美价值论上升为唐代设计的主流价值思想。唐人丰富多样的社会生活和日常起居被艺术审美所浸润，饮食、服饰、婚姻、丧葬、日常生活的衣食住行以及秋千、击球、斗鸡、博弈、拔河等均在一个艺术粉饰的环境之中进行。

唐人进一步提升艺术价值，淡化道德价值，这在中国设计价值思想上意味着什么？首先，我们以一种新的价值视角看待唐代设计，用一个现代概念表述，即"艺术化生存"。而在汉代，其价值思想是以社会道德为出发点，将道德作为衡量事物与器具的标准。其次，新的设计价值让人的情感与物、与生活直接连通，以人的主体性为重，浪漫的、艺术的、主观的价值是以人为中心的。这一点起始于魏晋六朝，至唐代真正确立起来。第三，道家的设计价值观需要在这一框架下重新阐释，

* 图 7-16
唐代玻璃器。在完全采取萨珊、波斯的制作技术时，也是按中国传统器物的造型呈现出来。

自然、无为、超脱都深入生活实践，成为设计艺术生存的一部分。唐代设计新价值的择取已经冲破了1000多年的礼乐性壁垒，正在改变着中国设计价值的走向，也改变着我们的视角。

第四节　宋元互动的设计价值观

历史进入宋元时代，社会生活发生了巨大的转型，文化上进一步发展，上层社会强调理学准则，下层生活重在习俗、致用。上下层文化相互渗透、相互转化，在互动中形成了设计价值的一些新的特征和内容，对于现代设计价值思想研究也具有一定的启发意义。

1. 致用、明理、养生的设计定位意识

宋元的设计思想中有一种"致用"的定位意识，就连朱熹这样的理学大师也以"简易""便身"为设计原则。《朱子语类》卷八九说："某尝谓衣冠，本以便身，古人亦未必一一有义，又是逐时增添，各物愈繁。若要可行，须是酌古之制，去其重复，使之简易，然后可。"[18] 宋代设计的"简易"风格由文人倡导形成，其典雅、适用、便利的特质，改变了唐代设计那种艳丽、丰腴和华美的风貌。这是宋代文人品格在设计思想上的表露，由繁而简、由丽而易，这与宋元文化绘画中重神轻形、讲求品位的"尚简"思想相一致。"尚简"的目的是"致用"，不拘礼数的"通脱简率"就是要"以适用为本"。王安石认为"不适用，非所以为器也"[19]，米芾也说"器以用为功"[20]。"用"实质上正是设计的"原道"。宋人在禅宗哲理和美学实践中产生出设计的"致用"思想，被社会生活所认同，"成为普遍的造物思想，改变了唐代造物设计的主流和基调"[21]。宋代设计的致用意识与先秦墨子的致用思想并不相同，墨子只求功利的致用，而宋人的去繁就简是求"平实"，包括在审美上的淡泊意境的追求，这正是设计价值的一种新的评判特征。

宋代设计质朴、自然、平实、致用，比不上唐代设计的华靡宏侈、绚丽多姿，甚至略有拘谨、单调，除了"尚简""致用"的定位意识，还与宋代理学的推广有着极大的关联。宋代统治者将理学思想作为社会生活的一种准则，在造物制度上，特别是在严格的服饰规范上，"形成了一个尽求古制、追求等序、自上而下、由尊而卑、由贵到贱，等级划分十分严明的制度体系"[22]。对于"公服""省服""便服""衫帽"以及色彩配置均要按古制"辨得华夷"，以易于识别，其实就是"明理"。这与孔孟儒学思想的"明道"一脉相承，朱熹说："熹以观古昔圣贤所以教人为学之意，莫非使之讲明义理，以修其身。"但宋代"明理"却提倡"便"与"宜"，不似孔孟"明道"追求装饰设计"焕焕乎其有文章"。北宋陈舜俞在《说工》中提出"不为其末，不可以养本；不制其末，本亦从而害"的思想[23]，末即为工者，器也。重视工的重要性，体现了以工"明理"的价值思想。"明理"

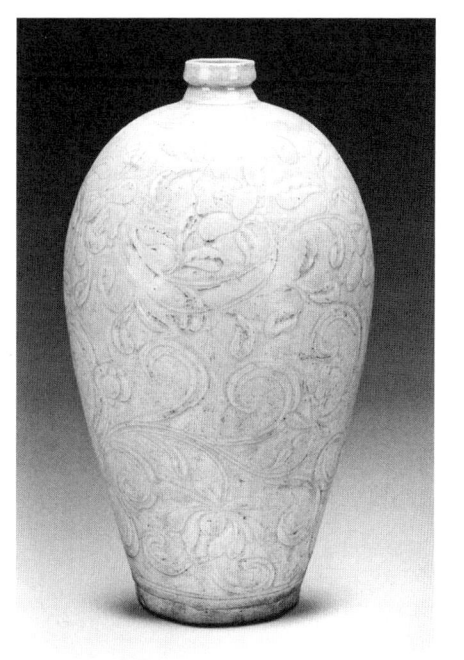

* 图 7-17
漆托盏，南宋。宋人去繁就简是求"平实"，包括在审美上的淡泊意境的追求，这正是设计价值的一种新的评判特征。

* 图 7-18
青白釉刻花梅瓶，宋代。质朴节用成为设计的一种定位意识。

* 图 7-19
磁州窑白釉刻花瓷枕。心灵的平静就是以养生为主旨，求得"受用清福"。养生的意识包含着宋代文人复杂焦虑的心态。

一方面要发挥道德主体价值的作用，一方面提倡节用、简便、不违古制。"以约易侈，以质易文。"（《说公》）实质上，古制未有恢复，质朴节用却成了设计的一种定位意识。朱熹也觉得古制琐细繁冗，"令有节文、制数等威足矣"[24]。在经历了唐代设计中伦理道德价值的失落之后，宋代一时很难重新接续，而民间社会生活文化的兴盛、士人雅趣和文人审美韵味在设计上的渗入，也使"明理"转化为"简便""宜用"的价值意识。

养生除了现代意义的保健概念，实有休养生息之意。设计以养生作为定位，外延可拓展至对人有益的品茗、文房、娱乐、园林以及古物金石的欣赏。实际上，日常器物何尝不是服务于人的生生息息？生需要养，一个"养"字已经凸显出其价值作用。宋代设计的养生意识始于士大夫们丰裕的物质生活，文房设置重文人雅趣与情怀，而文房四宝、笔墨纸砚的设计也反映出人的审美特性和意趣。宋代文人喜聚会，品茗也成为流行的风气。宋人饮茶工具的设计复杂多样，集系列性、装饰性于一体，玉质青瓷、类雪白瓷、幽黑吉州瓷，注入煎茶最能体味养生趣味及价值，白居易"产茶能散睡"正是其养生意义最好的注解。而琴棋书画更显文人雅趣，宋人园林设计有"隐"的特征，这也正好体现出养生之道：排斥世间烦忧，闭门而归隐。心灵的平静实则就是以养生为主旨，求得"受用清福"。养生的意识包含着宋代文人复杂焦虑的心态，一方面是"雅"的体现，一方面又显"俗"的趋向。俗是因为文人追求的目标已经脱离正统的价值观而走向了世俗享受。但是，从某种角度来看，养生作为设计意识，正体现了宋代设计深刻的历史和价值意义。

2. 不同文化间价值观的冲突与互动

元代蒙古族入主中原，建立起跨越欧亚两洲的大帝国。元代统治者重武轻文，在设计价值择取上，更侧重于物的初始价值，如商品价值和经济价值，却忽略了对人生存意义的价值。虽然元代设计价值思想贫乏，但元代民族多、地域广，牧业经济、农业经济、狩猎渔业经济并行发展，社会生活与文化思想丰富。整体来看，设计上各种原有价值观必然会产生冲突，而大一统的政治局面、民族大杂居的生活状态又促使种种价值思想相互影响、相互依存、相互转化，这就构成了元代设计价值互动的特征。

各民族之间在文化上的交流，促使设计价值思想之间发生一系列冲突，如蒙人以草原、大漠为主要生活场所，帐幕设计可折叠移动。进入中原即受到汉人居住方式的挑战，大部分蒙古人和色目人仍选择"以黑车白帐为家"的生存方式，远离城镇，宁住乡间，所居所用都遵循原有习俗，与汉人的方式截然不同。这是元代初期，蒙人价值思想在文化上受到巨大压力之后的一种回避选择。元代统治者实行民族等级制度，一等者为蒙古人，二等者为色目人，三等者为汉人（北方汉族及女真、契丹、高丽人），四等者为南人（南方各族）。四等人待遇不同，优待与歧视也加剧了文化价值思想上的冲突。游牧民族有"贱老而贵壮"的思想风俗，这也与汉人的尊老思想截然不同。蒙古人与汉人的伦理道德标准差异使双方价值取向有所不同，正是在这种差异性的冲突中，我们可以深刻地感受到元代设计价值标准的时代背景。

*图 7-20
青花凤纹盖罐，元代。造型上盖帽式的风格颇有游牧生活的特点，盖帽式与帐幕形式风格一致。

人们的社会生活行为受一定的价值观念的支配，尽管各民族遵守各自的文化价值，各行其是，但在长期的混杂居住中，各方文化之间产生了广泛的交流，价值思想相互影响。蒙人逐渐接受了汉人的社会道德与生活习俗，汉人也对各民族的文化价值观表现出兴趣或赞同。在设计领域，以服装为例，蒙古服饰受到中原传统服饰的影响，仪衔服饰设计开始遵循唐宋遗制，交角幞头、凤支幞头和学士帽、唐巾、锦帽、平巾帻、衬袍、窄袖袍等都类似汉族设计形式。元代末期，高丽服饰式样广受欢迎，衣、帽、靴均以高丽式样为流行标准。在建筑设计上，蒙古人虽尊"本俗"，但其宫殿设计还是蒙汉兼具。在民间的生活器具方面，这种双向或多向的设计交融的例子更多，造型上呈现的盖帽式的扁平式风格，极具游牧生活特色。这种盖帽式与帐幕形式风格一致，在汉族设计中较为少见；而扁平式设计则便于人们在骑马时携带，其纹饰更多地出现龙凤牡丹花纹、唐卷草式等汉族传统图形。元代设计中各种民族文化因素的相互影响和渗透，构成了这一时期独特的设计特征，这正是不同文化之间各种设计价值观互动的结果。

元代价值思想的互动主要是在蒙汉之间的价值影响和转化，也反映在社会上下层之间的价值依存方面。蒙汉之间的文化影响中，汉族文化作为强势力量，对蒙古族的价值观念产生了显著影响。反之，蒙古族的价值思想对汉族的影响则相对薄弱。

设计上，服饰、瓷器、漆器等日常用品均以汉族价值为主流价值，兼有蒙古价值思想的影响。在社会上下层之间的依存关系上，统治者推行汉化政策：一方面遵循"本俗"维持自身原有习俗传统；另一方面，从统治者阶层立场出发，对下层的价值观采取任其发展的态度。因此，上层价值思想并未对民间下层产生过多影响，相反，下层价值观却时有上升为主流价值的可能，如民间设计"重技术"的思潮、文人书画重"高洁""气""逸"的价值取向，均由社会底层出发，逐渐升格为上层价值。元代设计价值接续宋代观念，在各种文化思想的互动中表现出约束与洞开、杂陈与融合的特点。

第五节 明清更新的设计价值观

明清时期是设计发展的又一高峰期，一度呈现出早期工业化生产的态势。在中国社会、经济、文化设计面临重大变革的前夕，设计价值思想上同样处在转变与更新的时期。具体表现为：在传统设计价值思想的基础上，重情趣和趋俗化的价值观渐趋增多；大众化与商业性价值的出现，不断消解着旧有的价值思想。而这些价值转变，实则成为我国近代设计价值失落的前奏。

1. 重情趣、趋俗化的价值转变

在明代设计思想家中，对价值问题有所思考且论述颇多的，首推苏州文士文震亨，在他所著《长物志》中，对于设计情趣、雅俗的评判、品鉴，正体现出明代设计的价值意识走向。明代士人设计"求雅"并非与魏晋士人的"隐""清""虚无"相同，而是求得"亭台具旷士之怀，斋阁有幽人之致"，呈现实生活的、物质精神的转化。"雅"的取向根植于"对生活艺术化即精致生活、行为高雅的追求，是对政治焦虑和官场失意的回避和精神补偿"[25]。对于设计求雅的过程，似从"删繁去奢"开始，繁奢去除，质简立显。在"宁朴无巧，宁俭无俗"之中，还需注入文人的品质情趣和精神，虽难达到"萧疏雅洁"，但一旦实现就是"雅"的实现，所谓"萧疏雅洁又本性生"，这是设计价值实现的途径。设计在"雅"中体现情趣精神，情趣又与明代设计的价值核心相连。一方面，情趣、享乐转化了以往儒学理学的主流价值；另一方面，又以艺术情趣表达了新的价值精神，更新了旧有的价值意识。这种更新首先体现在明代设计实践之中，建筑厅堂、室内设计、桌椅家具、文房器具以及大量日常用具都在"适用"与"雅致"中呈现出艺术情趣的价值。一件器物，用时感官舒适，闲时静息养心，生活的、精神的、心灵的种种感应享受都齐全无缺，这大概就是明代设计价值更新的实践基础。

明代是中国设计的余晖，高度发达的商品经济带来了物质生活的丰富繁荣。但尽管文人士子追求情趣雅化，晚明社会却是一个物欲横流、精神失落的社会，情趣雅化最终只能成为文人们的价值理想，而无法持续性地实现，设计的趋俗化已成无法挽回的势态。产生设计俗化的主因是明代中晚期的江南商业化浪潮，设计在商业化的影响下冲击着旧有的价值观，情趣与雅的价值意识无法立足于这样一个珠翠盈囊、雕梁画栋、服饰僭越的社会生活土壤之中，而"由雅趋俗"就成为晚清设计的定局。根据明代文人的言论以及设计物的分析，可以得出以下几点结论：第一，明代关于设计价值思想的一个主要特点，是围绕雅俗意识展开的，即如何把握设计的情趣、本性和俗化问题，设计的俗化在明代中期其实已经出现，情趣、雅洁正是消解俗化的价值取向；第二，处于转型时期的传统设计，在早期工业化时期产生了商业化的转变，因此，既有倾向于文人和传统设计价值的设计情趣意识，也逐渐产生了商品价值和趋俗化的设计意识;第三,明代表现出来的新的设计价值思想是文震亨关于设计的"制度新雅",制度是指制作功用与适度,新雅则是富有创造和意趣,而设计实践中的物的形态也体现出这一新思想;第四,情趣和俗化是价值意识的反映而非真正的价值观,真正的价值观是"便适"和"尚用",这在《长物志》中已有充分的论述,但无新意。这也表明明代设计价值思想正处在转变之中。

2. 商业化、庸俗性的价值取向

清代是中国传统社会的末期,社会经济生活仍在进一步发展,设计艺术一度繁荣。但是,在设计价值观上的各种矛盾已显露无遗。终于在社会大转变的前夕,随着社会由盛转衰,经济陷入衰退,思想走向贫乏,设计价值的消极影响更加突出。

在明末清初的思想家中,曾有一种崭新的设计价值思想萌芽,其主旨是强调工商业,为商品经济唱赞歌,从而几乎否定了2000年来"重农轻商"的传统价值观。例如李塨在《平书订》卷一中认为:"工虽不及农所生之大,而天下货物非工无以发之成之,是亦助天地也。"王源主张提高商业地位,"假今天下有农而无商,尚何以为国乎"[26],说明工商业对于国家发展的重要性。王夫之、黄宗羲、顾炎武等启蒙思想家也提倡商业的交流,认为工商"盖皆本也"(黄宗羲)。王夫之在谈到

* 图 7-21
铜胎掐丝珐琅"太平有象"熏炉,清代。从设计价值的角度看,设计商业化行为是真正设计价值的缺失,设计的那些审美价值、生活价值、艺术价值、社会价值等未有提升。

设计产品交换时说:"此盖以流金粟,通贫弱之有无,田夫畎叟盐、鲑、布褐、伏腊酒浆所自给也。"(《黄书》)商业能为农民提供各种生活物品,丰富生活,提高生活质量。这些强调工商业地位作用的思想,诞生于清初,与正统的儒学传统相左,是对传统的"重本抑末"思想的修正或批判,无疑是价值意识的进步。这是中国设计史上第一次这样明确地肯定工商业地位作用的论述,几乎可以与西方近代思想媲美,但是却缺乏设计价值的概念。

为工商正名,强调其作用的核心是"本末皆富"的观念,这是基本的经济价值思想。在清代社会,强调商品作用在外国商品输入、日益猖獗的走私、官商勾结等各种复杂的社会矛盾中被渐渐地异化。造物设计均以市场为导向,这本是商品经济发展的客观要求,但却转化为一种商业化行为。从设计价值的角度看,设计商业化行为是真正设计价值的缺失,它倒退到基本的价值基础,设计的那些审美价值、生活价值、艺术价值、社会价值等未有提升。清代设计中随处可见的繁缛堆砌、装饰奢侈之物正是商业化的结果。

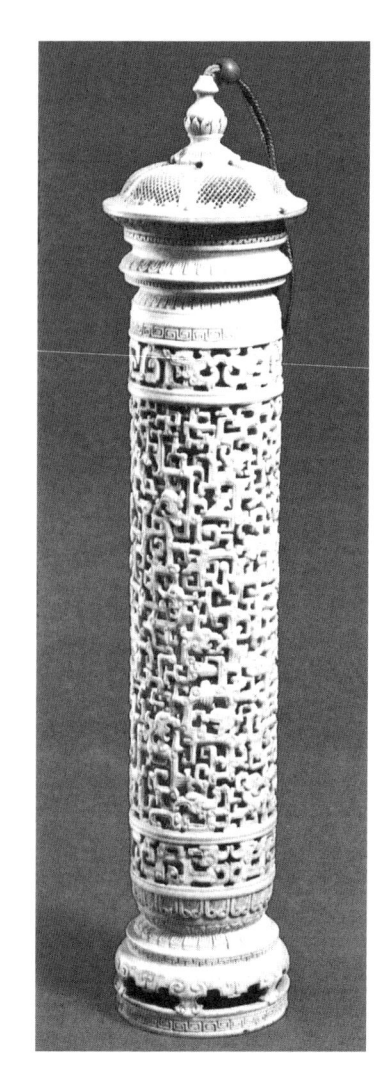

* 图 7-22
拐子龙牙雕香筒,清代。烦琐、华丽、珍奇之物,导致设计趣味低级庸俗。

对清代设计价值的研究,不能不提及李渔。李渔是一位讲究设计品位与情调的文人兼设计家。李渔生于明末，小文震亨 26 岁，与其几为同时代人，价值观也与明人文震亨等人几乎类同。《闲情偶寄》中涉及的设计价值思想是以"使实用美观均收其利而后可"为主旨。李渔"宜简""去奢""贵雅""关乎心境"的设计价值观未能在之后设计商业化的大潮中产生影响。"雅""简"必由"清静""闲情"的心态构成，"洁净"不再，"闲情"难存，简雅必然转为庸俗。自康乾以来，苏、杭、宁所产纱绫"甲于天下"，松江棉织"衣被天下"，南浔湖丝"一日贸易数万金"，刺绣、缂丝、粉彩、珐琅彩、雕漆螺钿，无不富丽堂皇、繁复镂雕，一派盛世繁荣景象。但是"夕阳无限好，只是近黄昏"，设计繁荣的背后，隐藏着雅俗的转折。晚明以来的造物趋俗化至此已发展为完全的庸俗化，商业化加上统治阶层的低级趣味是导致设计庸俗性的一大原因。商业化的设计为获得商业利益必然要迎合社会各阶层的各种需求，于是，社会生活中的一些庸俗内容被当作商业价值附加于设计之中，如粗俗造型、不当的色调配比、堆砌不堪的装饰以及琐语淫词、色情迷信，大量见于各种物品上。朝廷统治者在文化上向来喜欢烦琐、华丽、珍奇之物，清代朝廷更是如此。这种倾向致使设计趣味流于低级庸俗，自宋明以来设计中所秉持的简雅质朴之风，被浮饰庸俗之气彻底涤荡殆尽。

设计日益商业化和庸俗化，是价值危机的一种表现。这种趋势，反映出设计价值观正在失落，以及社会价值观日趋贫乏。在这种情况下，面对工业化和西方设计的全面冲击，中国设计在转型过程中的剧痛是可想而知的。

注释：

[1] 李砚祖，《"开物成务"：〈周易〉的设计思想初探》，刊《南京艺术学院学报（美术与设计版）》，2008年第5期，第6页。

[2]《十三经今注今译》上册，岳麓书社，1994年版，第44页。

[3]《孟子·滕文公下》。

[4] 李立新，刊《探寻设计艺术的真相》，中国电力出版社，2008年版，第18页。

[5] 马桂新，《老子自然价值观的后现代解读》，刊《沈阳师范大学学报（社会科学版）》，2009年第4期，第48页。

[6] 李立新，刊《探寻设计艺术的真相》，中国电力出版社，2008年版，第117页。

[7] 李立新，刊《探寻设计艺术的真相》，中国电力出版社，2008年版，第18页。

[8] 李泽厚、刘纲纪主编，《中国美学史》第一卷，中国社会科学出版社，1984年版，第250页。

[9] 李泽厚、刘纲纪主编，《中国美学史》第一卷，中国社会科学出版社，1984年版，第489页。

[10] 刘长林，《中国系统思维》，中国社会科学出版社，1990年版，第146页。

[11] 宗白华，《艺境》，北京大学出版社，1987年版，第126页。

[12] 宗白华，《艺境》，北京大学出版社，1987年版，第126页。

[13] 宗白华，《艺境》，北京大学出版社，1987年版，第140页。

[14] 吴功正，《六朝美学史》，江苏美术出版社，1994年版，第267页。

[15]《全唐文》卷193《论御臣之术》。

[16] 韩愈，《送郑尚书序》。

[17] 热罗姆·班德主编，《价值的未来》，社会科学文献出版社，2006年版，第276页。

[18]《朱子语类》卷89《礼六·冠婚丧·丧》。

[19]《临川先生文集》卷77《上人书》。

[20]《砚史》"用品"。

[21] 李立新，《中国设计艺术史论》，天津人民出版社，2004年版，第113页。

[22] 朱瑞熙、张邦炜、刘复生、蔡崇榜、王曾瑜，《辽宋西夏金社会生活史》，中国社会科学出版社，1988年版，第3页。

[23] 陈舜俞，《说工》，《全宋文》卷1543，巴蜀出版社。

[24]《朱子语类》卷81《礼一·论考礼纲领》。

[25] 李砚祖，《长物之镜——文震亨〈长物志〉设计思想解读》，刊《美术与设计》，2009年第5期，第11页。

[26]《平书订》卷11。

第七章

西方设计史上的价值观

理论的价值哲学，诞生于西方，只有100多年的历史。但随着社会生活的分工和文化的形成，价值问题早在原始社会就已经出现。进入轴心时代，政治、经济、文化、生活进一步发展，价值问题也随之凸显。这种客观存在自古希腊开始就反映在西方古代哲学家的思想之中。设计艺术是社会生活、文化历史的一部分，哲学家的价值思想也涉及这一领域，他们的见解成为西方现代设计价值理论的起点。因此，要了解西方设计价值理论的发展，必须从古代哲学家的价值思想开始。

第一节 古希腊、罗马的设计价值观

古希腊、罗马哲学家有关工艺装饰的价值思想来源于丰富的设计物质文化和社会生活实践。早期希腊特殊的地理位置和开放的文化商贸交流，促使人们的思想从原始宗教的束缚中解放出来，在轴心时代的社会变革中，注重工艺设计自身规律及价值，并探索如何使物更好地发挥其功能作用。罗马成为大一统的帝国，在承继希腊文化、发展设计艺术上获得了巨大成功，设计价值思想也在这一过程中出现了明显的转折。

1. 艺术、技术与商业价值

地中海是欧洲文明的摇篮，希腊早期文化源自克里特岛，由于与埃及、小亚细亚、腓尼基都是一水相隔，所以克里特人能够大规模地发展海上贸易。"商贸活动给克里特带来了东方装饰思想，在农业之外，一种新的专业化的手工业逐步形成发展起来，海上贸易成为东方世界向希腊输送装饰文明的纽带。"[1]在希腊文明诞生之前，克里特的制陶、造船、航海等手工艺技术来自小亚细亚和叙利亚，这些东方部落掌握着青铜冶炼等尖端技术。在跨海来到克里特之后，就以克里特作为专业化的工艺制作中心，接纳包括埃及宫廷的设计订购。地中海周边各种工艺造物观念、思想习俗和艺术形式，都在克里特被融为一体，海上贸易又将这种技术和艺术风格推向各地。在克洛索斯宫殿遗址曾发现埃及宫廷的装饰品，有公主的精美的胸针、项链等，估计是克里特工匠制作。由于商贸交流频繁，商品经济十分发达，同时，克里特社会的政治、经济、文化以及手工业都被部族首领垄断，不可能产生真正科学的工艺价值思想，因此，设计的商业价值就在贸易的基础上凸显了出来。

历史进入公元前 12 世纪，战争导致迈锡尼文明终结，手工业生产在希腊本土屡遭扼制，海上商品贸易中断，人们漂洋过海外出谋生，殖民海外，文化出现断层。荷马时代的商业活动低落，工匠得不到重视，在《奥德赛》诗篇中，奥德赛匿名返乡，以木匠的身份活动，其手艺一流。当敌人真的以为他是匠人时，奥德赛就认为自己受到了莫大的侮辱。这也反映出工艺的商业价值一度被否定、技术被贬。直至公元前 8 世纪，希腊人重返本土，再次与东方恢复商贸往来。2 个世纪后，希腊与埃及、小亚细亚、叙利亚等东方诸国贸易交往增多，商贸活动达到了顶峰。在科林特和阿提卡地区，有大量针对海外的商业活动，以葡萄酒和陶器生产为主，东方样式的装饰、棕榈纹、狮身人面、莲花纹极具东方情调，工艺设计的商业价值被再度重视。

* 图 8-1
希腊东方样式陶器。以葡萄酒和陶器生产为主，东方样式的装饰、棕榈纹、狮身人面、莲花纹极具东方情调，工艺设计的商业价值被再度重视。

随着商品交换和商业发展，古希腊社会出现了一批富有的手工业居民阶层，他们代表新的社会阶层与旧的贵族势力相抗衡，赫拉克里特、毕达哥拉斯就是这一新阶层的代表。他们力图将工艺技术从商业价值转向社会与文化价值，在商业价值、经济价值的基础上促进希腊艺术与技术的发展。在梭伦改革后，希腊建立民主政体，尊重技术，尊重人，尊重公民的平等权利，商业价值不再是工艺设计的目的，而在使用价值之外的工艺设计的哲学价值被不断发现，并作为衡量工艺活动的标准。

2. 功效、道德、适中、情感的价值转换

古希腊的许多思想家都曾谈到过价值问题，如毕达哥拉斯在《金言》中说："一切事情，中庸是最好的。"中庸就是其价值观，而实现的过程是通过数："所有共同的东西都显示在数与和谐之中，并归纳在一起，以求与数与和谐相符合。"[2] 毕达哥拉斯的价值观带有明显的几何特征。真正涉及设计的价值问题是从苏格拉底开始的，他把设计价值与效用联系起来，认为："任何一件东西如果能很好地实现它的功能方面的目的，它就是善的和美的，否则它就是恶的和丑的。"[3] 这是针对粪筐与金盾的价值作用而言的，反映出价值既不是客观存在的，也不是主观拥有的，而在于物对于人的效用，产生效用才有价值的存在。苏格拉底的学生色诺芬在《经济论·雅典的收入》中直接提到了价值的概念，认为"价值是可以从它那里获得利益的东西"[4]。他举例说："一支笛子对于会吹它的人是财富，而对于不会吹它的人，则无异于无用的石头。"[5] 这与他的老师苏格拉底的价值观相似，但只强调了设计的使用价值。苏格拉底的另一位学生柏拉图则继承了其"效用"的价值思想并有所发展。

柏拉图的价值观是从道德和人的角度来评判工艺设计的，他的理想国重视社会伦理功能，对于设计物的目的强调对人心灵思想的升华、道德的提高、优秀品格的培养。他在谈到如何设计制作产品时说："在一个人承做一种作品时，法律给他以和给卖者同样的警告，不要提高价格而只应索取其值，因为一个工艺者当然知道他的作品所值几何。"[6] 联系到理想国，他所说的"值"一定不是使用价值和商品价值，而是工艺作品目的意义上的政治、道德和思想价值。

亚里士多德是古希腊思想的集大成者，他对工艺设计的价值认识是从最基本的价值开始的。他说："例如鞋，既用来穿，又可以用来交换。二者都是鞋的使用价值。"[7] 穿是鞋的实用价值，交换则是鞋的商品价值。他又说，鞋"不是为交换而存在的"；也就是说鞋的商品价值不是鞋的自然属性，更不是鞋真正的价值。在亚里士多德的哲学中，有一种"物体之接受由它物引起的变化和本身的运动或变化的潜能"[8]。当物受到理性的制约时，"可能导致相反的结果，如医术可以治病，亦可能致病；鞋匠既可能做出优质的鞋子，亦可能做出质量低劣的鞋子。因此，技术是具有双向功能的动能"[9]。这里强调了主体人的创造作用。他又说："任何一种技艺的大师，都避免过多或不足，而寻求选取那相对于我们而言的居间者。"居间者即合适、适中、中和，只有"在适当的时候，对适当的事物、适当的人，由适当的动机和以适当的方式来感受它们，就既是中间的，又是最好的，这乃是美德所持有的"[10]。亚里士多德的技艺设计价值观的基本出发点是实用价值，在此基础上，立足于人，从人的角度寻找衡量技艺的标准；技艺的适当不只是物对于人满足物质需求的适当，还包括超越物质生活需要的、追求精神作用的美

* 图 8-2
古罗马玻璃器。

* 图 8-3
古罗马银壶。玻璃制品、金银器等设计表现出罗马人的创造性能力。

* 图 8-4
图拉真纪念柱(约112年)。

* 图 8-5
图拉真纪念柱柱身浮雕。螺旋形绕刻着一条浮雕装饰带,由繁复的图形堆砌而成。

德的目的。这种从人的生存、生活以及精神角度所做的阐述,正是技艺设计真正的价值。亚里士多德居间、适中的设计价值观超越了柏拉图,散射出古希腊设计价值思想的光辉。

古罗马全盘接受了古希腊文化遗产,在设计上也有所创新,如万神庙、凯旋门、输水道、玻璃制品、金银器等设计表现出罗马人的创造性能力。但在设计价值思想上,罗马人较之希腊人则显得庸俗和肤浅,"认识自己,勿过度"的中和思想已不复存在,设计技艺"醉心的是艺术形式的完美乃至于纤巧"[11]。颇有新思想的朗吉弩斯是一位较有影响的艺术思想家,他在《论崇高》中强调学习希腊技艺并增强对于趣味的培养,技艺的价值评判要符合古典的标准;认为罗马人的技艺在形式技巧方面已经完美地超越了希腊技艺,但在精神追求上却无法与希腊相比。他的《论崇高》正是要增强人的情感注入,以求精神价值的提升,但这一情感提升,使技艺的情感价值转化了以前的理性的中和价值,而成为罗马设计价值的主导价值。设计实践也体现出这种情感价值观的作用,如著名的图拉真纪念柱,螺旋形绕刻着一条浮雕装饰带,由繁复的图形堆砌而成,奥古斯都祭坛周边的装饰华美精致,科林斯式柱子由琐碎花草装饰构成,而尼禄的宫殿庭院更是摛葩摘藻、花繁石奇、华丽无比。希腊技艺价值的精神已经丧失殆尽。

第二节 中世纪的设计价值观

古罗马帝国日渐衰落，呈现出向中世纪过渡的社会、经济、文化、设计形态，同时也形成了新的设计价值思想，即早期基督教的工艺价值思想，这种价值思想将宗教价值附会到工艺设计之中。进入中世纪之后，基督教成为统治者的宗教，其工艺价值思想进一步发展，在漫长的1000年时间里，成为西欧工艺设计的主导价值思想。但是，中世纪并非黑暗了1000年，在中世纪末期，人们热爱生活，向往艺术自由，科学技术也获得了相应的发展，一种新的设计价值思想也在其中露出了曙光。

* 图 8-6
戴克利先浴场华丽烦琐的装饰。罗马人较之希腊人则显得庸俗和肤浅，"认识自己，勿过度"的中和思想已不复存在。

1. 一元的宗教价值观

基督教源自希伯来民族对于犹太教的改革，最初在古罗马的底层社会传播，因其教义带有反抗统治者的意味而受到罗马政权的残酷镇压。公元3世纪之后，统治者改变策略，利用基督教为其统治服务；之后，正式将基督教奉为国教，并禁止了所有其他的宗教信仰。在古希腊罗马社会，宗教信仰是自由的多神信仰，奥林匹亚山上的各种神灵是依据社会生活中的人的现实状态构建起来的，以求得现世生活的"善"和幸福美满，现世生活的幸福又是通过知识、艺术、工艺、技术、娱乐、体育等自由的活动来达到的。基督教则是将上帝奉为真理的化身，而一切自由的文体活动、一切艺术知识都是无用甚至有害有罪的，必须加以抑制。基督教确立起神权价值来替代之前的人本价值，以来世的幸福追求转化成现世的幸福追求。在这一宗教价值观念的引导下，工艺装饰设计不再是作为社会伦理、生活理想和情感表达的载体，而被严格地控制在基督教的范围之内。以基督教的教义作为工艺设计活动的价值取向，只限于对上帝的赞颂，这就形成了欧洲中世纪时期工艺设计一元的宗教价值思想。

奥古斯丁是早期基督教时期的思想家，在他皈依基督教之前，深受古希腊罗马价值思想的影响。他称铁匠、木匠、鞋匠的工作是"纯洁的正直的行业"[12]，这是尊重工艺技术的价值思想。奥古斯丁也反对商业价值，他说："以'坦然的心境'从事体力劳动，既不欺骗、不自私，又不贪财，像一个手工业者有时所做的那样，这是一回事。一点体力劳动也不做，灵魂深处充满怎样赚钱的念头，像商人所做的那样，这完全是另一回事。"[13] 奥古斯丁的思想还涉及了宗教价值，他说："当购求抄本时，看见卖主不知抄本的价值，而他却自然而然地给予卖主以公平价格。"[14]"抄本的价值"是什么、它由什么决定，他并没说明。但抄本大多为基督教《圣经》是无疑的，目前所见中世纪抄本实物的装帧设计，总不离耶稣、圣母崇拜及宣传。

* 图 8-7
中世纪手抄本。装帧设计总不离耶稣、圣母崇拜及宣传。

另一位中世纪思想家托马斯·阿奎那是基督教价值观的辩护者，他曾说："用一定的价格'来衡量'一件物品的价值。"[15] 也就是物的价值是可以用价格来确定的，这在经济学价值理论上是错误的，在哲学价值上更是荒谬的，但表明了他为封建领主服务的思想。他在谈到物的制度时说："衣服是人自己的创造，私有财产也不是天生的，而是人类的理智创造出来的，私有财产制奠定在人类理智的基础上，从而，它也就成为人类生活中必要的制度。"[16] 很显然，这里的"理智"与基督教思想有关，"这是利用宗教说教，来为封建主和教会的私有制作辩护"[17]。物及其财产是"理智"的产物，是宗教的产物，具有神的特性，下面一段话更体现出这种价值思想："一件东西（艺术品或自然事物）的形式放射出光辉来，使它的完美和秩序的全部丰富性都呈现于心灵。"光辉从何而来？朱光潜在分析这段话时认为，是从上帝那里来的"活的光辉"，物的光辉正是这种基督教教义上的"活的光辉"的反映[18]。上帝的绝对光辉体现在物中，构成了工艺艺术作品的形式美，这正是中世纪一元论的宗教价值思想。

* 图 8-8
科隆大教堂。哥特式建筑设计高耸向上延伸的结构有一股强劲的冲力，似乎由神指引着人的意念升向"天国"。这种外在形式十分成功地体现出基督教的教义。

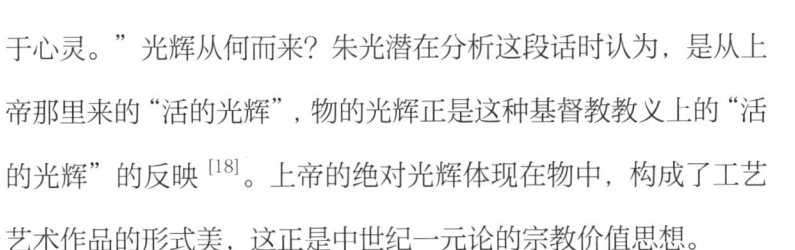

2. "上帝之手"与非宗教因素的设计

工艺设计表现上帝绝对的"光辉"，担负着传播上帝救世福音的功能任务，这是中世纪设计的宗教内涵，亦即是价值取向。在实际的设计实践中，教堂建筑、家具、镶嵌画、工艺雕刻、手抄本、织毯、金属器、玻璃等各种设计物的装饰都体现出宗教的价值。"上帝之手"指向哪里，哪里就会呈现出上帝"活的光辉"。

哥特式建筑设计高耸向上延伸的结构有一股强劲的冲力，似乎由神指引着人的意念升向"天国"。这种外在形式十分成功地体现出基督教的教义。德国科隆大教

* 图 8-9
彩色玻璃画。以蓝色为基调，紫、红、黄间杂，色彩斑斓，富丽闪亮，是基督教教义内容的图解，从人的堕落到人的救赎，这正是其核心价值以神秘闪显不定的画面形式反映在其中。

堂高达 48 米，巴黎圣母院高达 60 米，德国乌尔姆的教堂高达 161 米，上升的高度一个赛过一个。坚挺锋利的尖顶，强烈向上的动势，处处表征出宗教内涵的逻辑："以高、直、尖和具有强烈的向上动势为特征的造型风格是教会的弃绝尘寰的宗教思想的体现。"[19] 宗教价值在建筑设计上的高度表达，让人们进入教堂立即感受到上帝的威严、崇高和个人的微不足道。教堂支柱和肋架间的彩色玻璃镶嵌，以蓝色为基调，紫、红、黄间杂，色彩斑斓，富丽闪亮，基督教教义内容的图解，从人的堕落到人的救赎，这正是其核心价值以神秘闪现不定的画面形式反映在其中。工艺雕刻也在宗教价值的规范下成为其"婢女"，刻意的细长形态、呆板痛苦的表情、不合比例的造型与古希腊罗马的雕刻艺术决然相反。上帝、天国、地狱、惊恐、苦行、赎罪等内容让观者感受到一种恐惧和悲痛欲绝的哀恸，这正是宗教价值的效应呈现。

中世纪的政教合一，产生了特殊形式的基督教的价值观，它不仅反映在宗教建筑以及室内家具和装饰设计上，那个时代其他工艺设计的价值思想也与基督教有着不可分割的联系。手抄本是僧侣们学习宗教思想的课本，传抄、装帧、描绘是他们的作业之一。对于这样一

* 图 8-10
中世纪细密画。

本记录上帝语言的书籍，在装帧上定然必须按照宗教价值思想去设计，细密的插图、缠绕的图形、起首花纹字母、十字架装饰，错综繁复、精确缜密，充满宗教气息。挂毯、细密画也与手抄本的设计风格和内容思想十分接近，即使不是用于教堂也会显露出宗教的印痕。一些珐琅制品和胸针以及非日常用品也不能摆脱宗教思想的束缚。在这一特殊的历史条件下，宗教信仰和世俗生活在工艺设计上奇异地融合，显示出中世纪宗教的强势和工艺设计独特的面貌。

* 图 8-11
中世纪十字架。

然而，青山遮不住，毕竟东流去。生活在社会底层的大量工匠艺人、行会职员"对宗教并不存在多大的幻想，所以他们的作品在精神和风格上能超越宗教所限定的范围，表现出对现世美好事物的爱好"[20]。虽然宗教的价值思想影响到设计的各个方面，但并未完全渗透到日常生活的各个角落，也有上帝之手未曾触及的地方，日常生活用品仍然遵循着传统的实用价值在民间延续着。大量这类的生活用品质朴无饰，满足着人们衣食住行的最低要求，在普通的生活中发挥了重要的作用。只有当这类工艺物品上升为宗教用物或上层封建主、庄园主的生活用具时，才会体现出宗教的含义。即使是具有宗教色彩的工艺装饰设计，在漫长的历

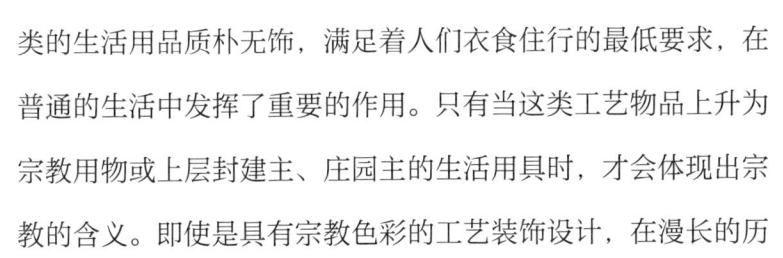

* 图 8-12
中世纪织毯。宗教信仰和世俗生活在工艺设计上奇异地融合，显示出中世纪宗教的强势和工艺设计独特的面貌。

史演变中，工艺匠人也在其中注入了大量世俗的、生活的、个人情感的因素，表现出超宗教价值的、对于美好生活现实的追求和向往。这种违背宗教精神的工艺表现虽屡遭教会禁止，但人们思想意识上对于宗教清规戒律所造成的装饰刻板的厌倦和对于生活的热爱、对于艺术自由的向往正在渐渐蔓延发展。

改变中世纪工艺设计宗教价值观的还有两个与工艺设计有关的重要的技术发明，即印刷术和机械钟[21]。这两种设计都来自东方，中国的活字印刷术传入欧洲，使欧洲羊皮纸的手抄本成了历史，书籍设计发生了革命性的变化。在印刷内容上，专为教堂寺院制作的《圣经》只占书籍印刷的一小部分，大部分则印刷科学技术知识书籍。原为上层社会所专有的人文技术知识不再是少数人所独有的特权，虽然贵族、宗教人士仍然以拥有羊皮纸手抄书为荣，反对"低劣"的印刷品，但廉价便利的书籍还是迅速地在普通民众中传播开来。1447年，第一所印刷厂在德国美因茨建成[22]，人们渴望获得新知识的愿望真正实现了。书籍已经背离了原有的宗教价值，转变为知识价值和审美价值，从而加速了社会、经济、文化的变革。印刷术为工艺装饰摆脱宗教阴影提供了知识思想动力。

机械钟表传入欧洲使得人们的生产方式、生活习惯悄悄地发生了变化，人们按照精确的时间来安排生活和工艺生产，计件化、标准化的生产方式因时间的精确性而被合理地实施。这种生产方式的进步还带来了人们对工艺价值的认识的转变[23]。如同工业革命大工业生产使得设计价值发生转变一样，钟表的精确性使得人们格外重视工艺设计的非宗教因素，即工艺复制的技术、数量、质量和审美问题，为工艺设计从宗教的束缚中挣脱出来提供了重要的技术支撑。

中世纪末期，人们热爱生活，追求艺术自由，科学技术也获得了发展，诞生了印刷术和机械钟，这些思想和技术的进步预示着一种新的超越宗教价值的设计价值观即将出现。

第三节　文艺复兴时期的设计价值观

顾名思义，"文艺复兴"一词是复兴古希腊罗马古典文化艺术，有再生、重生之意。但是，"古典文化只是文艺复兴的一个重要的启发源泉"[24]，外来科学技术与文化对于文艺复兴转变宗教科学、产生人文主义思想也发挥了巨大的作用。在工艺设计领域，艺术精神的解放与对中世纪设计的批判、继承将设计的重点集中于人和现实生活上，宗教价值失去了控制一切的意义，设计的人文艺术价值凸显出来。

1. 文化传播、技术革新与设计价值转变

早在公元 1 世纪希腊化时期，欧洲人就接触到了大量东方的文化，古罗马时期更有频繁的东西方文化交流。古典文化终结，进入中世纪，商贸活动又使东西方文化联结起来，商人、神父、旅行家都有比较广阔的空间地理概念。13 世纪，马可·波罗到达中国元朝游历，回国后撰写的游记激发了哥伦布航海东方的决心。此时，罗盘由中国传入欧洲，为大海航行的有效、快捷提供了可能。同时，热那亚人能够建造大吨位的航船，为地理大发现之后开辟殖民地市场以及获得原料资本提供了方便。从传统的陆路贸易到新的海上交通，将地中海、直布罗陀海峡、大西洋海岸、北海与意大利的热亚那、威尼斯沟通一起，促进了中世纪时期工商业与文化的发展。来自中国的造纸术和印刷术在欧洲"引起了教育和文化宣传上的革命"[25]。这一革命首先是在科学知识和技术上的革命，人们掌握了技术知识，促进了生产力的解放，

*图8-13

文艺复兴时期的设计。在科学知识和技术上的革命,使人们掌握了技术知识,促进了生产力的解放,动摇了宗教神学的基础,促使文化艺术回归,越过中世纪,从古希腊、罗马文化中摄取精神思想。

动摇了宗教神学的基础,促使文化艺术回归,越过中世纪,从古希腊罗马文化中摄取精神思想,从而产生了文艺的全面复兴。

导致设计新价值产生的,正是文化交流和工艺技术的传承与革新。在13世纪时,金属工艺、陶器、玻璃、细木工、纺织业等工艺设计的许多行业都已是主要的出口工业,此外,棉织业、造纸业等新兴工业迅速发展。对于从事这些行业工艺设计生产的工匠来说,行业竞争和技术竞争成为他们能否生存下去的关键。各种工艺行业都有各自的行会组织。中世纪行会组织的规章苛刻、繁冗,约束力极大,行会有权力决定工匠能否销售自己的产品;对于一个学徒,在期满时的考核也非常严厉,德国纽伦堡行会组织的考试是向应试者出示一件著名大师的作品,要求在没有人帮助的情况下,独自模仿该作品,限时三个月[26]。但是,行会的严厉、苛刻并没有让工匠们对传承工艺传统的设计产生过多的依赖和模仿,相反,"一种生搬硬套流行风格语言的倾向,它比那些直接起源于有关工艺特有的传统的表现方法更受重视"[27]。对传统设计的怀疑,使工匠们不断探索,敢于创新。有研究认为,吉贝尔蒂、波提切利、韦罗基奥、布鲁内莱斯基和米开朗基罗等文艺复兴时期的著名艺术家,都曾经在工艺设计行业当过制作工[28]。他们冲破传统工艺的桎梏,努力以新的自由的方式创造作品,从工艺开端,脱颖而出,成为一代艺术大师。这也反映出手工艺行业当时普遍存在的技术革新风气。

工艺设计的技术革新所带来的设计价值上的变化，是必须抛弃原有手工制作中那些不当的、附属其上的宗教概念，而强调工艺生产成本和实际用途的相应性，提高制作生产的效率。于是，一种制作上的分工在设计之初就已被确定下来，以杯为例，相同规格的把手可以直接购买，特定纹样的浮雕可以利用模型进行铸模。众多工匠不断沿用这种方法，目的就是节省时间和降低成本[29]。设计对成本与效率的着重考量，逐渐消解了原本重要的宗教因素。装饰情节不再从中世纪的壁画和图案中汲取灵感，转而从古罗马的壁画和图案中选择契合内容。如一种"伊斯托利亚多风格"的马约利卡陶器，有着简洁的"怪诞风格"，这种风格有别于中世纪习以为常的宗教内容和装饰形式，几乎可以和雅典红绘陶器相媲美[30]。

这种变化还体现在对工匠技术和工艺劳动的尊重上。中世纪等级制度严格，行会组织盘剥工匠，鄙视工匠的劳动。工匠们生活在社会最底层，被囿于重复性模仿生产，而文艺复兴时期则对技术、艺术和工匠表现出热烈的赞美。康迪夫就对米开朗基罗的技艺称赞不已："米开朗基罗年轻时就是一个伟大的工匠，天生的才能加上获得的知识，他专注于从自然本身，而不是从劳动和其他的行业中获得这些知识，自然在他面前是真正的典范。"[31] 于是工匠们也认识到了自己的价值所在，常常以精致的技术和独特的形式来设计工艺作品。这种对于技术、形式和自身价值的认识与知识界人文主义者重视人、重视现实生活的思想是同步且一致的。

2. 人文主义思想与设计新价值的诞生

文艺复兴时期，工艺设计逐渐摆脱了宗教束缚，在技术、形式、生产效率等方面进行创新，工匠的设计视野日益宽阔起来。这种价值思想的转变主要由以下几个

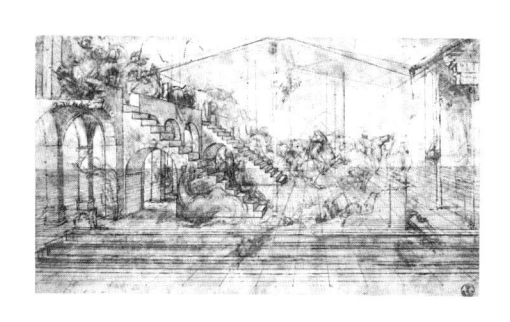

* 图 8-14
达·芬奇设计图。设计重视现实价值,也就是重视来自民众生活现实的需求,重视社会现实实践。

* 图 8-15
达·芬奇的建筑设计图。

方面的社会实践因素促成:首先是工商贸易发达,产品需求急速增长;其次是科学技术知识普及,宗教的价值失去了往日的"光辉";再者是对于古希腊罗马设计风格的模仿,古典形式受到关注。这些因素使文艺复兴时期的工艺设计以及价值观念正朝着一个新的方向发展。

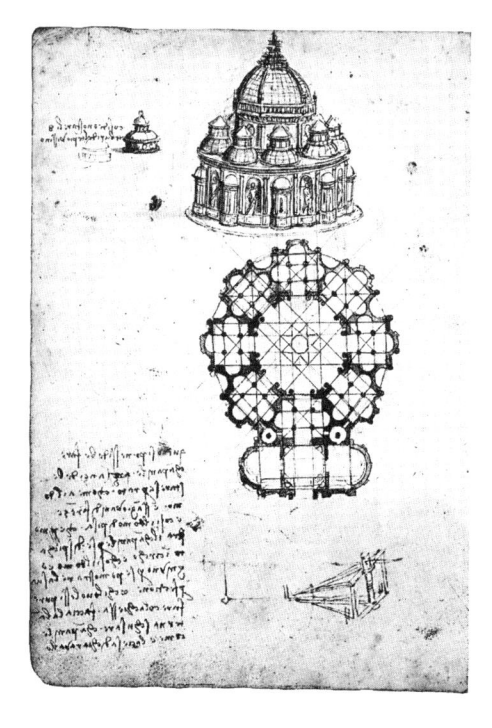

但是,一个新的设计价值的诞生既需要有社会生活实践作为基础,还需要一种时代精神作为内涵。文艺复兴的时代精神是人文主义精神,在经历了中世纪宗教神学的长期束缚之后,人开始重新认识自己,人的世俗、感性、生活、现实性替代了宗教神学的上帝崇拜和禁欲主义。人的尊严、个性自由、生活理想的追求体现出这一时期对人的肯定,是人的精神的解放。泰勒姆修道院有句名言,"你爱做什么,便做什么",表现出人的自由创造有着无限的空间。这实质上就是人文主义思想的体现,代表着这一时期新的社会阶层对于社会生活理想的追求和利益的实现。人文主义对于人和社会生活的新的认识和理解,结合新的工艺技术设计和社会生活实践,促使了设计新价值思想的产生。这种设计新价值思想主要反映在以下四个方面：现实价值、艺术价值、社会价值和人本价值。

现实的价值与设计中宗教教义脱离现实生活的做法相对立。达·芬奇在谈到绘画时强调自然与现实，肯定具体与真实性："如果诗处理的是精神哲学，那么绘画处理的就是自然哲学。"他运用自然科学知识设计过纺织机器、飞行器、降落伞等大量具有现实价值的作品。作为艺术家、力学家和工程师，他研究透视学、水利和军事工程、解剖学和数学，他所有的研究和设计都富有社会生活的现实意义。设计重视现实价值，也就是重视来自民众生活现实的需求，重视社会现实实践。16世纪时，一种华丽富贵、精雕细琢的细木工家具渐渐地退出了城市市场，这门技艺被乡村手工匠人用来制作实用的生活家具而不再是陈设品[32]。由此可见，文艺复兴时期的设计，在工匠的设计活动中突出了现实生活的价值意义，强调了设计应有的现实生活基础。这相对于中世纪设计的惟宗教价值，是设计价值一个重要的进展。

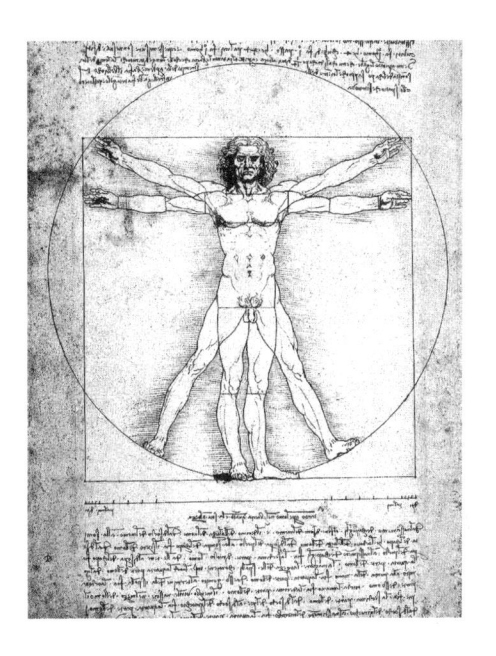

* 图 8-16
达·芬奇的设计图稿。

* 图 8-17
佛罗伦萨大教堂。布鲁内莱斯基首创了一个有41米隔断、106米高的穹顶，不再是封闭地覆盖在教堂上，而是运用古典的艺术形式法则，在四周开设了8个窗洞，排列有序的重复节奏产生了一种新的艺术审美。

设计中的艺术价值是工匠们十分重视并不断探索的重要内容，把古罗马维特鲁威《建筑十书》中"美观"的设计标准，理解为形式上的艺术审美，这种形式美是永恒不变的，可以普遍地应用到各种工艺设计中。一个典型的例子是15世纪佛罗伦萨的大教堂设计，布鲁内莱斯基首创了一个有41米跨度、106米高的穹顶，这一八角形的圆屋顶是双层同心的拱顶，不再是封闭地覆盖在教堂上，而是运用古典的艺术形式法则，在四周开设了8个窗洞，排列有序的重复节奏产生了一种新的艺术审美。出自穆拉诺玻璃作坊的威尼斯玻璃作品也以对称、均衡的艺术形式呈现出一种"绝对美"。弗拉卡斯托罗解释说："在体会了造物主在创造他时所依据的那种普遍的最高的美的观念，使事物显出它们应该有的样子。"[33]当艺术逐渐从服务宗教、宫廷的功能中解放出来，成为任何工艺物品的形式时，我们可以强烈地感受到这种艺术形式美感的价值作用。虽然文艺复兴时期工艺设计的艺术形式具有"不变"的特性，并没有按照工艺材料目的做出相应的、适当的区别和应用，但设计的艺术价值几乎成为每个工匠的重要目标。

社会价值是每个历史时期设计所具有的客观属性，中世纪的设计社会价值被宗教价值转化为一种基督教教义的宣传。但是，文艺复兴时期设计的社会价值不同于一般文化、艺术的娱乐、消遣、教训和善的价值，它具有更广泛意义上的社会稳定、生活安逸、人的生活品质的提高等超过普遍道德的价值思想。14世纪初，随着城市不断发展以及乡村逐渐走向衰败，叛乱和革命行为爆发了，贫富差距的加大和生活困苦使民众对教会和政权产生仇恨，手工业行会的苛刻盘剥也使工匠们的设计活动受到严格控制。社会、宗教矛盾危机四伏，成为民众暴动的起因。到文艺复兴时代，社会价值问题在工艺设计及其活动中渐渐体现出来，工匠及技术受到尊重，民众日常生活所需物品得到生产，城乡秩序也因此而恢复正常，生活趣味也在设计中受到关注。医院、广场、商店、城门以及民居建筑等社会公共建筑和设计也有了较大程度的改善和发展。在经历了多年的混乱战争之后，欧洲社会在文艺复兴时期才真正步入稳定发展阶段，其中工艺设计所起的辅助作用是不可低估的。

人本价值是文艺复兴时期设计价值的核心，上述所论的设计的现实、艺术、社会价值都体现出人本的精神，对技术的尊重、创造的自由、日常生活用品的满足都是人本精神的反映。14世纪的人文主义者皮特拉克认为艺术应该自由地去创作，不能简单重复。在《阿非利加》叙事诗中，他期待重返古希腊罗马的艺术理想并因此而带来全体人民生活的幸福美满[34]。设计的人本价值凸显出人的价值及人的存在，生活的幸福是终极目标。工艺设计正是实现这一目标的方式。文艺复兴时期的设计价值最重要的是具有哲学价值中普遍的个性，这种普遍个性不是超越人类社会而存在的，而是在人与社会的现实中产生的。因此，文艺复兴的设计价值不是宗教神学的价值，而是人本主义的价值。

以上四种设计价值观都曾在欧洲历史上出现过，所以，这里的"新"是相对于中世纪而言的。希腊雅典时代，这种价值观被反复论述并在社会生活实践中实行；而文艺复兴回到古希腊，对这一组历史价值观重新肯定、重新阐述，表现出这些价值观所具有的历史与现实的活力。同时，文艺复兴虽然转化了工艺设计的宗教价值，却没有否定宗教生活，也没有让宗教价值在工艺设计中全部消失；宗教价值、现实价值、艺术价值和人本价值在文艺复兴的工艺设计中同时呈现，这是欧洲设计艺术的又一次高峰期，文艺复兴也是孕育现代西方设计价值思想的春天。

第四节 工业革命前的设计价值观

文艺复兴运动终于在 16、17 世纪之交落下帷幕,在介于文艺复兴与工业革命之间的 17、18 世纪,科学技术的发展和殖民贸易带来的巨大经济变化给资本主义注入了活力,促进了国家权力和资本主义的发展。欧洲发生多次革命,政权频繁更替,资产阶级获得了更大的利益。新兴的资产阶级在多个方面对贵族王权社会进行质疑,思想界兴起了"启蒙运动",艺术界的新思潮——巴洛克、洛可可、浪漫主义、新古典主义接踵而来。在设计领域,美术家与工匠之间的距离拉大,手工艺与艺术逐渐分离。一方面,政治因素、宫廷因素、外来因素使工艺设计朝着奢侈、华丽的方向蔓延;另一方面,技术因素、生活因素、乡村因素又使工艺设计朝着实用、简陋的方向退化,几无审美可言。两极的发展导致工艺设计的价值观也随之发生变化。

1. 手工艺与艺术的分离带来价值观的贫乏

17 世纪初,英国的资本主义生产关系在旧有的封建社会内部迅速成长,至 17 世纪中叶,已经发展到工场手工业的阶段。工场手工业的产生,改变了工艺生产和流通的关系,流通过程从原来的独立化变为再生产的一个环节。从流通过程再回到生产领域观察,手工艺设计领域就出现了一种重商主义思想[35]。英国家具设计师托马斯·齐彭代尔就经营着一个大的工场手工业作坊,有越来越多的订货,通常是为整个房间设计,包括墙纸、窗帘、桌椅、灯、餐具等,从而能获得较多的商业利益。建筑师罗伯特·亚当也参与其中[36],接受来自宫廷、贵族的设计订单。类似齐彭代尔这样的大作坊主很多,他们为资产阶级新贵族服务,在工艺设计上按照客户的品位和流行的时尚,常常表现出不同的风格,如洛可可风格的窗帘或新古典主义风格的家具。艺术家则比较重视自己的艺术提升,如鲁本斯和雷诺兹,他们把在艺术上的成功看得与金钱一样重要。通常一幅绘画的价格比一件工艺作品的价格高出许多倍[37]，文艺复兴时期那种集工艺设计、绘画、雕塑于一身的艺术家已经不复存在。以工场手工业为特征的工艺设计重商主义的兴起和提升艺术价值以获得更大利益和社会地位的行为，使当时的工艺领域出现了手工艺与艺术分离的状况，这种分离使艺术家进入上流社会，甚至享有特殊的荣誉勋章。如鲁本斯就曾被英王授予骑士称号[38]，雷诺兹则于1768年创建了英国皇家美术学院。他们获得的个人荣誉、经济收入和社会地位远远超过了手工艺人，也超过了齐彭代尔这样的工场手工业主的利益。

在手工艺行业内,有规模的工场手工业普遍采用分工原则。如花边分7种工序，由7人制作；一只餐盘至少8个工序，需8人才能完成。英国著名的经济学家亚当·斯密在他的《国富论》中考察了手工制针的分工情况："一个工人抽出铁丝，另一个人将它弄直，第三个人将其截断，第四个人做针尖，第五个人将另一端磨平以便制成针尾……制作一根针最重要的就是这不同的八道工序。"[39]然后斯密提出了生产费用决定价值的理论，这属于经济学的价值理论，并没有涉及工艺设计的社会、生活等哲学价值问题。手工艺的分工制作在中世纪甚至更早时期就已实行过，但如此普遍地将分工作为工艺生产的原则还是第一次。这一方面解决了手工艺人在制作中的随意性问题，使产品有统一的规格标准，以提高正品率并获得市场利益；另一方面也在悄悄地适应逐渐发展起来的简便的机械生产方式。同时，分工原则也使手工艺的艺术个性完全丧失。

早期资产阶级的重商主义导致艺术与手工艺的分离，文艺复兴时期建立起来的人文主义设计价值思想开始发生动摇。在斯密那里,手工艺的价值"仅仅是必要的劳动量"[40]。出生于手工业家庭的蒲鲁东认为手工艺产品的价值是由使用价值和交换价值最终构成的综合价值,这种经济学角度的价值理论表明了这一时期价值思想的混乱。针对斯密的价值观,马克思指出:"这种混淆本身建立在他的基本观点的另一个错误上:他没有区分劳动本身的二重性,这就是,劳动,作为劳动力的耗费,创造价值;作为具体的有用的劳动,创造使用物品(实用价值)。"[41]马克思所说的劳动创造使用物品的价值在 18 世纪那些外省人的手工艺产品上被真正体现出来,犁、耙、手推车等传统农用工具以及乡村日用品均以实用价值为基础,适当地考虑审美性,"优先考虑它是否实用,经过一段时间的摸索,一旦找到一种好的、有效的设计,乡村手艺人和顾客都不会有什么理由来改变它"[42]。

当一部分乡村手工艺回归到价值的基本形态,在普通民众生活中发挥基本作用时,另一部分城市手工艺则完全追随时尚、趣味,成为一种脱离实用性的奢侈品。这种奢侈制品材质昂贵,造型日益繁复,所服务的对象为王室、贵族以及新兴的资产阶级、工厂主、银行家、税务官等富有阶层。工艺设计的价值思想毕竟是社会历史现实实践的反映,无论是服装、首饰、室内、家具、餐具,还是玻璃、陶器,在制作观念上都表现出贵族和新兴资产阶级的生活态度和趣味。

从以上手工艺与艺术的分离,以及手工艺实践的两极分化可以看出,有什么样的工艺实践,就会产生什么样的工艺价值思想。新兴资产阶级为发展商品而提出重商主义思想,导致手工艺领域发生分化,手工艺设计行业失去平衡,巴洛克、洛可可风格占工艺设计主导地位并长期延续。工艺设计的社会价值、生活价值、艺术价值不被重视，时尚、奇异、低级趣味的设计盛行，反映出这两个世纪以来欧洲设计价值观的贫乏。

2. 单向度的设计：趣味、奇异、享乐

欧洲社会的分化从17世纪以来极其明显，少数特权阶层与广大的社会底层截然分开。手工艺与艺术的分离使工艺设计的一部分脱离生活实用，而走上了一条单向度的追求豪华、奢侈、纤细、繁缛装饰的道路，成为君主、贵族夸耀荣誉和享受权力的象征。巴洛克风格的设计以虚假的动感的细部装饰器物，被意大利人讥笑为"暧昧可疑的买卖"（barocchio），在西班牙文中是"畸形之珠"。洛可可设计轻浮艳丽，确似贝壳饰物（rocaille）。在这个巴洛克和洛可可时期，结束了文艺复兴的设计价值观，工匠们面对社会分化，不得不转向王公、君主和贵族寻求出路。在这一过程中，宫廷因素、政治因素、外来因素等导致以上两种设计风格逐渐成熟。如果没有这些因素的渗入，巴洛克和洛可可设计不可能产生，也无法达到如此空前的表现和单向的极端。

* 图 8-18
巴洛克艺术表现出贵族和新兴资产阶级的生活态度和趣味。

* 图 8-19
戈贝兰挂毯（1663年）。1662年，巴黎成立了"戈贝兰织物所"，专为宫廷生产"戈贝兰式花壁毯"，由宫廷画家负责设计，风行一时。

奢侈工艺源于宫廷生活的奢华。1662年，巴黎成立了"戈贝兰织物所"，专为宫廷生产"戈贝兰式花壁毯"，由宫廷画家负责设计，风行一时[43]。洛可可风格的家具设计被分别称为"摄政时期风格"和"路易十五风格"，也反映出宫廷因素的决定性作用。一部分室内设计、织毯、服装、家具、陶瓷、壁纸等工艺行业在宫廷的干预下理所当然地在设计中引入宫廷贵族的趣味与爱好。而诸如玻璃、金属等一些宫廷控制较弱的行业的工匠们，为取得高额的商业利益，也向宫廷提供与宫廷设计风格一致的玻璃工艺品和金属工艺品，有些是模仿宫内设计样式，有些是追求奇异、新颖，展示了高超的技术工艺水平，如金属制品表现植物扭曲翻转、枝叶缠绕中穿插人物、动物作为装饰主体等。宫廷贵族的喜好影响到整个社会阶层，工艺设计精雕细琢，矫揉造作的风气逐渐蔓延开来。

* 图 8-20
立式橱柜（1665年）。
在设计中引入宫廷贵族
的趣味与爱好。

城市手工艺追求时尚奢侈以获得权贵们的青睐，同时，国家政权为外交和国家形象所需也控制着一些大型手工艺工场。如位于巴黎附近著名的万塞纳陶瓷厂的总管就是由皇帝亲自任命的，1753年，该厂迁往塞夫尔，直接改称皇家陶瓷厂[44]。一切工艺设计都由一流的技术专家负责，其样式花纹均符合流行的"洛可可风格"

设计，在频繁的国家社交场合，以及迎接外国元首的国宴上作为国家形象使用。同时也为外国宫廷设计生产，如俄皇叶卡捷琳娜二世就在塞夫尔定制过系列的餐具[45]。丹麦哥本哈根瓷厂也曾获得国王资金的赞助，皇室定制了"弗罗拉·达尼卡"餐具，准备赠送给叶卡捷琳娜二世。这套餐具由1800多件器皿组成，耗时12年，极为繁缛精致。英国也有"国王附属瓷窑"的瓷厂[46]。国家政治利益在工艺装饰的追求奢侈取向上起到了重要的推进作用，君主和统治阶级并不感到物品过于华丽会导致浪费和社会反感；相反，穷奢极欲，一切以艳丽繁复装饰为标准。

* 图 8-21
塞夫尔皇家陶瓷厂生产的瓷器（1761年）。其工艺设计都由一流的技术专家负责，样式花纹均符合流行的"洛可可风格"设计，在频繁的国家社交场合以及迎接外国元首的国宴上作为国家形象使用。

日益发展的海外贸易、殖民地开拓也带来了一种异域工艺风格。拿破仑远征埃及带回了埃及古代工艺品，受到人们的关注和欣赏。工匠们借此在设计中融入这种"埃及风格"，生搬硬套，奇异怪诞，也获得了奇特的装饰效果，广受上层社会欢迎。此外，在从中国进口的大量瓷器和工艺品中，择取符合当时人们审美心理的纹样装饰，设计在工艺奢侈品中。如戴尔夫特陶器就以蓝白色为主调，以龙、凤、狮、仙人、山水、花鸟、亭台楼阁为纹样，称"中国样式"。1670年，戴尔夫特模仿中国五彩瓷烧制成功，为"中国样式"增加了丰富的内容，也开拓出新的市场，成为当时垄断欧洲陶工艺市场的荷兰工厂。中国风格的影响不限于陶瓷，在室内家具等方面同样突出。如现藏于伦敦博物馆、

由英国家具设计师齐彭代尔设计的床，其整体结构是中国床的四柱形式，顶和织物为英国风格，红黄相间，局部施金[47]。齐彭代尔对中国家具研究颇深，提出了"中国风格的洛可可化"[48]。来自中国清代的设计风格同样呈现出烦琐与豪华，特别符合当时欧洲人的心理趣味，于是巴洛克、洛可可装饰风格中添入中国明清装饰风格就构成了这一时期欧洲工艺设计追求趣味、奇异、享乐的特色。

* 图 8-22
齐彭代尔设计的有中国式大屋顶和回纹的柜子（1755年）。来自中国清代的设计风格呈现出烦琐与豪华，特别适合当时欧洲人的心理趣味，添入中国明清装饰风格就构成了这一时期欧洲工艺设计追求趣味、奇异、享乐的特色。

价值观的贫乏使一些不伦不类的东西杂糅在一起，对于这样的设计现实，很难找到理论上的依据。笛卡尔曾说，"举花坛图案的布置为例，说明人与人的嗜好很不同"[49]，但并没有进一步加以说明。他在《论巴尔扎克的书简》里批评文章的毛病有四种：一是文辞漂亮而思想低劣，二是思想高超而文辞艰晦，三是朴质说理而粗糙生硬，四是追求纤巧又玩弄修辞[50]。虽然是针对文学现象而作的评论，但如果移用到当时的工艺设计的实践领域也十分恰当。第一种正是洛可可风格的特征，洛可可工艺设计"S"形和涡卷形的曲线、华丽漂亮的装饰、奢靡的表现形式、单纯追求享受的风格，失去了设计应有的实用功能；第二种是巴洛克风格的写照，巴洛克工艺设计气势雄伟、充满生机、高贵庄严，显示出一股上升的力量，但在工艺装饰上奇特诡谲、动感多变，过度造作；第三种是大部分乡村和普通市民的实用之物，质朴粗糙正是其特点；第四种是对这一时期流行的上述两种风格的评价，"纤巧"是总体装饰的总结归纳，"玩弄"则是对工艺手段方法的批评。

注释：

[1] 李立新，《探寻设计艺术的真相》，中国电力出版社，2008年版，第8页。
[2] 苗力田，《古希腊哲学》，中国人民大学出版社，1989年版，第70页。
[3] 《克赛诺封〈回忆录〉》。
[4] 色诺芬，《经济论·雅典的收入》，商务印书馆，1961年版，第7页。
[5] 色诺芬，《经济论·雅典的收入》，商务印书馆，1961年版，第71页。
[6] 陈岱孙，《从古典经济学派到马克思》，上海人民出版社，1982年版，第46页。
[7] 《马克思恩格斯全集》第二十三卷，人民出版社，1973年，第174页。
[8] 亚里士多德，《诗学》，商务印书馆，1996年版，第237页。
[9] 亚里士多德，《诗学》，商务印书馆，1996年版，第237页。
[10] 《尼各马克伦理学》。
[11] 朱光潜，《西方美学史》，人民文学出版社，1981年版，第100页。
[12] 卢森贝著，翟松年等译，《政治经济学史》（上册），生活·读书·新知三联书店，1961年版，第36页。
[13] 卢森贝著，翟松年等译，《政治经济学史》（上册），生活·读书·新知三联书店，1961年版，第37页。
[14] 鲁友章、李宗正主编，《经济学说史》（上册），人民出版社，1979年版，第34页。
[15] 鲁友章、李宗正主编，《经济学说史》（上册），人民出版社，1979年版，第49页。
[16] 卢森贝著，翟松年等译，《政治经济学史》（上册），生活·读书·新知三联书店，1961年版，第41页。
[17] 何炼成，《价值学说史》，商务印书馆，2006年版，第145页。
[18] 朱光潜，《西方美学史》（上册），人民文学出版社，1981年版，第133—134页。
[19] 朱伯雄主编，《世界美术史》第五卷，山东美术出版社，1989年版，第220页。
[20] 朱光潜，《西方美学史》（上册），人民文学出版社，1981年版，第134页。
[21] 爱德华·卢西－史密斯著，朱淳译，《世界工艺史》，浙江美术学院出版社，1993年版，第133页。
[22] 爱德华·卢西－史密斯著，朱淳译，《世界工艺史》，浙江美术学院出版社，1993年版，第135页。
[23] 爱德华·卢西－史密斯著，朱淳译，《世界工艺史》，浙江美术学院出版社，1993年版，第135页。
[24] 德尼兹·加亚尔、贝尔纳代特·德尚莱著，蔡鸿滨、桂裕芳译，《欧洲史》，海南出版社，2000年版，第302页。
[25] 朱光潜，《西方美学史》（上册），人民文学出版社，1981年版，第147页。
[26] 爱德华·卢西－史密斯著，朱淳译，《世界工艺史》，浙江美术学院出版社，1993年版，第141页。
[27] 爱德华·卢西－史密斯著，朱淳译，《世界工艺史》，浙江美术学院出版社，1993年版，第148页。
[28] 爱德华·卢西－史密斯著，朱淳译，《世界工艺史》，浙江美术学院出版社，1993年版，第139页。
[29] 爱德华·卢西－史密斯著，朱淳译，《世界工艺史》，浙江美术学院出版社，1993年版，第144页。

[30] 爱德华·卢西－史密斯著，朱淳译，《世界工艺史》，浙江美术学院出版社，1993年版，第153页。
[31] 爱德华·卢西－史密斯著，朱淳译，《世界工艺史》，浙江美术学院出版社，1993年版，第149页。
[32] 爱德华·卢西－史密斯著，朱淳译，《世界工艺史》，浙江美术学院出版社，1993年版，第157页。
[33] 朱光潜，《西方美学史》（上册），人民文学出版社，1981年版，第171页。
[34] 凌继尧，《西方美学史》，北京出版社，2004年版，第178页。
[35] 何炼成，《价值学说史》，商务印书馆，2006年版，第156页。
[36] 何炼成，《价值学说史》，商务印书馆，2006年版，第159—160页。
[37] 何炼成，《价值学说史》，商务印书馆，2006年版，第159页。
[38] 何炼成，《价值学说史》，商务印书馆，2006年版，第159页。
[39] 何炼成，《价值学说史》，商务印书馆，2006年版，第162页。
[40] 《马克思恩格斯全集》第二十六卷第一册，人民出版社，1972年版，第64页。
[41] 《马克思恩格斯全集》第二十四卷，人民出版社，1972年版，第425页。
[42] 爱德华·卢西－史密斯著，朱淳译，《世界工艺史》，浙江美术学院出版社，1993年版，第164页。
[43] 张夫也，《外国工艺美术史》，中央编译出版社，2003年版，第282页。
[44] 爱德华·卢西－史密斯著，朱淳译，《世界工艺史》，浙江美术学院出版社，1993年版，第168、293页。
[45] 爱德华·卢西－史密斯著，朱淳译，《世界工艺史》，浙江美术学院出版社，1993年版，第170页。
[46] 张夫也，《外国工艺美术史》，中央编译出版社，2003年版，第305页。
[47] 张夫也，《外国工艺美术史》，中央编译出版社，2003年版，第308页。
[48] 张夫也，《外国工艺美术史》，中央编译出版社，2003年版，第309页。
[49] 朱光潜，《西方美学史》（上册），人民文学出版社，1981年版，第184页。
[50] 朱光潜，《西方美学史》（上册），人民文学出版社，1981年版，第185页。

第八章

西方 200 年来的设计价值观

欧洲工业化的出现深刻地改变了人类的历史，欧洲社会从未有过如此突然的、激烈的巨变。对工业化以来 200 年西方设计的关注，让我们首先看到了工业化与手工艺的冲突。在历史的传承与变革中，现代技术、材料、工艺、思想及生活等深刻地影响了设计的发展，大工业生产方式改变了传统手工艺的生产方式，设计的现代性几乎彻底改变了有着数千年传统的设计形式。我们将设计的这一巨大变革作为一个历史价值的命题来审视，把注意力集中在设计反映出来的人们的价值观和社会、生活、思想观念以及设计所承担的政治、社会、经济、生活和文化的意义上。

前面谈到工业化前 17、18 世纪的设计价值观，那些由君主政体和早期资产阶级所控制的各种风格的手工艺设计在设计价值理论上再也看不出什么新的东西了，那些奢侈主义、享乐主义的庸俗价值充斥于设计之中，表明在工业革命前，西方设计价值已陷入危机之中。工业革命翻开了设计全新的一页，也带来了设计价值思想的变革。本章重点介绍和分析工业革命以来西方 200 年现代设计重要的设计家和诸流派的代表性价值思想。

第一节　工业革命到 19、20 世纪之交的设计价值观

工业革命成功之后，手工艺与工业化之间的矛盾公开化，冲突也愈加激烈，设计的革新成为必然，而聚焦点则在生产方式和审美因素两大方面。在这一设计历史的十字路口，是走向大工业机械化的设计之路，还是走向手工艺与艺术相结合的复兴之路，设计家和思想家的选择几乎一致，反映出当时社会、生活、文化阶层共同的认识和价值取向。作为历史的过渡，这一时期的设计价值观是古代设计价值思想和现代设计价值思想之间一座重要的桥梁。

1. 普金、拉斯金的价值观

19 世纪初，一个法国人提出了"工业革命"一词[1]，表明英国正在进行的经济与社会变革到这一时期影响广泛、意义凸显。但是，英国的手工艺设计行业因工业化影响的扩展而处于无序杂乱的状态，表现为：（1）工业增长，机械化生产对手工艺制作的冲击日益激烈，传统手工艺生产有被工业化生产所取代的危机；（2）一种新古典主义设计正在消解洛可可风格的流行，企图重新回到古典主义艺术，但折中主义的思想无法重建设计价值观；（3）洛可可设计风格价值延续并转变为一种维多利亚设计风格，奢侈、繁缛的装饰之风继续蔓延。此时，一位杰出的设计家普金，提出了他对这种"从所有时代及阶段借来的风格和象征的大杂烩"设计的改造方法。这位设计了英国国会大厦建筑连同室内部分的设计师崇尚"自然"，是哥特风格的倡导者。他在《尖拱门建筑或基督教建筑的真实原理》一书中，谈到了设计的原理："设计上有两条不朽真理，一是建筑必须便利生活，讲究结构，合乎时宜，否则就没有任何特色可言；二是所有的装饰物必须使建筑的基本结构更加丰富。"[2] "便利生活""合乎时宜"是设计永恒的价值。他认为设计是合乎道德的艺术，丑陋的设计

是因为背离了美和道德真实，折中主义、鉴赏力的低劣是奢侈杂烩的根源，因此而提出了"真实性原理"[3]。认为哥特式建筑是唯一真实的设计，因为哥特式的形式来自结构法则。普金觉得哥特式建筑没有把结构隐藏起来而以形式的美表现了出来，所以才是真实的。设计的形式真实、结构真实、材料真实构成了美的真实和道德的真实，设计的真实可以影响整个社会的变革。由此可见，普金设计"真实性原理"实质上就是设计的"真实性价值"，这几乎成为19世纪设计价值的基础。

从普金的设计价值理论中可以看出，他希望建立起设计的评判标准和价值观，希望能超越当时不断蔓延的繁缛设计之风，反对工业化所带来的美和道德真实的脱离。但他的"真实性价值"来源于对历史符号的崇拜，是对哥特式风格的道德阐述；他的理论依据是哥特装饰中形式的"道德力量"，所崇尚的"自然"并非自然规律，而是哥特式原型，以哥特式的历史符号做示范来影响设计，从而达到影响整个社会的变革的目的。这当然与新古典主义设计思想无异，仅是一种空想，工业化早期设计价值的构建就是在这样一种依恋历史风格的理论与实践中进行的。但是，要想在历史的影子下改造设计是绝对不可能的，即使这个影子成了具体的设计，也绝不符合当时人们期望的设计新形式，而是变形了的单纯的哥特风格的复兴。普金虽然在设计价值论方

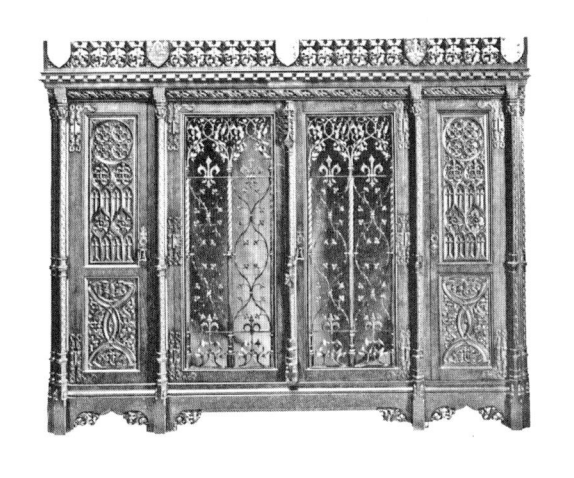

* 图9-1
普金设计的大衣柜（1851年）。设计的形式真实、结构真实、材料真实构成美的真实和道德的真实，设计的真实可以影响整个社会的变革。

面并没有比新古典主义提供更多更新的东西，但他的独特之处——复兴哥特风格的设计——却对之后的设计思想产生了一定的影响。

另一位对中世纪设计产生兴趣的是拉斯金，他对哥特式手工艺精湛的技术表示赞赏。但他对当时设计的批评并不是针对"大杂烩"式的风格，而是接近谴责机械化生产的劳动分工，认为这种分工导致了手工个性的丧失，那种"疲于制造某个别针或钉子上的一个细微的局部"，"只能让我们的头脑变得更为肤浅，让我们的内心变得更为冷漠，让我们的心智变得更为鲁钝"[4]。拉斯金对于劳动分工的批评很快就转向了社会学角度的评判。从社会学的视角，他敏锐地感觉到英国社会存在巨大贫富差距的原因，工业革命带来的科学发展和物质进步使劳动失去了愉悦的目的和意义，变为一种缺乏人性的繁重负担，成为一种"苦力"、一种"异化"。理想社会的精神价值已完全丧失，"社会基础从未像今天这样动摇得如此厉害。人们并非都是病态的，然而他们却在谋生的工作中找不到任何愉悦的感受，对财富的追求成为人们获取快感的唯一途径"[5]。1851年伦敦博览会的参观印象加深了他对于机械化生产的否定，更加倾向于社会变革的思考。他全身心地投入对工业问题和社会道德的研究。离开了对于建筑与设计本体的批评，站到一个更宽更高的角度观察设计时，拉斯金获得了一种新的思想、一种设计价值观。他把设计看作人类获得理想和神圣生活的手段，

* 图 9-2
拉斯金把设计看作人类获得理想和神圣生活的手段，是体现人的"道德和品质"的物质反映。

是体现人的"道德和品质"的物质反映。

对于"道德和品质"通过设计物真正实现的方式,拉斯金认为首先要在生产中让制作者产生愉悦的享受,这是一个人获得尊严和受社会尊重的基础。艺术家和工匠之间在劳动性质上是相同的,社会地位也应该是平等的,这也是社会进步的基础。工匠在手工艺作品中所呈现出来的艺术性和创造性能够消除机械化生产所带来的物的呆板和人的愚钝。他赞美哥特式建筑设计是将哥特式风格作为设计典范,但并不是真正让设计回到中世纪。在《威尼斯之石》一书的第二版新增的"论哥特式的本质"这一章中,他表明了他主要的设计价值思想:"人工制品必须反映人类自身的基本特性。"[6] 人类自身的基本特性也就是"人性",对设计"人性"的重视就是对手工艺的道德、品质和精神价值的重视。他为手工艺所定的三条准则正是这种价值思想的体现:"一、在与发明创造无关的生产中,绝对不可能怂恿那些并非绝对必需产品的生产;二、不可为精确完美而精确完美,只可使其从属于某些实际和崇高的目的;三、绝不可鼓励任何一种模仿和复制,除非是为了保存和记录某些不朽之作。"[7] 可见,奢侈物被否定,技术、审美并不重要,模仿必须抑制,这是提升设计"道德和品质"的关键。

* 图 9-3
1851年世博会展览目录封面。

*图9-4
莫里斯的价值观贯穿着拉斯金的社会学观点，以批判的视角面对日益发展的工业化所带来的各种设计问题，建立了以自然美决定设计价值、以手工艺复兴决定设计价值和以平等社会生活决定设计价值为重点的价值思想，成为工艺美术运动的思想基础。

与普金及其他同时代的设计家的设计价值思想相比，拉斯金从社会学视角提出的"人的特性""道德和品质"及学习哥特式而不是复制模仿的设计价值思想，已经走在了时代的前列。拉斯金的价值观并没有以当时工业生产的物质进步为依据，而是更多地以工业所带来的社会负面影响为依据，比较准确地切合了社会阶层面临大工业化来临时的心理活动，也为手工艺设计实践在与工业化相抗衡的苦苦挣扎中指出了一条柳暗花明的道路。因此，他的价值思想对于年轻一代设计家有着巨大的影响力，成为之后在英国广泛开展的工艺美术运动的指导思想，历时半个多世纪而久盛不衰。

2. 莫里斯与工艺美术运动的价值观

在这里，我们要分析19世纪末设计价值理论最重要的部分——莫里斯与工艺美术运动的价值思想。前面已经说过，英国工艺美术运动的价值思想已经在拉斯金的著作中提出来了，但是到了莫里斯那里，方才真正获得实践并达到了成熟和完善的地步。

莫里斯是英国工艺美术运动的奠基者，也是诗人、小说家、出版商、社会主义者、翻译家和演说活动家。作为设计家，他注重理论与设计实践相结合，将手工艺与社会进步联系起来，在同时代人中享有很高的声誉。莫里斯的设计思想受到拉斯金的影响，他的价值观贯穿着拉斯金的社会学观点，以批判的视角面对日益发展的工业化所带来的各种设计问题，建立了以自然美决定设计价值、以手工艺复兴决定设计价值和以平等社会生活决定设计价值为重点的价值思想，成为工艺美术运动的思想基础。

* 图 9-5
红屋选择单纯的砖瓦材料，放弃那些昂贵的装饰材料，并以哥特式风格不对称的结构表现出乡村自然情调。

自然美决定设计价值的思想来自莫里斯对于哥特式建筑的喜好和研究。他的由朋友韦布设计的住宅"红屋"，就选择单纯的砖瓦材料，放弃那些昂贵的装饰材料，并以哥特式风格不对称的结构表现出乡村自然情调。莫里斯认为设计要掌握材料的特殊性能，借此来表现自然的美，而不是模仿自然美，这一点正是拉斯金的思想。但莫里斯又发展出一种设计存在的理论，认为自然美是设计价值的源泉。他说："一个设计者应该完全了解与其设计有关的特殊生产过程，否则其结果往往是事倍功半。另一方面，要了解特殊材料的性能，并用它们暗示（而不是模仿）自然的美以及美的细节，这就赋予了装饰艺术以存在的理由。"[8] 在他看来，单凭材料结构还不能使装饰艺术品产生价值，还必须要有美的参与，而且，这种美需通过合理使用材料并借助自然恩赐

* 图 9-6
莫里斯作品。

的各种活力和力量来达成。只有与大自然合作,设计的存在方能具有价值作用。莫里斯的设计正是从动植物丰富多彩的形态中择取鲜活的、富有生机的造型色彩来装饰作品,枝叶的缠绕、含苞欲放的花朵、蓝绿色调的气氛,一种清新自然的风格由此诞生,这种几乎是自然主义的设计之风大大增加了莫里斯设计的价值作用。因此,他认为设计的存在及其价值由自然美决定。

受到拉斯金"工艺人性"论点的影响,莫里斯真正实践了这一理论。他本人放弃了当牧师的理想,身体力行,以极大的热情投身到复兴手工艺的活动之中。他说:"伟大的艺术,只可能由伟大的头脑和非凡的双手在实践中完成。"[9]莫里斯一生涉及领域广泛,活动频繁,而他的主要贡献并非诗歌、小说和出版等,而是他所提倡的艺术与手工艺运动。他反对机械化生产就是因为滥用机械生产会导致产品中个性和人性的丧失,解决这一问题的途径是"艺术家与设计师合而为一",艺术家成为设计师提升设计中的艺术因素,表达出设计的人性特点,从而为设计生活提供满意的产品。从这一角度出发,在当时工业化初期产品设计简陋的情况下,复兴手工艺对于创造设计价值是具有决定作用的。21世纪人们实践现代手工艺也是以莫里斯的这种价值思想和手工艺实践为理论依据的。但是,由于莫里斯所处的历史时代和个人身份的局限性,他不可能科学地说明工业化生产与手工艺制作的矛盾,也不可能建立起科学的现代设计价值。

莫里斯的社会主义思想使他具有建立平等社会生活的理想,而复兴手工艺只是其中的一个必要手段,其最终目的是社会平等、生活美好,"人们平等地生活在一起,他们可以按照自己的意识有节制地安排生活"[10]。他积极组织社会主义活动，针对工业化、物质生产和城市问题，制定解决方案，寄希望于手工艺复兴能够带来社会生活的完美；没有富有阶层，也没有贫穷阶层，没有主人，没有仆从，也没有病态的脑力和手工劳动者，最终实现一个"联邦"社会[11]。莫里斯的这一社会主义理想真正涉及了设计的终极价值，但他的设计商行里的大多数产品仍然是为少数富有阶层服务的，普通的贫穷阶层不敢问津。因此，这一价值理想乌托邦的成分颇多。

莫里斯复兴手工艺的思想及其价值观真正影响英国手工艺行业是在19世纪80年代，"世纪行会""艺术工作者行会""手工艺行会"等一大批设计行会相继成立。这些行会的设计大都践行莫里斯的价值思想，消除艺术与手工艺的界限，坚持手工艺生产，向大自然学习表现动植物的生命形态。"世纪行会"还出版过学术期刊《旋转木马》，英国工艺美术展览协会也出版了专业期刊《工作室》来宣传这些理念。在广泛的实践基础上，工艺美术运动的设计在莫里斯价值思想之外又生发出一些新的设计价值萌芽，如唯美主义价值观和简约实用价值观。

英国的一些设计组织和行会遵循着莫里斯那种通过平等、自由的手工艺工作和生活，创造出手工艺物品的社会与审美价值的信念。阿什比就筹建了

＊图9-7 莫里斯作品。

* 图 9-8
阿什比设计的书桌与银器（1900 年）。设计的唯美性仍然是莫里斯影响下的工艺美术运动价值观的一部分。

一所有 50 多位学生的"手工艺行会与学校"，目标是从手工艺个性经验来培养学生的手与眼。为逃避工业化的进一步冲击，他将学校迁到英国西南部格洛斯特郡的乡村里，那里更适合他培养理想；从机械到手艺，从城市到乡村，从商业到自足，一种较少受到各种外来因素影响的、纯粹审美形式的工艺设计出现了。阿什比 1904 年设计的碗和汤匙以十分优美的弧线形、镀银的工艺表现出设计的唯美因素。阿什比曾去美国访问过赖特，也许赖特的某种设计思想激发了他倾向于唯美主义的表现，但总体而言，这种设计的唯美性仍然是莫里斯影响下的工艺美术运动价值观的一部分。

要实现社会平等生活，就要摒弃设计中那些表现丰富的装饰因素，一种适合大众的实用设计逐渐产生了。最初这种简约的设计在书籍装帧中实行，字体与版面不再具有过多的装饰，强调易读可辨，之后海报、报纸也都采用了这类简约设计。产品的简约风格出现略晚，沃伊齐 1904 年设计的座椅，以橡木为材质，几乎无装饰花纹，仅在靠背处开启了一个心形造型作为一种装饰趣味，座位部分也是以廉价的灯芯草编织而成。德雷塞设计的汤锅和长柄汤勺也以简约的造型表现，他说："一件物品不仅要尽量适合预想的工作需要，以达到生产该物品的目的，而且应完全满足它的设计要求，并要采用最容易、最简单的方法。"[12] 简约的设计体现出一种功能价值的思想，这是莫里斯价值观中所没有的。

3. 新艺术运动的设计价值观

19世纪末，资本主义已由自由资本主义向垄断资本主义过渡，大工业生产与手工业的矛盾日益尖锐；同时，在工艺设计领域，矫揉造作的维多利亚风格设计在人们的批判声中渐渐退出了历史舞台。人们迫切需要一种新的设计风格，以填补这一时期设计实践的空白，抑或对其进行替代，新艺术运动就是为适应这种需要而产生的。

* 图 9-9
沃伊齐设计的座椅（1904年），伦敦杰夫里博物馆藏。简约的设计体现出一种功能价值的思想，这是莫里斯价值观中所没有的。

新艺术是一场运动，没有统一的风格，也不是一种全新的创造，实际上是工艺美术运动在英国之外的欧洲和美国的扩展。因此，新艺术运动的价值观与莫里斯工艺美术运动的价值观基本一致。但是，新艺术运动涉及的国家多、地域大，设计的门类更为丰富多样，在设计实践及价值思想上也产生了不同于英国工艺美术运动的形式与内容。因此，有必要分别加以介绍和简要分析。

* 图 9-10
凡斯作品。通体的葡萄纹，一些小动物穿行其中。

首先是自然主义价值思想，这一点毫无疑问来自拉斯金和莫里斯崇尚自然的设计思想。但拉斯金重视"自然"，强调工艺的个性与人性；莫里斯注重的是自然美感。在新艺术运动中，进一步提升自然形态成为普通的、流行的设计形式，强化了设计整体的表现力，走向了自然

唯美主义的形式存在。自然主义之所以成为一种价值，在新艺术中成为一种"美"的标准，是因为这种自然主义美兼有功能和意义等含义，是一定的对象显现出的有益于人的生存和优化人的生命存在的功能、意义或表象。这里的对象就是自然主义的表现物。新艺术运动的诞生地法国的设计师首先运用自然主义的装饰手法，如现藏巴黎奥赛博物馆的镀银啤酒具和口杯，凡斯设计了通体的葡萄纹，一些小动物穿行其中。卡拉宾设计的扶手椅，将人体与椅子形态相结合，配以动感的双猫，加上粗放的木质纹理，透露出大自然的原野情调。它们完全不同于矫揉造作的设计风格，不同于乏味的工业化产品，也不同于英国工艺美术运动中的设计作品，具有超越性的内涵，为人提供了摆脱庸俗牵累、超越现实羁绊、在精神上进入一种自由的意境的可能。

其次是象征主义的价值思想，欧洲大陆尤其是法国的设计师常常对自己的历史感到自豪和自信。19世纪末，法国象征主义思潮影响了各个艺术领域，也渗入工艺设计作品的表现之中。在萨特勒设计的期刊《潘》的封面中，希腊神祇潘隐藏在盛放的花蕊之后，右侧的工具以及花蕊顶部构成的"pan"颇具象征意味，红灰层次的色彩处理也让人有种心理上的体验。象征价值融入作品，触及人们的"灵魂深处"。加莱的《水百合花瓶》以叶的浮现和光的微妙让人仿佛看到了

* 图 9-11
《潘》期刊。希腊之神潘隐藏在盛放的花蕊之后，右侧的工具以及花蕊顶部构成的"pan"颇具象征意味，红灰层次的色彩处理也让人有种心理上的体验。象征价值融入作品，触及人们的"灵魂深处"。

池塘倒影般的情境，夸张、变形、模糊、梦幻，一种超越视觉经验的感受，手法与象征派文学相似[13]。象征成为设计价值是人的精神在工艺物质上的凝聚，当设计物未能反映这种精神时，设计家甚至会直接将象征主义诗歌刻于物的表面来作为一种整体的表达。麦金托什设计的高背椅，垂直上升的造型颇有植物生长的节奏，也具精神功能的作用，与象征手法极为相似。象征主义作为价值思想反映在设计上并不具有普遍性，但却是新艺术运动价值观的独特表现，只需认真观察、细致体验就能感受和把握好。

* 图 9-12
巴黎地铁入口。面对日益增多的现代工业产品，装饰主义恰好为人们提供了这样的精神庇护。虽然这种装饰精神有时是虚幻的、不切实际的、没有实用功能的，但仍然作为一种价值思想体现其中。

最后是装饰主义价值思想，新艺术运动装饰线性风格既是自然主义的表现，更是装饰主义的实践，装饰的表现力使其成为普遍的设计价值。在新艺术运动设计家的思想中，装饰艺术是与纯艺术平等的艺术形式，一件装饰完美的设计作品与一幅完美的绘画作品都有意味深长的形式，他们坚持要在官方沙龙中为装饰实用艺术争取一个与绘画艺术同等的地位[14]。新艺术运动的设计是一个复杂的现象，但无一例外，都对装饰表现出强烈的兴趣。吉马尔德的地铁入口，霍塔旅社的扶手楼梯，穆哈的海报设计，麦金托什的茶室装修、别墅、建筑的入口处等等，均在装饰的作用下构成一种新艺术运动特有的新的审美。装饰主义并不独立存在，而是与自然主义设计思想结合在一起，这也使设计作品具有了一层意义的底蕴、一种自然与装饰的精神。在工业化急剧发展的世纪之交,面对日益增多的现代工业产品,装饰主义恰好为人们提供了这样的精神庇护。虽然这种装饰精神常常是虚幻的、不切实际的、没有实用功能的,但仍然作为一种价值思想体现其中。

新艺术运动的设计价值观主要体现在上述三个方面。之所以用"主义"这个词,是因为自然、象征和装饰这三个方面几乎是以极端的方式呈现的。其实,新艺术运动的价值观不只是这三个方面,在新艺术运动的后期,在设计中体现出一些理性的特征,如德国的"青年风格"与奥地利的"分离派"运动,包括麦金托什,他们在设计实践中已开始摆脱单纯的装饰性、象征性和自然主义的表现,朝着简洁、明快的方向发展。在较早时期的比利时,也有一些设计家提倡设计是"人民的艺术"的思想,凡·德·威尔德甚至反对过度的装饰主义,主张艺术与技术结合。法国南希的设计家盖勒在《根据自然装饰现代家具》一文中,提出设计装饰主题应该与设计功能相一致的看法。但是,这些极富价值论意义的思想言论,在新艺术运动"三个主义"的浪潮声中被淹没了:自然主义的论调盖过了简洁、明快的声音,象征主义掩盖了"人民的艺术"的呼声,装饰主义将功能思想扼制在摇篮之中。新艺术运动的三个主流设计价值观在转换旧有的设计价值思想上具有积极的意义,但仍是一个过渡的价值思想。当历史进入一个新的时期后,这几种价值思想就销声匿迹了。

第二节 20世纪初的设计价值观

20世纪初,科学发展与技术革新极大地促进了生产力的发展,火车、汽车、飞机、电影等新生事物不断被发明并迅速普及,铁路、公路、运河相互交织,构建起密集的网络,有力地促进了物资流通与人员交往。公共传媒蓬勃发展,书籍、海报大量涌现，日益发展的工业化与城市化，引发了社会结构和生活方式的巨大变革。人们相信，历史的进步是一种必然趋势。在设计领域，虽然工艺美术运动与新艺术运动的影响并未消退，但人们面对新的世纪，认可与赞美机械的设计家越来越多，赖特宣称"机械是民主的伟大先驱"，各种新的价值观还在形成。在这个特殊的年代，设计手工艺价值观与机械化价值观并存，传统审美观与新的审美观并存，折中调和的设计价值思想就在这样的大背景下出现了 20 世纪重要的设计价值思想也在这时初露锋芒，这是一次西方设计价值观的大混合。

1. 芝加哥学派的设计价值观

在芝加哥学派的设计价值思想中，我们重点分析赖特和沙利文的设计价值观。

赖特是 20 世纪初现代设计的先驱者，是对美国现代建筑的发展产生很大影响的设计家。他是芝加哥学派设计价值思想重要的阐述者和实践者，在《机器的工艺美术运动》一书中，他提倡工艺美术的价值思想，同时又赞美机械。他强调的"有机设计"和"草原住宅"受到年轻一代设计家的推崇，在设计界流行了很长一段时间。赖特对"工艺美术运动"的认识得益于英国设计家阿什比的帮助，阿什比在美国游访时会见了赖特，双方的切磋交流让赖特获得了工艺美术运动的种种设计理念，也使阿什比放弃了对机械生产的偏见，修正了他的价值观。

工艺美术运动对赖特的影响主要体现在"社会平等生活"的价值理想上，但与莫里斯、阿什比的途径不同。莫里斯、阿什比强调通过自由的手工艺个性的发挥来达到这一目标，反对机械化制造；而赖特则把机械、简约、美感结合起来，他向往"民

*图 9-13
赖特设计的制板桌（1903 年），纽约大都会博物馆藏。

主建筑",认为只有机器的参与才能减轻分工带来的乏味,而机械化的产品具有单纯的品质,可以改善生活,创造社会效益,这是赖特设计价值思想中最重要的观点。他的"草原住宅""有机设计"的论点正是在这种价值思想指导下形成的。在工业化、新材料、新技术日益兴盛之时,赖特强调住宅设计的乡村化发展,初看这与阿什比走手工艺乡村化道路十分相似,但他"采用玻璃、混凝土、钢材等简单的现代建筑材料作为主要材料,在设计上采用了宽敞的起居空间,以简单的墙面处理、细节装饰、室内宽大连续的玻璃窗作为墙面,创造一个舒服、方便、宽敞的室内环境"[15]。这是一种完全现代手法的设计,在利用新材料、新技术的同时,又强调与自然的融合、和谐。所谓"有机设计"就是设计空间不是一般单元的组合,而是一个有机体,类似植物、贝壳的自然形态,让设计成为大自然环境中的一个有机部分。设计成为有机物,与自然融为一体,与人的生命融为一体,这是赖特设计的价值观,超越了工艺美术运动的价值思想,是 20 世纪自然生态价值思想的先声。

沙利文是芝加哥学派设计思想的倡导者,他对拉斯金的著作以及工艺美术运动和新艺术运动的思想体会颇深,也是美国工艺美术运动的杰出代表。他在实践工艺美术运动的基础上提出了"设计进化论"的价值思想[16],将生物学的进化论引入建筑设计之中,批判当时流行的模仿、抄袭欧洲设计之风。"设计进化论"强调历史的延续和传承性,更强调新的发展和创造;人类生活在不断进步,设计也没有最终的结局，没有现成的参考，需要设计家不断追求、反复实践，需要一代代人的批判和重建。沙利文"设计进化论"的观点在设计价值论上的贡献是不言而喻的。

"形式追随功能"是沙利文对20世纪设计思想影响最广最深的理论观点，几乎被奉为设计的真理，这是他从19世纪中叶美国雕塑家格林诺斯的思想中提炼而成的[17]。在过去很长一段时期，设计领域要么过于强调审美、艺术的意义，忽视正常的功能作用，巴洛克、洛可可以及新艺术运动都有这种倾向；要么只注重实用性，将审美性降到最低，大部分乡村手工艺和工业化产品都是如此。形式与功能的关系没有得到正确处理。沙利文从设计的本质和目标的角度，确定了设计中形式与功能的关系，将功能放在主导地位，形式作为功能的表达处于次要地位。从理论意义上讲，"形式追随功能"的价值思想结束了几个世纪以来在这个问题上的长期模糊和摇摆不定。值得注意的是，沙利文所说的"功能"与现代主义设计提倡的"功能主义"有着完全不同的内涵：功能主义强调设计物的实用性功能，否定一切与实用无关的装饰审美性；沙利文所说的"功能"则包含了实用、环境、象征、意义等广泛的思想内容[18]，是一种综合性功能的体现。

以上简要介绍了赖特的"有机设计论"和沙利文的"设计进化论""形式追随功能"的价值思想。这是工艺美术运动以来极为重要的设计价值观，是建立在历史发展的设计实践基础之上的，是芝加哥学派对西方设计价值论的重大贡献。

2. 装饰艺术运动的设计价值观

历史的车轮驶进20世纪20年代，相对论、量子力学、工业博览会、商业化、

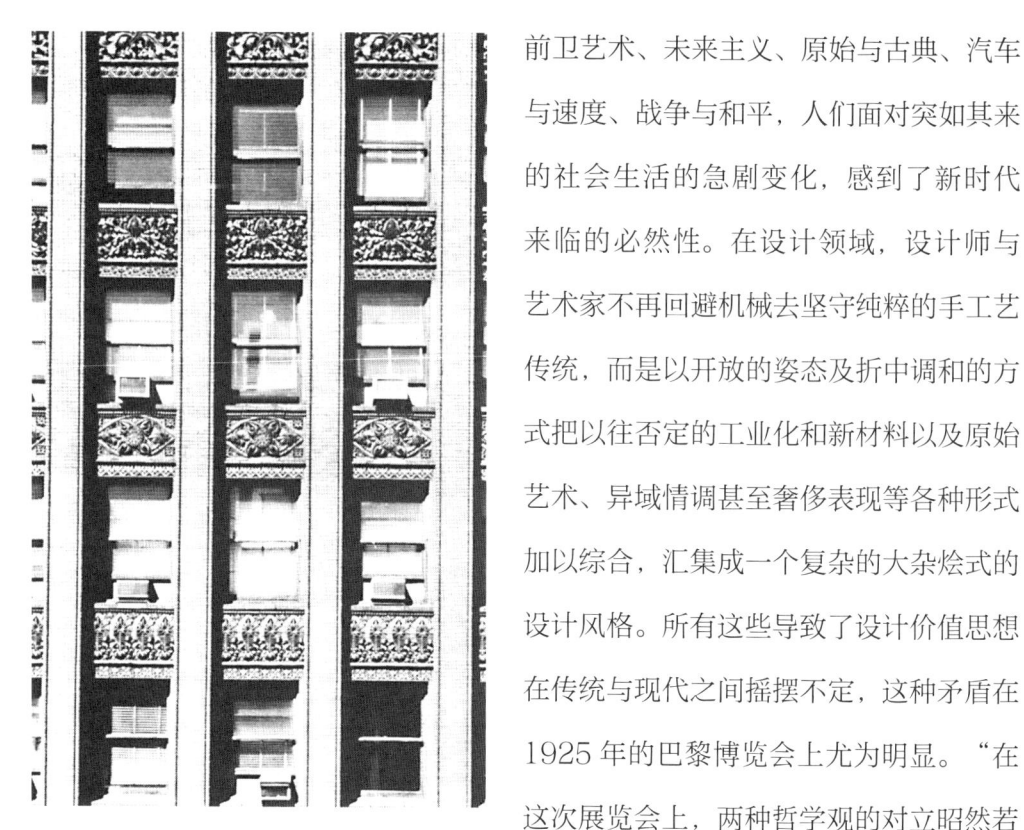

*图 9-14
沙利文设计的温赖特大厦细部（1890 年），美国密苏里州。沙利文所说的"功能"与现代主义设计提倡的"功能主义"有着完全不同的内涵：功能主义强调设计物的实用性功能，否定一切与实用无关的装饰审美性；沙利文所说的"功能"则包含了实用、环境、象征、意义等广泛的思想内容，是一种综合性功能的体现。

前卫艺术、未来主义、原始与古典、汽车与速度、战争与和平，人们面对突如其来的社会生活的急剧变化，感到了新时代来临的必然性。在设计领域，设计师与艺术家不再回避机械去坚守纯粹的手工艺传统，而是以开放的姿态及折中调和的方式把以往否定的工业化和新材料以及原始艺术、异域情调甚至奢侈表现等各种形式加以综合，汇集成一个复杂的大杂烩式的设计风格。所有这些导致了设计价值思想在传统与现代之间摇摆不定，这种矛盾在 1925 年的巴黎博览会上尤为明显。"在这次展览会上，两种哲学观的对立昭然若揭，一种是这位青年建筑师（柯布西耶）所代表的哲学观，另一种则是一直在激励着主要装饰派艺术家的哲学观。"[19] 而在具体的设计实践上，一件装饰艺术作品往往把手工艺、机械化或原始性、现代性等价值决定因素综合起来，将截然对立的东西拉在一起，因此而构成了装饰艺术运动折中调和的价值思想。

下面我们分别论述装饰艺术运动各种复杂因素的价值取向的不同形式。

手工艺与机械化并存的价值取向。装饰艺术运动的设计家们在选择机械与保留手工艺之间处于一个两难的境地：机械大生产带来了产品的简约几何形式，而重复的相同性又使艺术个性化的特点完全丧失。这里就出现了一个问题：谁来赋予产品一种艺术个性？当时的设计家和一些理论家们认为，机械大生产可以作为功能性、规范性和形式性的基础，在生产成本上是道德标准的媒介，而形式的审美与艺术个性必须由手工艺制作方能区别，手艺才是创作装饰语汇的灵感来源。对于这种认识，柯布西耶坚决反对，他的"新精神"是赞美机械，认为"装饰和点缀只会弱化和模糊这种潜在的机械选择过程的尽善尽美"[20]。对于柯布西耶的"新精神"，装饰艺术家协会却不以为然，他们推崇专为有钱阶层服务的富有艺术表现力的奢侈品作为设计的模式，这一模式就是手工艺加机械化。后来评论家分析了全盘机械化不能被接受的原因：这些为工业生产所制造的家具模型，由于其质朴的表面和装饰的缺失，与物质主义之间的联系变得不那么紧密；相反，其审美风格反映了一种更为高效、充实的生活节奏，因此并没能引起制造商和普通消费者的兴趣[21]。而手工艺与机械化的并存，既解决了设计实践的生产方式、市场消费、艺术形式中的种种矛盾，也解决了设计价值论在价值决定上的争端。手工艺与机械化并存的设计价值取向，实际上是一种折中价值论。

原始性与现代性并存的价值取向。20世纪初，来自非洲、南美洲、太平洋诸岛原始部落的艺术不断地在巴黎展出，引起社会各界的关注和欢迎。原始艺术中的舞蹈、雕刻、工艺品散发出一种质朴、狂野、率真、本真的气息，给艺术家和设计家以极大的启发。同时，考古发掘也发现了小亚细亚、克里特岛和埃及古代的艺术珍宝，其神秘的原始宗教气氛、高度的装饰意味、简洁的造型形态，让人们赞叹不已。

但是，艺术家与装饰设计家们明白，推崇这些原始性艺术不等于完全模仿，赋予这种原始性艺术以现代性成为艺术家和设计家探索的目标。20世纪20年代的巴黎，各种艺术形式都在实验现代性：未来主义将机械美作为速度的象征，超现实主义将不同时空的事物融为一体，立体主义拼贴出一种事物内在的结构。装饰艺术家们也将设计重心移到速度的表现、时空的错位和物的结构呈现上，而原始性艺术也有助于这种对于设计的现代性的探索，两者的并存结合决定了这一时期的设计价值取向。就像上述手工艺与机械化的并存决定设计价值一样，不渗入原始性的现代设计无法在商业上、趣味上获得认同，前者为商业价值，后者则是人们情趣精神的一种满足。如果再深入一步观察的话，原始艺术中如珠宝、贵金属等昂贵材料也被移用到设计中，增加了成本因素，但其结果仅仅是提升了商业价值。从设计所产生的效应看，这是为极少数社会阶层服务的奢侈性表现，是一种负价值，也是几个世纪以来欧洲洛可可、维多利亚设计之风的回光返照。

异域化与时尚化并存的价值取向。刚刚经历过第一次世界大战的欧洲市民，提出了"为今日而活"的生活哲学，年轻人追求时尚，纵情享乐，好莱坞电影、美国爵士乐、俄国芭蕾舞、日本装饰风、中国古典工艺等异域情调的艺术给年轻人带来了强烈的刺激，生活的快节奏恰似飞奔的列车，将传统的社会道德价值观念抛弃在后面。人们及时行乐，讲究时髦，崇拜偶像，设计以追求"时尚""轻快""活力"

* 图 9-15
拉利克设计的玻璃台灯（1925年）。原始艺术中的舞蹈、雕刻、工艺品散发出一种质朴、狂野、率真、本真的气息，给艺术家和设计家以极大的启发。

为价值取向，服装、首饰、室内家具、海报、书籍均按时尚世界的周期性来设计，好莱坞、芭蕾舞、中国风等外来文化也不断地刺激着设计师的设计思路。异域情调与时尚化两者的结合并存使设计变得越发"时髦""美观"。虽然异域化和时尚化都是瞬间而过的时髦，但如此短促的快餐式文化竟然引起了艺术家和设计家们的浓厚兴趣，将之视作设计价值的基础。为什么进入现代社会的人们在科技力量增强的同时，其精神状态却变得如此萎靡？商业化的消费社会鼓励人们享受、崇拜流行，任何超越现世的精神价值不可能在这时产生，个人主义的张扬、物质生活的丰盛、人生的短暂，所有这一切瓦解了社会理想和设计价值存在的基础。人们只能跟着感觉走，从而导致真正的设计价值的失落。

* 图 9-16
装饰艺术风格，克莱斯勒大厦。

装饰艺术运动的折中调和、追求时尚的价值取向，虽然一度被后现代主义作为设计的示范，但是人们清楚，这种折中调和是一种过渡时期必然的无奈选择；它并不是设计主体人的能动性的探索和创造，它的积极意义是肯定了工业化的机械生产，肯定了设计的现代性，而其追求昂贵材质所带来的奢侈性、追求时髦时尚所带来的享乐消费观，则是消极的。

3. 北欧有机功能主义的设计价值观

20世纪初，北欧各国工业化程度低，阶级贫富差异大，王公贵族喜好"追赶他国"。如斯德哥尔摩的市政建筑设计模仿流行的新古典主义风格，而并非欧洲个性。但频繁发展的工艺美术运动、新艺术运动和历届博览会的举办，让北欧人看到了明显的差距。为了提升工业制品的质量、扩大出口额，瑞典于1845年成立了工艺工业设计协会，芬兰于1879年成立了工艺设计协会，丹麦于1907年成立了艺术工艺工业设计协会，挪威也成立了艺术工艺工业设计协会，新艺术运动开始在北欧产生了广泛的影响。但北欧特有的地理、文化传统，使得设计家并没有完全仿照新艺术风格，而是在此基础上与功能主义思潮相结合，渐渐地形成了北欧特色的设计风格。独特的设计价值思想也在其中形成并成熟起来。

* 图 9-17
装饰艺术海报，纽约世界博览会。装饰艺术家们将设计重心移到速度和光的表现、时空的错位和物的结构呈现上。

在设计实践上，20世纪30年代由瑞典工艺工业协会主办的"斯德哥尔摩博览会"，倡导"能使用的才是美"的设计理念，这与瑞典社会民主主义政党所制定的国家发展指标同步。于是，面向工人阶级的居住区大量增加，倾向民众生活的设计不断涌现。北欧各国在民主意识层面上的社会价值观开始萌芽，具有民主意识的设计功能主义思想已深入北欧诸国的设计之中。雅各布森在1929年设计的《未来之家》、阿斯普朗德为斯德哥尔摩博览会设计的展馆都反映了功能主义的价值思想。随着社会经济的发展，在设计立足于功能作用思想的指导下，斯堪的纳维亚地区的自然气候、设计与文化传统、生活习惯以及人们的生活心理也不断地渗透到设计的观念之中，一种"有机功能主义"的设计价值观从自然材料的实践和功能主义思想中脱颖而出，具有这一价值思想最典型的代表人物就是阿尔瓦·阿尔托。

阿尔瓦·阿尔托是芬兰人，国际著名的建筑设计大师，他将设计的有机形态与功能主义相结合，形成了北欧特有的"有机功能主义"设计价值思想，这一思想也是现代主义设计重要的价值内容之一。阿尔托认为："建筑师的任务是给予结构以生命。"[22] 设计要获得生命，就是要自然地、人性地、真实地、感性地表达设计意图，让设计具有流畅的、有机的形态。这一点也许来自他所推崇的比利时设计家凡·德·威尔德，威尔德设计作品的自然主义风格、地域性特点和木结构合理统一的手工艺设计对阿尔托产生了较大影响。阿尔瓦·阿尔托的有机功能主义是由信息理论、表现理论和人文风格三个方面组合而成的[23]，实际上这三个方面体现出的正是阿尔托设计价值的取向。

首先是信息理论。他把设计存在看作一种信号："信号实质上具有一种信息内容，这种信息内容是具有潜在的选择性的，信号是基于接受信号者的怀疑之上提供选择的，信号在选择之中产生选择和歧视的力量。"[24] 这正是价值哲学的重要内容。客体向主体人显现出某种意义的可能性，人则需要去调动它；因为客体意义的可能性只是潜在的，只有被接受、被刺激时，才能发生效应，价值才能体现出来。阿尔

* 图 9-18
阿尔瓦·阿尔托设计的芬兰大厦(1971年)。

* 图 9-19
阿尔瓦·阿尔托设计的 X 椅子(1954年)。将设计的有机形态与功能主义相结合，形成了北欧特有的"有机功能主义"设计价值思想。

托的"信号论"强调了设计价值的主客体效应，设计信号是客观存在的，选择或歧视是主观的反应，设计只有符合人的需要，才具有"使用"和"人"的意义。他倾向区域性、自然性、有机性设计的思想就是由这一信息理论指导的。其次是表现理论。阿尔托的表现理论并非表现主义，而是注重艺术个性的表现。他在设计中的艺术个性和人情味来自对手工艺特征的长期观察和训练。他曾对自然材料的纹理、砖瓦的色彩做过详细的研究，通过现代技术将材质弯曲成自然有机形式是他最典型的设计特征，个性的、亲切的、民主的、大众的、合用的、标准的特点成为斯堪的纳维亚独有的风格。表现理论正是以此作为价值目标的。第三是人文风格。这是最具价值意义的理论思想，阿尔托的设计价值取向就是人文性取向。他强调人的个性心理："事实上直到现在，我们对这种心理学要求的关注仍然很不够。一旦我们将心理需求也考虑进去了，或者，让我们这样来讲，当我们能够这样做的时候，我们就可以将理性的方法拓展到比以往更深更广的程度，且排除了出现非人性化结果的潜在可能。"[25] 如果仅仅是功能主义，还不足以表明人文性，因为单纯的使用功能只能说明物的实用价值，而无法显示出个性、地域、文化与自然特征。将个性心理注入功能主义设计，人性化、人情味就作为功能设计的内涵呈现出来，设计也就被"人文化"了。"有机功能主义"正是因为体现出人文风格而成为 20 世纪重要的设计价值之一。

* 图 9-20
威格纳设计的中国椅（1943 年）。

北欧特有的设计价值观源于 18 世纪陶器、玻璃器的设计生产，丰富的森林资源孕育了大量手工艺行会。到 20 世纪 30 年代，北欧一改过去的传统，广泛吸纳新艺术运动和工业化设计思想，"成功地实现了个性、手工艺传统、标准化工业大生产以及社会变革之间的平衡"[26]，体现出将设计、技术、工艺和社会责任相融合的"有机功能主义"价值思想，从而为北欧设计赢得了国际地位。同时，"有机功能主义"并非固定不变，而是不断地发展、丰富其价值内涵。如瑞典设计师马松在 1934 年根据测量的人体数据和人的活动研究来设计更符合人需求的舒适标准的椅子；丹麦设计师克林特于 1930 年对餐具的平均尺寸进行测量研究，设计出有效满足贮藏的餐具柜，并将这种方式延伸到折叠、摞置的椅子设计之中，以满足普通民众和公共场所的需要[27]。

第三节 现代主义与包豪斯的设计价值观

在经历了工艺美术运动、新艺术运动和装饰艺术运动设计价值思想的演变之后，一种新的设计价值思想彻底更新了此前三次设计运动的价值观。正如彭尼·斯帕克在谈到设计的现代主义时所说:"从机械到简单的几何形式,这种哲学上的跃变是由现代运动中的领衔主角们所创造的。它是一种信仰上的而非事实上的跃变,尽管如此,它仍然不仅在理论上而且在实践中显示了机械美学的全部面貌。"[28]全新的设计价值观也是由几位杰出的设计家所倡导的,他们以工业化大生产和社会生活实践为依据,建立起一种企图解决所有设计问题和社会问题的具有普遍意义的价值哲学思想,对设计以及设计教育进行了大量实验,以求新价值的实现。

1. 柯布西耶的设计价值观

勒·柯布西耶是现代设计的先驱者。他不仅是一位伟大的建筑师,也是一位杰出的设计理论家,他的设计价值思想表现在他的设计理论和大量建筑实践中。柯布西耶曾经说过:"我探索一种体系,希望有一天能让所有穷苦和诚实的人们在美好的住宅中生活。"[29]他欢呼工业时代的到来,在《走向新建筑》中说:"工业创造了新工具……这些工具完全能够增加人类的幸福。"[30]由此,柯布西耶透露出他设计的目的,不在住宅设计本身、工业化的目的,也不在创造了"新工具",而在于"在美好的住宅中生活""增加人类的幸福"。换言之,柯布西耶设计的价值目标是"生活"与"幸福"。他找到了设计的终极目标,这也意味着他必然对于过去的设计传统十分不满,包括对"哥特式"以来几个世纪的装饰的传统,尤其是如火如荼的"装饰艺术运动"的不满。他说:"装饰艺术就像是据说要淹死的人在暴风雨中去抓的稻草一样,那是个毫无用处的避难所。"[31]因此,可以这样说,柯布西耶的思想其实就是彻底地否定设计的装饰因素,彻底地反对传统的审美价值观;而其意愿是重建另一种新的机械审美观。他心仪的设计价值目标"人类生活幸福"的达成,是以工业化和机械美为基础,创造一种设计的"新精神"与装饰艺术运动相抗衡。他的设计价值思想的最大宗旨是超越设计装饰与工业新工具，直接抵达设计事物的价值作用目标。

柯布西耶强调的价值目标在他的设计思想中表现在两个方面：一是"房子就是住人的机器"，另一个是"模数观念"。关于房子是居住机器的思想在《走向新建筑》"大量生产的房子"一节中有较为深入的解释："如果能从你心目中把你对房子的顽固观点连根拔掉，而从另一个客观的角度与批判的态度去看问题，你就不可避免地会走到'房子工具'和大规模生产的概念上来，而且将来的房子人人住得起，比老的房子健康得多，和我们现在所习惯使用的工具有同等美好的意义。"[32] 有人否定"房子是居住机器"是因为将房子作为居住的目的而造成的误解，没有看到柯布西耶的思想中，成批生产房子所带来的人们生活居住"健康""美好的意义"的价值，没有看到机器所带来的是"一种道德上的含义"。也有人认为这是"乌托邦"的空想，而实际上，柯布西耶为中低收入人群设计的住宅——如1923年福胡让"小工人"住宅区和1924年在佩萨克的蒙泰伊设计的150幢住宅——不仅沿用至今，还被列入世界文化遗产加以保护[33]。"模数"是他在建筑设计形式上的探索，他企图在设计中寻找一种合理的数据，最终他将人体比例作为模数关系应用在设计之中。这些几何的形式关系像是人类生物形式的一部分，也更像是人类文化

* 图 9-21
柯布西耶设计的新精神馆（1925年）。柯布西耶设计价值思想的产生标志着一个认识工业化、欣赏机械美的现代主义设计新时代的到来。

的一部分；把人作为设计形式的基本的"元形式"，但并非方圆几何的造型元素，而是构成现代设计人与物基本关系的形式。因此，柯布西耶强调的人体模数不只是几何秩序，还具有人文的、人性的特征[34]。从价值论角度看，"模数"不是价值，但他的"模数观念"是为人创造的，具有能够产生人与物、人与环境和谐、紧密相联的设计价值效应的作用。正如他自己所说："一个模数赋予我们衡量与统一的能力。"[35] 柯布西耶作为一位设计大师，著述颇多，理论思想十分丰富。他制定的现代建筑设计的6项原则几乎成为现代主义设计的经典。我们这里仅考察了与设计价值相关的主要思想内容，他在设计价值史上的开创性与创新性是毋庸置疑的。当装饰艺术运动的装饰性被广为称赞时，他的批判装饰性以"新精神"展示了现代设计的价值前景；当大多数艺术家、设计家放弃偏见、承认机械时，他提出了新的"机械美学"的价值思想；当人们把成批生产房子作为设计目的时，他看到了民众生活"健康美好"的价值意义；当设计家都在摸索大工业生产下设计的形式规律时，他将人以"模数"关系的方式来呈现，表达人与物的和谐价值理念。柯布西耶探索的脚步没有停止，当大家遵循他所制定的现代主义设计原则广泛实践时，他设计的朗香教堂又表现出另一种"精神"价值原则。总之，柯布西耶走在了同时代人的前列，他的价值思想也是超越时代不断发展的。

* 图 9-22
格罗皮乌斯（摄于1922年）。他的思想与实践的矛盾实际上来自社会物质与精神的矛盾、技术与艺术的矛盾、社会与生活的矛盾。而他能够综合各种价值思想，深思熟虑地将其凝聚起来指导现代设计实践以及现代设计教育，并企图解决这些矛盾。

柯布西耶设计价值思想的产生标志着一个认识工业化、欣赏机械美的现代主义设计新时代的到来。

2. 格罗皮乌斯的设计价值观

沃尔特·格罗皮乌斯是现代主义设计运动的倡导者，是20世纪最具设计改革精神的包豪斯学院的创始人。他早期的设计价值思想与他的早期设计实验有着矛盾的双重性。在设计实验中，他突破传统的设计形式，运用新材料新技术，探索出一种功能性的现代设计形式。在价值思想上，他遵循拉斯金、莫里斯、费尔德的手工艺价值观，提出创造集建筑、雕塑、绘画为一体的"新手艺"的价值思想。在实践世界和价值思想的双重矛盾中，他苦苦挣扎、积极探索，在自己的设计实践中，广泛吸收奥尔布里奈、贝伦斯和穆特修斯所具有的现代意义的大工业生产经验，标准化的设计思想结合现代工业化的实际，产生了"技术与艺术新统一"的价值思想。无论是"新手艺"还是"新统一"，格罗皮乌斯的价值思想均来自工业革命以来的各种有创见的设计价值观。他的思想与实践的矛盾实际上来自社会物质与精神的矛盾、技术与艺术的矛盾、社会与生活的矛盾。而他能够综合各种价值思想，并深思熟虑地将其凝聚起来指导现代设计

* 图9-23
《包豪斯宣言》（1919年）。这份宣言不是一份组织纲领，而是一种价值思想的宣扬。

* 图9-24a
罗尔设计的校徽（1919年）。复杂的装饰艺术形式。

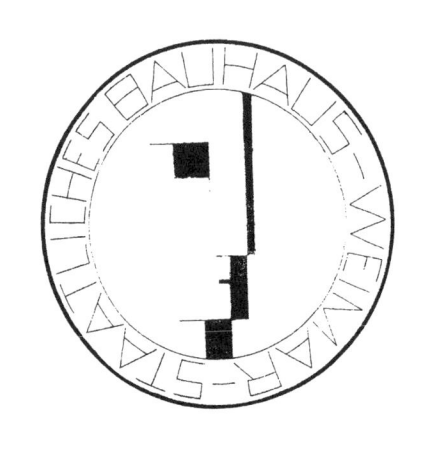

*图 9-24b
施莱默设计的校徽（1922年）。简洁的机械几何形式。

*图 9-25
包豪斯新校舍体现了"技术与艺术新统一"的价值思想。

实践以及现代设计教育，并企图解决这些矛盾。无论从哪个方面看，他对现代主义设计运动的推进作用是任何人都无法替代的。

格罗皮乌斯早期"手工艺"价值思想体现在他撰写的《包豪斯宣言》中，这份宣言不是一份组织纲领，而是一种价值思想的宣扬。格罗皮乌斯写道："对手艺的熟练是每个艺术家必不可少的，这是隐藏着创造性想象力的主要源泉。"[36] 他首先认为艺术家、设计家的成功取决于"手艺"的培养，"手艺"就是价值。在设计艺术上，没有艺术家、设计家、建筑师，只有手艺人，所有从事设计工作的人只有"受彻底的手艺训练""从手工技艺发展有机的造型"[37] 才能避免僵化，创造出符合生活实际的产品。他的这种观点实际上是拉斯金、莫里斯手工艺运动价值思想的延续和发展，所不同的是，格罗皮乌斯认为手艺的价值在于"创造性想象力"的培养，而不仅是"个性"的呈现。同时，只有"通过所有工艺技师们自觉的共同努力，社会生活、艺术精神才能得到真正的解救"。因此，1919年他在莱比锡的演讲中仍然在否定机器崇拜[38]。在1923年之前，包豪斯没有使用过机械工艺[39]。格罗皮乌斯"技术与艺术新统一"

的价值思想并没有在《包豪斯宣言》中出现，其真正确立是在 1923 年，这一年夏天举办了包豪斯第一次展览会，格罗皮乌斯将展览命名为"技术与艺术——一种新的统一"。他在专题讲座中也明确了"技术与艺术新统一"的价值思想，以前那种手工艺价值被替代了。这种价值转变首先在设计中体现出来，由施莱默设计的简洁的机械几何形式的包豪斯新校徽替换了原来由罗尔设计的复杂的装饰艺术形式的校徽[40]。这一极小的校徽更换事件却体现了格罗皮乌斯新的价值取向：他要抛弃手艺、浪漫与幻想，沿着社会工业化的实际现实向前发展。促使格罗皮乌斯的价值观发生改变的原因主要有以下几个方面：一是德国经济正面临通货膨胀的巨大压力，工业生产的重心正朝着大众化产品的趋势发展；二是美国福特公司的流水线生产实现了普通人的梦想，廉价并且优质的产品成为可能；三是荷兰风格派创始人杜格斯堡对包豪斯并未创造出切实成果的批评[41]。格罗皮乌斯终于在现实中醒悟过来，他在 1923 年初致大师们的备忘录中说："我们希望打击那种艺术上的自以为是，它空前地盛行着。"[42] 否定"手艺"从打击过度的艺术追求开始，而他本人则在学校迁到迪索后，以他的"新统一"的价值思想设计了包豪斯新校舍，这几乎就是包豪斯的新宣言，是技术、艺术、社会、功能、审美的统一体。在随后撰写的《德绍的包豪斯——包豪斯的生产原理》一文中，格罗皮乌斯说："只有不断地接触先进的技术，接触多种多样的新材料，接触新的建筑方法，个人在进行创作的时候才有可能在物品与历史之间建立起真实的联系，并且从中形成对待设计的一种全新的态度，比如坚决接受这个充斥着机器和交通工具的生活环境。遵循物品的自身法则，遵循时代的特质，进行有机的设计，避免罗曼蒂克的美化与机巧……为一切日常用品创造出标准类型，这是社会的必要需求。"[43] 由此可见，这是"新统一"价值思想真正的完整的表达。

晚年的格罗皮乌斯仍坚持"新统一"的价值思想，他在 1947 年发表的《有一种设计科学吗？》一文中说："设计一座大型建筑或设计一把简单椅子的过程，其区别只是在程度上，而不是在原则上。"[44] 从设计的角度讲，艺术与技术的结合是任何设计永恒不变的法则，这说明格罗皮乌斯把"技术与艺术的统一"作为一项原则，而不仅仅是方法。方法是可以选择的，而原则就是法则，是必须遵守的。

"技术与艺术的新统一"既有认识的关系，又有价值的关系。认识是对科学和艺术的追求，价值是对意义和效益的追求，这两个基本的方面是密切相关、互为补充的。工业技术在人们的正确认识下，能够创造出很高的价值。这意味着"工业技术是有用的"，但其并非价值，其价值的实现还依赖于主体的要求和选择。工业革命以来大部分设计家都没看到这一点，因为工业技术不能取代人的情感和人的价值需求。"仅凭知识与技巧并不能给人类生活带来幸福和尊严。"[45] 人不能完全在工业技术严格的机械规律中生活，这正是人们反对机械化的原因所在；人还需要艺术的熏陶、情感的滋养以及道德的约束，来充实自己的生活。因此，设计作为服务人类社会的一种手段，我们绝不能使工业技术与艺术相互分离，而应将二者完美融合，基于对客观事物规律的深刻认识，创造出更多价值；如此，技术与艺术才能在人们的社会生活实践中实现真正的统一。格罗皮乌斯"技术与艺术新统一"的价值理论，充分地证明了这一点。当然，格罗皮乌斯的设计价值观远不止这些，他关于功能形式的思考以及设计教育方面的价值思想，我们将在下面做进一步的介绍与分析。

3. 包豪斯与现代设计教育价值观

包豪斯诞生至今已有近百年历史，它高度理性化的现代主义设计思想和现代设计教育体系影响深远，许多设计家、理论家纷纷对其进行归纳和阐述，大致可分为以下几点：（1）功能主义的设计原则；（2）设计的目的是创建一个和谐的新社会；（3）设计是工艺技术与艺术的新统一；（4）设计要遵循自然和客观规律；（5）设计教育与实践相结合的现实意义。与此同时，也有许多批评包豪斯的声音，其中最强烈的批评是缺乏"人情味"，这是从价值批判的角度所做的批判。下面，我们就来评价包豪斯现代设计教育的价值思想。

功能主义是否为设计的价值观？"功能"作为物的实用性，属于功利的实用价值范畴，但古代社会的哲人思想家都把它看作具有改造社会的价值作用，苏格拉底、墨子、韩非子对此都有哲学思想的阐述。包豪斯的功能主义虽不同于2000多年前关于工艺功用的观点，但其改造设计、改变社会的价值思想却与古代哲学家的思想一致。格罗皮乌斯说："一件物品的性质是由它的功能决定的。一个容器、一把椅子、一幢住宅，要想让其功能发挥得当，就必须先去研究它的本性，因为必须充分满足它的使用目的。换句话说，它必须要有实际的功能，必须廉价、耐用而且'美丽'。"[46] 这段话并没有直接谈到功能的社会价值，但"发挥得当""满足使用"都涉及人和价值。他在后面的文字中说，研究物品的功能性质，运用现代技术手段"才能创造出好的形式，这些形式与现有的模式完全不同"，表现出功能化与形式相结合产生了一种新的审美形式，而且现代主义设计彻底更新了以前那种庸俗奢侈装饰的设计风格。过于强调功能、强调形式虽然可疑，但在当时的价值作用是十分明显的。

关于设计的目的，《包豪斯宣言》开篇第一句话是："一切创造活动的终极目标就是建筑。"物是创造的目的，这不符合价值原理。但是，包豪斯的价值思想是集体智慧的体现，也是不断发展的。迪索时期，夏德利克说："工业品的设计，要建立在生产的统一化、标准化和合理化上，它不以牟利为目的，而为人民的利益服务，帮助人民改善生活。"[47] 1928年，梅耶任校长，他更明确地说，包豪斯"不是一个美学现象，它的工作目的是创造一个和谐的新社会"[48]。夏德利克和梅耶从社会学角度确立了包豪斯设计及其教育的总目标。虽然梅耶因设计社会学角度的信念和政治倾向而被迫辞职，但他的设计创造和谐新社会的价值理论是包豪斯设计思想中最具价值意义的理论思想，也是他对包豪斯作出的最大贡献。

"技术与艺术新统一"的价值意义在前面已有论述，不再赘言。对于设计要遵循自然和客观规律的思想，主要体现在包豪斯的基础教学中。艾尔伯斯的初步基础课要求学生质疑已知的全部知识；康定斯基、克里和伊顿的基础课强调"自然的分析和研究""自然现象的分析"与"自然物体练习"，完全从自然入手，结合工业生产进一步训练。马克斯·比尔回忆说："由威廉·奥斯瓦尔德讲授色彩课，他的理论原则是以科学为基础的，而他的反对者却认为他的理论在心理学上站不住脚，这在他们之间激起了一场如同宗教战争一般的争执。"[49] 发生争执的原因不仅仅在于心理学不支持该理论，还在于这种对于自然和客观规律的研究在设计上是否具有价值。否定者认为这是"空洞的处方""包豪斯时尚""形式主义的发热"[50]；而赞成者则认为"训练有素"，"对形式设计与机械设计的元素及其构成法则都了如指掌"，这就"提供了生长发展的新机遇"[51]。这种对自然与客观规律的掌握是包豪斯全新的基础训练，无疑具有积极的意义，体现出包豪斯设计教育最具特色的价值思想。

包豪斯最著名的设计教育方式是训练学徒式的实验室工作制。在 1923 年包豪斯的一次会议记录中，有这样一段话："康定斯基问：为什么要训练学徒？格罗皮乌斯回答：基本的出发点是防止出现玩票习气。要训练出学徒和熟练工人。"[52]包豪斯最初并不称"教授"与"学生"，而是称"师父"与"徒弟"。常常为了制作一套咖啡具或茶具在实验室里展开一场讨论——如世界上哪些地方的人会用哪些方法泡茶或煮咖啡，来了解制作对象的功能。包豪斯的大部分产品几乎都是在实验室中完成的。最初是个人的实验，之后是工作小组的协作，"组成了'垂直方向'的工作团队，共同来处理那些真实的业务。在这些'垂直团队'里，不同年资的学生们同心协力，老学生带新学生，在大师的专业指导下进一步发展他们的设计……"[53]。教育与实验相结合是由实践劳动到价值，体现了设计教育与价值之间实践联系的过程；在这个过程中，学习的知识要经过实验中质与量的检验，最后才形成为实际的生活价值。针对我国当前设计教育的空洞化、概念化，理论与实践的严重脱节，包豪斯为我们提供了一个极佳的典范。包豪斯是中国设计教育的一盏明灯。

* 图 9-26
咖啡壶设计(1923 年)。为了制作一套咖啡具或茶具在实验室里展开一场讨论——如世界上哪些地方的人会用哪些方法泡茶或煮咖啡，来了解制作对象的功能。包豪斯的大部分产品几乎都是在实验室中完成的。

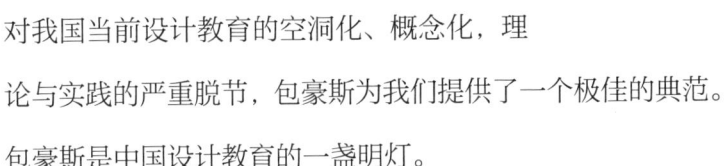

最后，需要指出的是，任何一个设计运动的设计价值思想都不可能是永恒的，包豪斯也不例外。上述五种主要价值

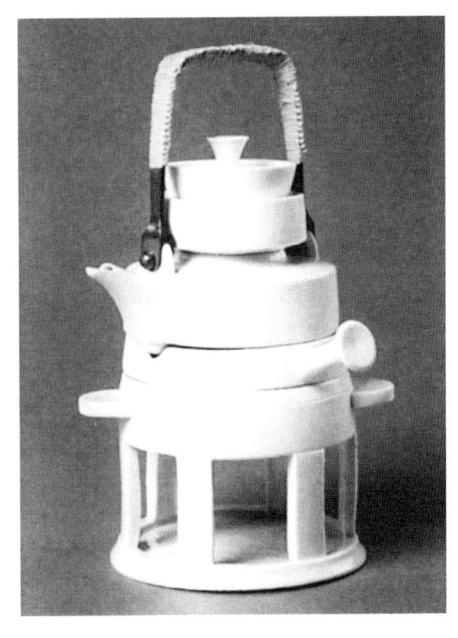

观在当时和二战后的设计实践、设计教育和社会生活中都产生了巨大的价值效应。现在人们批评包豪斯的设计没有装饰、单调、缺乏人性，这些当然与价值观有直接的关系，但我们认为可以从两个方面考虑。首先，包豪斯的时代是机器大工业时代，设计实践中更多凝结着工业生产的标准化、统一化和普适性的设计活动，个性化、特殊化、有针对性的设计活动并不占主导地位。包豪斯的几何形式是抽象的。抽象也就意味着舍象，去除那些外在装饰以便更好地适应工业化生产和廉价的实用制造，这是现代主义设计理论的逻辑。但是装饰不能仅仅理解为外在的纹饰，包豪斯设计结构中处处包含有装饰性的意味，构成了独有的工业审美性。其次，随着社会经济生活的发展，特别是进入信息化时代，以前设计活动中不被重视的个性化、独特性，现在却逐渐上升为主导地位，设计实践的统一化、普适性被个性化、独特性所替代，包豪斯设计中的一些问题就凸显了出来。这也充分说明了价值是主客观关系的效应这一价值规律的正确性，人们的价值批判标准一定由社会生活实践诸要素决定并受其制约。另外，人性也是具有社会历史性的，没有永恒不变的人性。包豪斯时期为普通民众设计廉价又好用的产品，也是人性化的一种表现；因此，当把人性与设计价值相关联时，一定要考虑具体的历史条件。

第四节　后现代主义的设计价值观

20世纪70—90年代是工业化社会向后工业化社会（信息化社会）过渡的时期，一种基于信息的"知识技术"与科学技术同时兴盛起来，改变了工业化社会那种以人和机器为中心的制造加工"有形的商品"来对抗自然的方式。在设计领域，现代主义设计价值观发生了动摇，从现代主义设计运动中演变而成的国际主义风行一时，在"少就是多"的理论推进下，设计日趋单调，人性化进一步消退，功能性、民主性也失去了价值效应,从而使社会、生活矛盾日益尖锐。这时,一场批判现代主义"形式创造",强调"模糊化""多元化""历史性""人性化"的后现代主义设计思潮骤然兴起。在这种情况下,需要一种新的设计价值理论来助其攻势或为其辩护。后现代主义设计价值思想正是在这样的背景下,批判并吸收了新旧设计价值思想而建立起来的一个以折中主义为特点的设计价值理论,这是西方设计史上又一次价值理论的大混合。

1. 文丘里在批判中构建的设计价值观

文丘里被誉为后现代主义设计的奠基者之一,他的设计价值观,一方面来自对现代主义设计的批判,另一方面来自战后日益发展的设计实践活动。他把批判的矛头对准现代主义设计的单一乏味,针锋相对地以"少就是烦"否定米斯的"少就是多",认为设计在外观上应该是"装饰的门面,而不是鸭子",鸭子冷漠、刻板、无时代性。在设计实践中,他强调形式的模糊性、复杂性和丰富性,以"杂乱而有活力"来替代设计的单调、刻板;从而在历史、传统、设计语言、形式与符号、戏谑与通俗等方面对设计定义进行重新调整,构建起后现代主义的折中价值理论。

文丘里的《建筑的复杂性和矛盾性》这本最早的后现代著作写于 1965 年,他在书中提出了建筑设计当前存在的三种矛盾。第一种是现代主义设计的纯粹性和当代设计的多元性的矛盾,第二种是现代主义设计的直接性和当代设计的隐喻性的矛盾,第三种是现代主义设计的清晰性和当代设计的模糊性的矛盾。他批评现代主义设计片面强调功能与工业技术的作用,忽视了设计在真实生活中所包含的矛盾性和复杂性。他说:"我爱建筑的复杂和矛盾……我说的这一复杂和矛盾的建筑是以包括艺术固有的经验在内的丰富而不是现代经验为基础的。"对文丘里来说，现代主义设计偏重物质、经济的追求是"物性膨胀、人性消失"的主要原因。在他的心目中，历史、文化、传统、符号、装饰才是设计的重要因素。"杂乱而有活力胜过明显的统一。"他认为简单化不足以适应当代生活的复杂性，要以多元抗击纯粹、隐喻对抗直接、模糊掩盖清晰。文丘里的《母亲住宅》正是这种模棱两可的设计实践，充分体现出他多元含混、兼容并蓄、对立统一的折中主义价值观念。

在《建筑的复杂性和矛盾性》中，他对当时人们蔑视并谴责的景观和设计做出了评介："日常景观和日常环境也许是粗俗的和被人们所蔑视的，然而，我们却能从中引出它们的复杂性和矛盾性……又是合乎情理的。"而拉斯维加斯比较典型地反映了这种景观和设计。于是，文丘里与司各特·布朗、斯蒂文·依泽诺在1972年撰写了《向拉斯维加斯学习》一文，进一步阐述了他的折中主义价值思想。拉斯维加斯的城市景观在霓虹灯文化和赌城艳俗文化的作用下呈现出光怪陆离、虚无缥缈的面貌，这种荒诞、丑陋、丰富、花哨正是文丘里所需要的价值所在，因为：（1）各种风格的杂陈变幻可以促进设计的多元化发展；（2）审美上的通俗符合人们的视觉心理需求；（3）设计的现实、结构的多核、娱乐的一体促进了人们生活的多样性；（4）丰富的语境、

* 图 9-27
拉斯维加斯夜景。拉斯维加斯的城市景观在霓虹灯文化和赌城艳俗文化的作用下呈现出光怪陆离、虚无缥缈的面貌，这种荒诞、丑陋、丰富、花哨正是文丘里所需要的价值所在。

词汇和隐喻手法，让设计变得富有情趣和活力。它合乎生活现实，符合人们的通俗心理；它的杂乱无章、畸形布局成为对抗现代主义设计整齐划一的样板。

文丘里的第三篇著述是 1985 年与布朗合写的《"坎皮达格里奥"观点》，至此，文丘里的折中主义价值思想真正确立。他的价值理论是诸如"历史文脉论""多元论""装饰外壳""符号论""娱乐论"等价值观的大杂烩。他以多元论为主体，用历史文脉、装饰外壳、符号和娱乐分别说明其作用价值，认为历史性可以接续被现代主义割断的设计文脉，装饰性可以为冷漠的设计增加温暖和人性，符号则决定设计的隐喻而不会直接地表达，娱乐性会让人们感受到设计的情趣和使用的快乐。而所有这些看上去似乎颠覆了现代主义设计的价值观，但实际上只能是一个包容性的折中的价值观。表面上看文丘里的后现代主义价值观具有很强的排他性，"宁可曲折而不要直率，宁要含糊而不要分明"，"宁要一般而不要造作"，"宁要丰富而不要简单，宁要不成熟但有创新，宁要不一致和不肯定也不要直截了当"。而实际上正如他自己所言："要兼容而不排斥。"他对历史、装饰、娱乐、符号的热衷，给设计贴上各式各样的标签。他颠覆了现代主义设计一元论价值取向，却并没有改变现代主义设计最实质性的东西，设计功能性（广义）作为创造和谐新社会总的价值目标的标准，依然无法撼动。在文丘里的设计实践中，特拉华住宅、长岛住宅和普林斯顿大学的胡应

* 图 9-28
文丘里和作品。对历史、装饰、娱乐、符号的热衷，给设计贴上各式各样的标签，他颠覆了现代主义设计一元论价值取向。

湘大楼的设计将历史、娱乐、功能完美地结合，也表明了他设计思想上的折中主义立场。

文丘里在批判中构建起来的后现代主义设计价值思想，在斯坦因和詹克斯的进一步阐述下得到了补充和真正确立。斯坦因直接表明了折中的价值立场，他并不否定现代主义设计，"仅仅认为现代主义缺乏历史性格，缺乏文脉观，后现代主义因此是在这两个方面来弥补现代主义的不足"[54]。詹克斯将文丘里的设计价值思想归纳为"折中调和"，"或是对各种现代主义风格进行混合，或是把这些风格与更早的样式混合在一起……而不是彻底决裂式的。……我们就会看到一种更为彻底的折中主义"[55]。后现代主义设计"古典的""现代的""混血的"（詹克斯语）价值取向是西方设计史上又一次价值观的大混合，在一元与多元、简单与复杂、历史与现代等方面充满了难以解决的矛盾。

* 图9-29
文丘里设计的奇彭代尔座椅（1978年）。表明了他设计思想上的折中主义立场。

2. 后现代主义设计价值取向的模式与困境

1981年法国《世界报》宣告：一个后现代主义的幽灵在欧洲出没。这个幽灵自20世纪70年代以来，来势汹汹，先声夺人，但在设计上它的内容却是脆弱的。首先体现在思想基础上，对现代主义、国际主义设计的批判没有涉及核心部位；其次是缺少明确的设计宗旨，仅是一种文化上的自由主义和设计上的放任风格；第三没有拿出坚实的思想依据；第四是理论混乱、思想庞杂[56]。"有多少个后现代主义者，就可能有多少种后现代主义的形式。"[57] 虽然思想庞杂、理论混乱，但其设计形式最终都因物以类聚的方式归属于后现代主义设计类型之中，表明在价值取向上存在一种相同的模式，主要表现为：重建理想、消解贫乏、尊重人性、标新立异。

人类对于设计的理想，在不同历史时期有着不同的呈现。现代主义设计试图从功能、形式和经济这三个维度，实现构建和谐新社会的理想；然而，这一设想被斥为不切实际的"乌托邦"而被人嗤之以鼻。事实上，在20世纪后半叶起，这种理想已难以真正实现，现代主义设计已陷入了"意味的危机"之中。后现代主义设计家注意到战后设计的现实已从功能主义转向了国际风格的形式主义，独断的、极端的、昂贵的设计思想替代了实用廉价的经济原则。而工业化的迅猛发展，致使全球范围内环境污染和生态危机日益严峻。这一现状也引发了后现代主义设计家对现代主义设计的质疑。他们认为，现代主义设计仅聚焦于契合资产阶级心理，单纯以实用性作为达成"理想"的唯一途径。但是，乌托邦的理想虽未实现，也并不意味着它毫无价值。后现代主义设计家奈斯比特在她的《为建筑提出新理论议程表：建筑理论，1965—1995》一书中，提出以"善的美学"（Aesthetic of Sublime）[58]来重建设计理想及其抵达途径。现代主义设计摒弃传统价值观，因缺乏人类精神思想与审美意义，导致"善"的丧失。而"善的美学"正是要将机器的外表美提升至卓越、优异、好的审美层次，对现代主义设计加以转化和改造，使之达到"具有丰富精神层面'善'的更高水平的过程和方式"[59]。这是改变设计现实和真正抵达人类理想社会的有效途径和手段。后现代主义以"善的美学"重建设计理想及其途径的价值取向无疑是积极的，但在实际的设计实践中追求感官的满足，使生命价值降至凡庸琐屑的享乐则是消极的。

在现代主义设计中，设计形式的千篇一律是一个非常突出的问题，没有外表装饰的设计几何造型构成了现代主义设计统一的风格特征，装饰被路斯等同于罪恶而遭到谴责和批判。现代主义设计与国际主义设计从建筑室内、平面字体、工业产品到环境景观，无一不是简单、质朴到无以复加的地步。然而，对于后现代主义设计家来说，装饰不是多余的，缺少装饰的设计是乏味的、单一的"鸭子"，而采用装饰的手法则能弥补这种单一乏味。后现代设计家给设计的外壳涂上了一层浓烈的装饰与娱乐色彩，这是一种对设计的增补行为，是具有随意性和开放性的。这种装饰并非目的而是过程，是以多样的特色、多元的风格去消解现代主义设计一元的、严肃的、呆板的风格。消解贫乏是后现代主义设计价值取向的典型表现。

在人与物的关系上，现代主义设计的价值取向是人而不是物，但由于受到大工业生产的制约，传统手工艺中的个性、艺术已被机械化大规模的生产方式所摧毁，设计成为毫无个性的、几乎是僵化的纯粹客体，在服务主体人时无法产生人性的价值效应。现代主义对待人与自然的态度，也是站在人的立场来改造、控制、利用一切自然资源，导致自然生态的破坏而威胁到人类自身的利益。后现代主义设计家反对设计物的僵化，强调通过恢复历史、装饰、娱乐性，让人与物之间产生内在的联系，达到人性的价值效应。在人与自然的关系上，后现代主义设计家重视自然环境生态，借助某种沟通、对话实现人与自然的和谐。尊重人性是后现代主义设计家价值取向的重要维度。

一般而言，现代主义设计有确定的价值核心，因此，在风格形式上比较统一稳定；而后现代主义设计因理论的混乱、思想的庞杂和价值观的混合而表现出反复无常的形式特征。后现代主义设计家热衷于在设计形式上标新立异，求新求异成为一种设计欲望。一方面，他们试图打破现代主义设计和国际主义设计所营造的沉闷局面；另一方面，则是为了满足猎奇心理，纯粹出于兴趣和游戏心态。最终，他们在设计形式上毫无节制地放纵自我，催生出形形色色的风格。不过，这种过度放任且多样的风格并不具备可重复性，只能短暂地存在，难以给设计的永恒价值奠定实践的基础[60]。

总体而言，后现代主义设计的价值取向旨在反对现代主义一元价值论，建立多元的设计价值论。然而，过度强调设计的独特个性和不可通约性，是否会致使其陷入一种新的类似装饰艺术运动式的"跟着感觉走"的状态，进而催生新的形式主义的教条？多元设计价值观在揭示现代主义设计的问题时是理性的，但其指导实践却是反理性主义的，那么，理性在设计中是否还有必要存在？多元价值是各种价值理论的混合，冲突与矛盾不可避免，如何才能共存？[61] 在多元化的价值观中，因价值取向的多样性，各种价值之间必然产生冲突和矛盾，而解决的方法只能是妥协和折中。后现代主义设计价值的多元性展现出设计个性的极度自由，强调和谐的设计、行乐的设计；各种设计价值之间各有其指导思想，如果不可通融，必将导致设计的混乱不堪。如果说现代主义设计是理想主义的，那么，后现代主义设计抛弃理性而张扬非理性，避开普适性而张扬独特性，也是另一种形而上学的方式。后现代主义设计对现代主义理性的批判是消极的，极易在理性与非

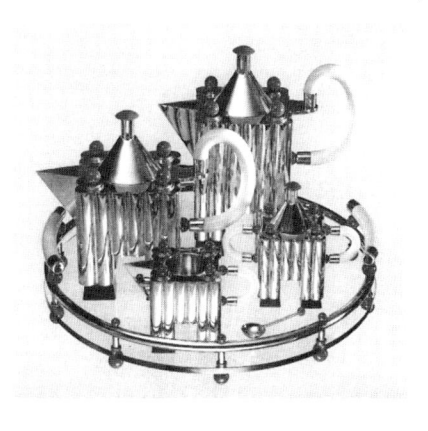

* 图9-30
格雷夫斯设计的咖啡具和茶具（1980年）。在多元化的价值观中，因价值取向的多样性，各种价值之间必然产生冲突和矛盾，而解决的方法只能是妥协和折中。

理性、装饰与反装饰之间引发价值上的自我悖论。这种例子在设计史上屡见不鲜。从价值思想层面看，只有秉持宽容态度，多元价值才能共存。但宽容有时近乎妥协，甚至被视作没有立场。如果各方各行其道，或许能相安无事；但一旦因利益关系而产生抗争，此时又该如何选择价值？如此一来，真正建立和谐新社会的设计价值就会被遮蔽甚至消解，这正是后现代主义设计价值面临的困境。

第五节 非主流的设计价值观

前面介绍分析的是西方工业革命以来主流的设计价值观，这一节将重点分析非主流的设计价值观。非主流设计价值观就是在当时未能产生广泛影响，只是在某个地域、某一时期、某一领域、某位设计家或理论家身上出现，是局部的、边缘的。但是，我们要谈的这些非主流并非是自生自灭的，它的产生也是社会生活实践的结果；虽在当时未能掀起一场革命性的运动，但在之后却影响深远，甚至左右全局的发展，值得我们关注。

* 图 9-31
霍拉克设计的秋叶沙发（1988 年）。后现代主义设计抛弃理性而张扬非理性，避开普适性而张扬独特性，也是另一种形而上学的方式。

1. 波普、高技派的价值观兼及生态、伦理思想

波普艺术是 20 世纪 50 年代至 60 年代在英国发展起来的一次艺术运动，影响波及美国、意大利，但未能在西方其他国家形成运动。波普艺术的特点是反主流艺术文化，直接以通俗的商品或日常生活用品作表现主题，一度被称为"流行艺术"。波普艺术在价值思想上的特点是没有明确的价值观，一切都有价值，一切均无价值。

波普艺术家毫不掩饰地以拼合的方式呈现商业、传媒、性、日用品，并无褒扬，也无批判；只强调大众、时尚、通俗、感性、低廉和中立。我们在波普艺术中看到了与当时主流的现代主义艺术不同的形式。波普是那个时代文化思想上反潮流的产物，但波普艺术在价值观上并没有针对现代主义而提出自己新的思想，原因在于它在表面上反主流艺术、反美学，而实质上是在追求感官的愉悦。"事实上，现代流行文化提供了几乎无穷无尽的感官欢愉：通过技术放大了这种快感；通过电影和杂志使人们间接感受到了这种愉悦；在现实中，则通过度假满足了人们的享乐欲望。其途径包括诉诸视觉的彩色胶片电影，诉诸听觉的立体声响，诉诸味觉的食品加工，等等。"[62]波普强调感官愉悦也是当时社会文化的一种反映。20世纪60年代是一个充满矛盾的时期，传媒发达、享乐主义弥漫、学生运动、嬉皮士、吸毒、摇滚乐、性解放。这是一个在文化上、思想上失落的年代，波普艺术是这个时代的一个缩影。

思想的失落导致价值观的模糊不清，价值观的模糊不清导致人类享乐与理想开始模糊不清，也让生活与艺术模糊不清、艺术与设计模糊不清、艺术家与非艺术家模糊不清，最终体现于艺术设计上的"复制"。复制是波普艺术的技法，也是波普的风格：一排排可乐图形如同流水线上的标准产品，一张张嘴唇图像从玛丽莲·梦露克隆。复制也是工业化的主题，从这一点看，波普反抗以工业化为基础的现代主义艺术，却将工业化的复制当作艺术价值的来源。不过，波普打破了过去那种艺术上的高低贵贱，开创了艺术设计的通俗、大众与趣味的新途径。波普在意大利的同道者设计了可压缩折放的"Blow充气沙发"、可随意改变形态的"Sacco沙发"和趣味十足的"棒球手套沙发"。享乐主义转化为趣味性和生活化的结合，艺术被

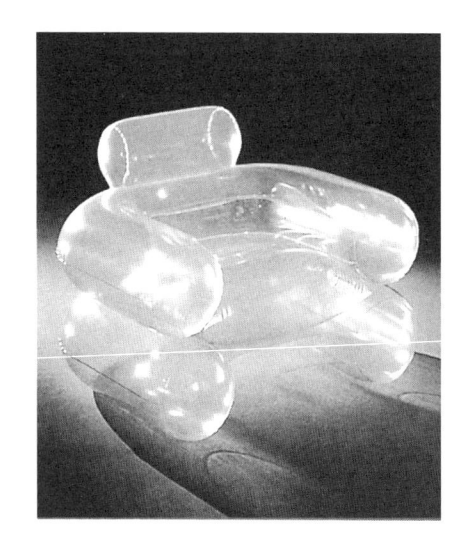

* 图 9-32
充气沙发。享乐主义转化为趣味性和生活化的结合,艺术引入日常生活之中。这一点或许就是波普艺术运动本身所有的价值。

* 图 9-33
棒球沙发。波普打破了过去那种艺术上的高低贵贱,开创了艺术设计的通俗、大众与趣味的新途径。

引入日常生活之中。这一点或许就是波普艺术运动本身所有的价值,因此也被称为后现代主义设计的先导。

高技派设计是20世纪70年代形成的一股设计思潮,以强调和表现现代工业技术为主要特征。这一设计潮流在价值理论上,最初以展示现代工业技术的结构构件的技术美为唯一的价值标准,颇有"技术至上"的价值思想。到了20世纪90年代,高技派从单一的重视高技术转向重视环境文化和生态平衡,产生了高技术与生态人文融合的新的价值思想。这一新的设计价值的形成为高技派设计赢得了广泛的赞同,也为21世纪的设计发展注入了新的希望。

詹克斯曾为早期高技派设计列出了六大特征:(1)展示内在结构与设备;(2)展示象征功能及生产流程;(3)透明性、层次及运动感;(4)明亮的色彩;(5)质轻细巧的张拉构件;(6)对科学技术文化的信仰。这六个方面是高技派"技术至上"价值思想的体现。工业化的结构就是工业化时代的设计形式,那些貌不惊人的普通工业构造机械部件,被高技派设计家赋予新的美学价值。这一点与后现代主义设计家的做法颇为不同,后现代主义在新技术革命到来之时，采取一种回避的方式，以折中、历史、戏谑的手法消解着新技术革命所带来的时代进步。而高技派则积极地应对新技术革命，充分反映这一新时代的特点，"高技术"的价值观便应运而生。但是，从根本上说，技术作为设计的价值是错误的，技术只能作为设计的手段，不能作为设计的目的；而突出高技术特征的高技派设计在能源的消耗和生产成本上也是极为浪费的。随着全球能源危机和日益恶化的生态环境状况的出现，单纯高技术的设计价值理念越来越暴露出它的矛盾。利用高技术来减少污染、保护生态环境成为高技派设计家的追求目标。高技派运用高技术的特长，在减少能耗、降低污染、保护生态上发挥作用，渐渐地使高技术转变为高技术的艺术，"技术变成'创造的艺术'"（福斯特语），成为具有高情感的、人性化的新形式。罗杰斯甚至将波普艺术的某种通俗、趣味引入他的高技派设计中，形成颇具特色的人文风格[63]。如果说高技派早期的价值观是在炫耀新技术革命，那么后期的价值观则致力于运用现代工业技术来创造更加理想的人居环境[64]。高技派在不断实践中调整的设计价值思想，展现出技术与人性的统一，走在了时代发展的前沿。

20世纪60年代末，美国设计理论家维克多·帕帕奈克在《为真实的世界设计》一书中提出了设计的三个价值目标：第一，设计应为广大人民服务，包括为第三世界的人民服务，而不只是为少数富裕国家服务；第二，设计不但要为健康人服务，还必须考虑为残疾人服务；第三，设计应该认真考虑地球资源使用问题，应该为保护有限的资源服务[65]。三个价值目标中，生态环境的保护在当时美国的商业气氛下，未能获得人们的认同。第一、第二个价值目标涉及设计的伦理价值，至今未有很好的实践。在帕帕奈克看来，当设计能够考虑到贫穷国家的人民、为他们创造出

*图9-34
高技派设计。高技派积极地应对新技术革命，充分反映这一新时代的特点。

*图9-35
尼尔森设计的高技派椅子。高技派在不断实践中调整的设计价值思想，展现出技术与人性的统一。

一种适当的设计时，当设计家考虑到生活有障碍者、给他们设计便利轻松的服务时，人类设计的价值才能真正地体现出来。因为人类的终极理想是所有的人幸福美好，从这个终极目标看，设计要关注贫困人口、儿童、妇女、孕妇、残疾人、老人等弱势群体。社会贫富分化的加剧，更需要设计遵循平等性、普适性原则，增加人文关怀。而减少资源的利用，保护生态的发展，也是人类伦理思想的一个方面。这是人类社会和谐发展的重要保证。帕帕奈克提出的设计伦理价值，对现代设计价值的深层构建具有重要的启示作用。

2. 埃森曼、屈米与解构主义的设计价值观

200年来不断构建的设计历史到最后几十年已形成了一个完整的社会、政治、经济、文化结构和正统的价值标准，表明了工业化时代的进步及其现代性的优越。在进入信息化社会之际，这一现代主义设计结构体系仍然在设计实践中发挥着权威的作用。如果用价值批评的方式对此进行考察，这一结构体系的价值思想的弊病便会显露出来：

其缺少可供依托的精神家园，将传统与现代对立的二元结构没有任何历史记忆。于是，视德里达为作战向导，弗兰克·盖里、彼得·埃森曼、贝马德·屈米、丹尼·李伯斯金、扎哈·哈迪德等一批建筑设计家完成了一项富有启示性的行动，他们反设计的权威、反中心、反对统一的标准、反对现代与传统的二元对立和明确性。实质上提出了一个新的设计价值的问题，这个价值问题对于正在"用"与"美"、"对"与"错"、"真理"与"谬论"、"技术"与"商业"的价值之间忙碌的具有主流设计价值思想的设计家来说，尚未被认知。

现代主义设计的理性结构曾经向我们展示过设计价值，这些设计价值有助于人类未来幸福生活的抵达。在设计实践中，在这种价值观装扮下的设计成为控制社会、控制经济的垄断行业。而德里达、埃森曼和屈米等人以解构的方式介入之后，这种在设计思想上、基本原理上、形式规律上二元对抗的理性主义的误导才被真正揭示出来，这正是解构主义设计家不同于后现代主义某些设计家的地方。后现代主义设计家未能涉及现代主义设计的实质问题，解构主义设计家则真正触及了现代主义设计的核心问题，并对解构的提出做出了深层意义的阐述。埃森曼在《强形式与弱形式》的演讲中清楚地表明反对设计的精英、权威与自我中心，反对这种强势控制

* 图 9-36
盖里设计的鱼灯(1983年)。

性，认为美式快餐、棒球、传媒等现代社会生活方式的转变是他的"解构性"的源泉。这一观点来自德里达，他指出："那些使社会、技术转型的事件就是解构性的事件。"[66] 社会转型与每一个人类主体的参与密不可分，个体的欲望和动机处于持续变化之中。为契合人类社会价值的发展，必须不断地解构与重构。石器的诞生是一次解构，蒸汽机的发明是一次解构，互联网的出现又是一次解构，人类的进步取决于这一系列的解构事件，因此，解构是以坚实的实践精神为基础的[67]。埃森曼的解构并不是从现代主义实践的表面特征上，而是从现代主义秩序所根植的基础上开始的。他借用乔姆斯基的"变形生成语法"，将形态关系的生成过程应用在设计中，点、线、面、梁、柱、墙如同语言学中的词、句、段，构成了一套解构式的设计语言。生物学中的复制、转录、翻译机制也被引入设计构思中，这种方式使设计形式与功能分离，"创造一种紧张和距离，因为它不在人的控制之下，人和对象是相对独立的，它们之间的关系将是崭新的"。埃森曼的目的还是在寻求新价值，他的所谓破缺的L型、分形的尺度、发掘和反记忆，以及"非建筑"，都是他要突破现代主义设计秩序和机器美学的框架，不依靠等级社会、美学价值和人的意图，而使设计自己产生形式，拥有一套系统规则，不受权威性规则控制，那么，设计的价值关系就会有根本性的改变。

* 图 9-37
盖里设计的建筑（1995年）。反设计的权威、反中心、反对统一的标准、反对现代与传统的二元对立和明确性。实质上提出了一个新的设计价值的问题。

20世纪末，"形式追随功能"遭遇四面楚歌：功能失去了本身的价值，变得无关紧要，受到轻视甚至质疑。屈米一句"形式追随幻想"似乎剥夺了现代主义设计价值的全部基础，这个颠覆性的价值论表现出韦伯所谓"价值多神论"的存在常常引起相对对立价值之间的冲突。现代主义的规范性定义与解构主义的批判性方式在对待设计功能价值上莫衷一是。前者认为功能是一个不变的、绝对的概念，失去功能将失去设计的意义；后者在现实生活的基础上，拓展出更为多样的、能够响应现实生活环境的概念工具，"假如窗户只是在反映表皮装饰，我们应该抛弃原本对于窗户的概念；假如柱子只是反映传统性支撑框架，那么我们应该抛弃对于柱子原本的结构逻辑"。假如功能越来越少地与精神生活发生联系，而不是商业和权威的实现，那么，它就应该"退出"而由"幻想"来发挥作用。这样就出现了一个适应多样的民主社会生活需求的价值取向，形式就获得了前所未有的解放。这个激进的命题保证了更好地整合精神与设计的分离，保证了更加持久的设计创造力和更广阔的创作源泉。

* 图9-38
埃森曼设计的犹太人大屠杀纪念碑。

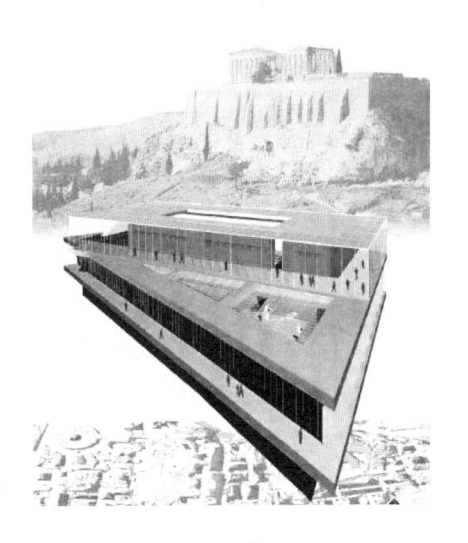

* 图9-39
屈米设计的雅典博物馆效果图。

* 图 9-40

李伯斯金设计的犹太人纪念馆。解构主义在价值上的追求，旨在获得形式的自由，而不是让功能变得无关紧要。解构并非针对功能本身进行解构，而是对功能中心论进行分解与解构，使功能呈现出一种"不确定性"。

解构主义在价值上的追求，旨在获得形式的自由，而不是让功能变得无关紧要。解构并非针对功能本身进行解构，而是对功能中心论进行分解与解构，使功能呈现出一种"不确定性"。因此，解构主义并不是虚无主义，而是自由主义。虚无主义贬低一切价值因素，把结构彻底化为乌有，彻底否定历史文化；而实质上解构却是一种肯定，是一种自由式的肯定，肯定功能、肯定幻想，从一个场所到另一个场所、从功能到幻想，在解构中作出自由的择取。解构主义在价值上也不是怀疑一切，而只是怀疑一个中心，怀疑权威和正统设计价值标准。在怀疑与批判中肯定设计的形式感、随意性和自由性，甚至肯定设计的破碎和不完整性。解构主义设计的怀疑、批判与肯定具有极大的颠覆性和创造力，在解构的过程中，秩序、中心、精英、权威被颠覆，同时也在寻求一种新的设计思想和思维方式，寻求一种新的价值观。尽管那些形式感、随意性、自由性和破碎凌乱的设计或许不会影响过久，但它具有潜在的价值意义。统一的、绝对的价值标准被自由的、无序的、非中心的价值所取代，设计价值不再属于规范性的、控制的领域，而属于事件性的、流动的领域，幻想论、事件化和随意性变成了设计理论。这种趋势很难使解构主义思想成为主流设计思想，解构主义寻求的设计新价值也许和我们目前所寻求的设计新价值相差甚远。

注释：

[1] 德尼兹·加亚尔、贝尔纳代特·德尚等著，蔡鸿滨、桂裕芳译，《欧洲史》，海南出版社，2000年版，第490页。
[2] 爱德华·卢西-史密斯著，朱淳译，《世界工艺史》，浙江美术学院出版社，1993年版，第203页。
[3] 大卫·瑞兹曼著，王栩宁等译，《现代设计史》，中国人民大学出版社，2007年版，第42页。
[4] 大卫·瑞兹曼著，王栩宁等译，《现代设计史》，中国人民大学出版社，2007年版，第112页。
[5] 大卫·瑞兹曼著，王栩宁等译，《现代设计史》，中国人民大学出版社，2007年版，第112页。
[6] 爱德华·卢西-史密斯著，朱淳译，《世界工艺史》，浙江美术学院出版社，1993年版，第205页。
[7] 爱德华·卢西-史密斯著，朱淳译，《世界工艺史》，浙江美术学院出版社，1993年版，第206页。
[8] 爱德华·卢西-史密斯著，朱淳译，《世界工艺史》，浙江美术学院出版社，1993年版，第208页。
[9] 大卫·瑞兹曼著，王栩宁等译，《现代设计史》，中国人民大学出版社，2007年版，第113页。
[10] 大卫·瑞兹曼著，王栩宁等译，《现代设计史》，中国人民大学出版社，2007年版，第118页。
[11] 大卫·瑞兹曼著，王栩宁等译，《现代设计史》，中国人民大学出版社，2007年版，第118页。
[12] 爱德华·卢西-史密斯著，朱淳译，《世界工艺史》，浙江美术学院出版社，1993年版，第217页。
[13] 大卫·瑞兹曼著，王栩宁等译，《现代设计史》，中国人民大学出版社，2007年版，第82页。
[14] 爱德华·卢西-史密斯著，朱淳译，《世界工艺史》，浙江美术学院出版社，1993年版，第239页。
[15] 王受之，《世界现代建筑史》，中国建筑工业出版社，1999年版，第111页。
[16] 王受之，《世界现代建筑史》，中国建筑工业出版社，1999年版，第105页。
[17] 王受之，《世界现代建筑史》，中国建筑工业出版社，1999年版，第105页。
[18] 王受之，《世界现代建筑史》，中国建筑工业出版社，1999年版，第106页。
[19] 爱德华·卢西-史密斯著，朱淳译，《世界工艺史》，浙江美术学院出版社，1993年版，第252页。
[20] 大卫·瑞兹曼著，王栩宁等译，《现代设计史》，中国人民大学出版社，2007年版，第181页。
[21] 大卫·瑞兹曼著，王栩宁等译，《现代设计史》，中国人民大学出版社，2007年版，第183页。
[22] 王受之，《世界现代建筑史》，中国建筑工业出版社，1999年版，第155页。
[23] 王受之，《世界现代建筑史》，中国建筑工业出版社，1999年版，第158—159页。
[24] 王受之，《世界现代建筑史》，中国建筑工业出版社，1999年版，第159页。
[25] 大卫·瑞兹曼著，王栩宁等译，《现代设计史》，中国人民大学出版社，2007年版，第229页。
[26] 大卫·瑞兹曼著，王栩宁等译，《现代设计史》，中国人民大学出版社，2007年版，第226页。
[27] 大卫·瑞兹曼著，王栩宁等译，《现代设计史》，中国人民大学出版社，2007年版，第230页。
[28] 大卫·瑞兹曼著，王栩宁等译，《现代设计史》，中国人民大学出版社，2007年版，第184页。
[29] Le CORBUSIER. Le Corbusier, Oeuvre Complete Volume1-8, Vol. 4. 1938-1946. Birkhauser Publishers, 1955:8.
[30] 勒·柯布西耶著，吴景祥译，《走向新建筑》，中国建筑工业出版社，1981年版，第229页。
[31] 勒·柯布西耶著，吴景祥译，《走向新建筑》，中国建筑工业出版社，1981年版，第66页。

[32] 勒·柯布西耶著,吴景祥译,《走向新建筑》,中国建筑工业出版社,1981年版,第188页。

[33] 薛恩伦,《为中低收入人群设计住宅的勒·柯布西耶》,刊《世界建筑》,2010年第3期,第124页。

[34] 王受之,《世界现代建筑史》,中国建筑工业出版社,1999年版,第245页。

[35] 勒·柯布西耶著,吴景祥译,《走向新建筑》,中国建筑工业出版社,1981年版,第52页。

[36] 《包豪斯宣言》。

[37] 《1919年魏玛包豪斯教育大纲》。

[38] 王受之,《世界现代建筑史》,中国建筑工业出版社,1999年版,第174页。

[39] 彼得·柯林斯著,黄若聪译,《现代建筑设计思想的演变》,中国建筑工业出版社,2003年版,第268页。

[40] 弗兰克·惠特福德著,林鹤译,《包豪斯》,生活·读书·新知三联书店,2001年版,第126页。

[41] 弗兰克·惠特福德著,林鹤译,《包豪斯》,生活·读书·新知三联书店,2001年版,第123—150页。

[42] 弗兰克·惠特福德著,林鹤译,《包豪斯》,生活·读书·新知三联书店,2001年版,第222页。

[43] 弗兰克·惠特福德著,林鹤译,《包豪斯》,生活·读书·新知三联书店,2001年版,第223页。

[44] 彼得·柯林斯著,黄若聪译,《现代建筑设计思想的演变》,中国建筑工业出版社,2003年版,第268页。

[45] 海伦·杜卡斯、巴纳希·霍夫曼编,高志凯译,《爱因斯坦谈人生》,世界知识出版社,1984年,第61页。

[46] 弗兰克·惠特福德著,林鹤译,《包豪斯》,生活·读书·新知三联书店,2001年版,第223页。

[47] M. 穆施特,《包豪斯的理想与现实》,刊《世界建筑》,1983年第5期,第65页。

[48] M. 穆施特,《包豪斯的理想与现实》,刊《世界建筑》,1983年第5期,第65页。

[49] 弗兰克·惠特福德著,林鹤译,《包豪斯》,生活·读书·新知三联书店,2001年版,第224页。

[50] 弗兰克·惠特福德著,林鹤译,《包豪斯》,生活·读书·新知三联书店,2001年版,第225页。

[51] 弗兰克·惠特福德著,林鹤译,《包豪斯》,生活·读书·新知三联书店,2001年版,第224页。

[52] 弗兰克·惠特福德著,林鹤译,《包豪斯》,生活·读书·新知三联书店,2001年版,第222页。

[53] 弗兰克·惠特福德著,林鹤译,《包豪斯》,生活·读书·新知三联书店,2001年版,第225页。

[54] 王受之,《世界现代建筑史》,中国建筑工业出版社,1999年版,第320页。

[55] Architecture,Theory Since 1968,edlted by K, Michael Hays. A Colombia Book of a Architecture 2000,p315.

[56] 王受之,《世界现代建筑史》,中国建筑工业出版社,1999年版。

[57] 波林·罗斯诺著,张国清译,《后现代主义与社会科学》,上海译文出版社,1998年版,第18页。

[58] 王受之,《世界现代建筑史》,中国建筑工业出版社,1999年版,第322页。

[59] 王受之,《世界现代建筑史》,中国建筑工业出版社,1999年版,第323页。

[60] 任鸿杰,《后现代主义的价值取向》,刊《马克思主义研究》,2000年第2期,第77—83页。

[61] 参见闫顺利、敦鹏，《价值多元化何以可能——后现代主义的价值困境及其消解策略》，刊《伦理学研究》，2010 年第 3 期，第 13 页。

[62] 大卫·瑞兹曼著，王栩宁等译，《现代设计史》，中国人民大学出版社，2007 年版，第 344 页。

[63] 王受之，《世界现代建筑史》，中国建筑工业出版社，1999 年版，第 220 页。

[64] 陆彤、王岩、王有军，《"高技派"建筑与生态设计理念》，刊《低温建筑技术》，2002 年第 4 期，第 9 页。

[65] 王受之，《世界现代设计史》，中国建筑工业出版社，1999 年版。

[66] 雅克·德里达著，张宁译，《书写与差异》，生活·读书·新知三联书店，2001 年。

[67] 苏勇，《解构的价值与解构主义美学思想》，刊《重庆社会科学》，2009 年第 4 期，第 110 页。

第九章

设计价值的冲突

设计价值的冲突是设计理性的产物,是人类设计活动与设计发展的必然现象,也是社会、文化、生活进步的结果。设计价值冲突的产生是由社会生活的多元性与复杂变化决定的,表现为设计价值主体在价值认知、取向等方面的相互对立,从而导致价值观念上的冲突。近代中国设计价值的冲突是在西方影响下,设计从手工业向现代工业化转型过程中形成的。西方近现代设计以大工业生产和多元的人的生活舒适与权利为中心目标,近代中国设计的重心以手工业改良与国家振兴为目的,于是就构成了近代以来中国设计观念中的一系列价值冲突。原有的设计价值观在这种内外冲击下发生动摇,最终的历史结果是中国传统设计价值的衰落。

第一节　设计价值冲突的表现

设计价值的冲突是设计观念思想上矛盾的对立，在设计转型时期，这种冲突尤为激烈。研究其冲突表现极具挑战，但却十分必要。本节首先分析价值冲突的概念与形式，探寻设计转型与价值冲突的关系，揭示中国设计价值衰落的真正原因。

1. 设计价值冲突的概念与形式

设计价值冲突是指设计价值内在的矛盾和不同设计价值主体在价值观上的对立，或设计规范体系之间存在的价值对立状态。设计价值是人们在社会生活实践过程中逐步凝结形成的关于设计的基本观念，在较长时期内是固定的，但也会在一定历史阶段的生活方式制约下，进行自我演变，进而产生某种矛盾。设计价值自身存在的矛盾主要是设计价值标准和思想本身固有的矛盾，比如设计的实用与美观、功能与形式是极为重要的设计价值准则和思想；总体而言，两者并不存在矛盾。但在某种情况下或特定时期内，实用与美观却可能产生一些矛盾，或者因过分强调物的实用性而否定了装饰性、降低了审美性，或者因物的装饰审美而失去物的实用性；最终，实用与美观不可兼得，引起冲突。

这种冲突并不是工业化社会特有的现象，而是一种自古就有的历史现象，早已被哲人思想家和设计家所关注。设计的实用价值与美观价值的冲突，首先体现在价值标准的制定上，是实用功能优先，还是形式美观优先。这是极为重要的选择，功能与形式谁居首位，会使设计实践结果产生巨大的差异，价值效应也截然相反。其次表现在设计实践过程中，设计者在实用功能与形式美观冲突时优先考虑的是功能还是形式，即选择实用还是选择美观。一般设计者会遵循当时的价值标准，有所倾向，但也会根据设计活动自身的情况做出不同的选择。实用功能是以物的应用、服务于人的正常生活为基础的价值观,形式审美是以人性和社会性为价值基础的,两者之间的矛盾长期存在,因此冲突也会反复发生。

不同的价值主体之间因价值认识、取向和观念的不同而发生矛盾冲突,"这是由价值主体的意识性与多元性决定的,只要价值主体是有意识的,不同的价值主体之间,甚至同一价值主体自身就会产生在价值上的矛盾情形"[1]。比如东西方设计价值主体是各自价值意识的体现,是由不同社会、生活、历史、文化积淀而成的,是不同区域各自的设计价值思想与生活实际综合统一的观念整体。当它们在不同的社会、文化、地理区域内往来交流实践时,必然会产生设计价值思想上的冲撞。设计交流越广、越多、越深时,这种冲突就越激烈。最终导致一种价值观被另一种价值观压倒、替代的可能,或者是双方设计价值观在碰撞中发生融合;而最初的冲突则是必然的、不可避免的。

同样,设计价值主体在同一社会、文化、地理区域内存在多元的状态,有不同的层次和复杂的生活环境;因此,各种层次和背景下的价值主体对于设计价值的认知、取向、期望也会出现较大的差异,当这种差异无法协调或统一时,就会发生矛盾冲突[2]。譬如,维克多·帕帕奈克提出的设计伦理价值,强调生态和社会生活伦理,这与当时主流的设计价值观相左,在"有计划的废止制""一次性设计"等设计思想盛行的美国设计界引起了严重的价值观冲突,最终帕帕奈克被开除出美国工业设计协会。也有设计主体自身前后的价值观矛盾,如菲利浦·约翰逊早期信奉现代主义、国际主义设计价值观,后期以后现代主义设计价值观为设计主旨。也有的设计主体在理论与实践上发生冲突，如卢斯认为"装饰是罪恶"，但他为自己做室内装修，却运用昂贵的、有自然花纹的、华丽的大理石作材质，奢侈的材料替代了烦琐装饰。"这是一种特殊形式的奢侈禁欲主义或者说是禁欲的华丽"[3]，卢斯的做法违背了他的理论主张，就是自身的设计价值的矛盾和冲突。

设计价值冲突也在各种设计价值体系、制度之间发生。旧有的设计价值体系与新的设计价值体系之间必然会发生冲突。旧有的设计价值体系建立在过去的社会生活实践基础之上，在时间上并不与新的并存。但在社会转型时期，新的设计价值体系刚刚形成，旧有的设计价值体系仍在发生作用，新旧之间的矛盾冲突就不可避免。这种设计价值的冲突是必然的，也是有益的。从价值冲突到价值共享，历史上这样的设计价值体系之间的冲突更新时常发生。而每次的冲突都具有积极的社会生活意义和设计实践意义，这也是人类社会、生活、设计、思想发展进步的具体表现。

从设计价值冲突的形式结构上看，冲突元素有时是二元的，比如"形式追随功能"与"形式追随幻想"、"少就是多"与"少就是烦"、"装饰是罪恶"与"装饰是愉悦"。前者是主次冲突形式或称位列冲突形式，即以功能价值第一或是形式价值第一；后两种是排他冲突形式，要么彻底地反装饰，要么是喜装饰，或是简单、简洁的形式，或是丰富、复杂的形式，只取其一。

在大多数情况下，设计价值的冲突形式是多元的，例如：实用、经济、美观三者之间存在冲突。实用与美观之间的冲突前已论述，不再赘言。而在经济与美观之间、实用与经济之间也存在某种冲突。如果再增加环境价值要素，那么，在实用、经济、美观、环境四者之间就会产生相互交织的复杂的价值冲突，这是一种设计价值体系内的多元冲突的形式结构。在不同的设计价值体系发生冲突时，其冲突情况远比一个体系内部的多元冲突复杂。对于这样的多元的设计价值冲突，我们可以将其分解为多个二元冲突来认识，如可转化为生态的与人文的价值冲突、艺术的与功能的价值冲突、自由的与秩序的价值冲突、伦理的与商业的价值冲突等等。通过逐一分析、综合研究以寻找其冲突的实质和解决的方法。

2. 设计转型与价值冲突

讨论设计价值的冲突问题，我们的思路主要集中在设计转型与价值冲突上。设计转型是近现代中国设计发展的一个突出特征，导致尖锐的设计价值矛盾和冲突，造成中国设计价值观的巨大变化。

一个社会和时代的政治、经济、文化、生活、生产的各个方面不会永恒不变，而是始终在变化中发展、在变化中进步，设计的某些特征也会随之发生转变。历史上没有一种设计能保持长期不变，社会、生活的更迭变迁总会带来设计上的演变和发展，这几乎成为一条设计规律。当然，这种设计转变有时是十分缓慢的，并不直接受政治朝代更换的影响，但一个新的社会生活状态总会要求设计有新的面貌，新的生活习俗和社会风气会不断地要求设计跟上生活、适应时代。因此，设计之型的转变是无法阻止的，当新生活、新文化积累到一定程度时，甚至会以革命的方式完成转变过程。这种设计特征的变迁就是设计形态的转变，即设计转型。

中国历史上曾有过五次重大的设计转型。第一次是在新石器时代晚期，中国文明诞生之际，社会制度从农耕自然部落到聚集中心部落再到城市形态的形成，宗教观念从自然崇拜、生殖崇拜、巫觋文化到祭祀文化、上帝与祖先崇拜的产生。在手工技术上，石器磨制的精到，陶器制作的快轮、烧成的高温，直到青铜技术的出现，累积了极为丰富的物质与精神文化，从而导致设计发生转型，对之后中国设计5000年的发展产生了难以估量的影响。第二次是在春秋战国时期，这一时期被称为"轴心时代"，是第一次人性觉悟的时期，私营手工业的发展、自由竞争、商品经济发达，以及礼乐文化的兴衰引发社会生活的变化。百家争鸣、思想自由必然影响到设计的转型，前后500多年的设计之型转变了夏、商、西周以来的设计规范和体系，其中的矛盾冲突也在诸子的言论中反映出来。第三次是在魏晋南北朝时期，长期频繁战乱促使秦汉以来的儒学规范消退，外来文化与其他民族文化的融入，使佛、玄、道、儒各种思想形成新的合力。设计的各个方面也在随之发生转变，旧有的意匠化装饰方法开始消退，一种清新的设计风格逐步形成。这是一个设计上开放融合、转折推进的时代，这次设计转型为之后唐宋设计盛世奠定了基础。第四次设计转型是在两宋时期，文人士大夫的知识权力、儒学的思想权力与世俗文化的渗入使宋代设计发生了变化，设计分为上下两层，设计倾向于典雅、写实与平俗化便是设计转型的集中表现。第五次设计转型是从20世纪初期开始，政治上结束了中国的专制统治，开创了民主社会新纪元，设计上从传统的手工艺向现代工业化生产转型。这次设计转型是在外来因素和工业化、现代化的促进下设计领域前所未有的大转型，它所表现出来的是整个社会、生活、物质文化和精神因素的基本特征，转型时间之长、范围之广、矛盾冲突之激烈也是史无前例的。

在设计转型的过程中，如果外在条件是社会内部的转型，如前四次的设计转型，原有的设计价值体系已不能适应转型时期的设计活动，逐渐失去其主导价值的地位。而新的设计价值体系尚未形成，从而造成主导价值的缺失，使设计呈现出价值混乱杂陈的局面，引起各种价值冲突。如果外在条件是外来的因素迫使设计实现转型，这种转型是社会的急剧变革所致，如第五次的设计转型，原有的设计价值体系仍在发挥作用，而新的设计价值体系强行闯入，各种设计价值观念纷纷登场，造成设计价值多元的状态，必然引起强烈的冲突。这种冲突在各种不同的设计价值体系中发生，人们在进行价值择取时，必须选择一种价值、放弃另一种价值，肯定一种价值、否定另一种价值。当各种价值无法兼容时，冲突就不可避免。"价值冲突的实质就是价值观念的冲突。"[4]在设计转型时期，受到社会、经济、生活变化的影响，设计的结构发生了变化，功能、形式、思想、观念、生活、社会的关系被重新组合，原有的结构被解构，对立与冲突因此而产生。设计转型是设计价值冲突的根源，设计价值的冲突是设计转型的外在形式，这对于设计的发展应该具有积极的历史意义，前述的多次设计转型已充分证实了这一点。

3. 20 世纪中国设计价值的冲突与衰落

众所周知，在中国设计艺术第五次设计转型中，设计学科是借鉴西方的设计（Design）观念及其学术范式而建立的，其标志是由传统工艺模式向现代工业模式转换。在 19 世纪末 20 世纪初中西碰撞的早期阶段，张之洞、刘坤一和李瑞清等

* 图 10-1
庞薰琹先生（1906—1985 年）一直企图建构中国设计教育学科，但未能达到预期目标。

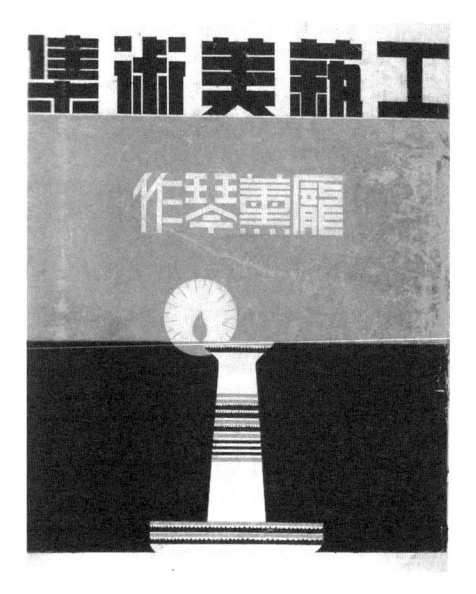

* 图 10-2
庞薰琹作品集（1941年）。

* 图 10-3
雷圭元先生（1906—1989年）对中国早期图案的研究影响了一个时期的设计教育。

一些晚清官员接受近代科学思想，以实业救国的意识，先后设立工艺学堂，进而促进社会变革，拉开了中国设计教育的序幕。其后的康有为、蔡元培等一批学人以中学附会西学，以期达到对外来文化的理解和认同。之后，陈之佛、庞薰琹、雷圭元、李有行等艺术设计学者承继了这一文化理念，他们都有留学海外直接学习西方现代设计的背景，一直企图建构中国设计教育这一学科。在建构过程及其所标志的中国设计的模式转换中，西方设计教育范式和学术范式始终处于主动和支配的地位，但中国传统工艺学术思想并没有被完全抛弃。陈之佛对工艺遗产的积极态度、庞薰琹对传统民族民间工艺的研究、雷圭元对中国早期图案的研究等影响着这一时期的设计教育，但中国工艺思想自身的设计意识及其内在结构和价值取向还是没能在学科构建中真正体现出来。

20世纪80年代之后，随着大量西方现代设计观念、概念、原理和美学的涌入，中国传统工艺的本来面目和固有意义被肢解得面目全非，中国工艺所具有的意趣和价值观也在设计教育学科的构建中被埋没、牺牲。在这样一种语境下，依照引进设计观念及其规范而建立起来的中国设计艺术学科是否具有自己的价值观就成了一个问题。由此可见，中国设计价值观问题似乎源于几代人在建构中国设计教育学科过程中所付出的艰辛努力。

* 图 10-4
雷圭元作品漆画《少女和鹿》。

其实，中国设计价值观问题由来已久，从目前可见的文献资料看，自中西文化交流使者利玛窦携来西洋奇器开始，就有人感叹"泰西人巧思百倍中华"。随着西方设计的大量进入，到19世纪末期，本土手工业设计的32个行业中，就有7个受到"冲击"而相继破产[5]。这不仅冲垮了中国自然经济的结构，也打击了封建经济的基础，由此引发了自清廷官员到普通民众对于设计器物价值观的关注和讨论。郑观应的《盛世危言》就是从价值观角度分析中西抗衡中方失利的原因的。在"道器"篇中，他讨论以旧学新学相对而言的"形上与形下""虚实"和"本末"关系，并在"西学"论中分出"天学、地学、人学"作为列入学校讲授的课程和考试课目的内容，其中的"人学"就"包括一切政教、刑法、食货、制造、商贾、工技诸艺"[6]。郑观应主张学习西方的"工技诸艺"，与魏源"师夷长技以制夷"的思想一脉相承，因此，中国"工技诸艺"的价值及其价值观自然便成了一个问题。

正是基于这种认识思想，近代中国学堂的工艺教师清一色均是从国外聘请的。张之洞、左宗棠、李瑞清等朝廷重臣之所以要聘外教，是因为他们认为中国无西方那样的"设计",需要"仿办"之。而真正的原因在于当时的中西设计无论在形式上还是内容上都存在着巨大的反差。从形式上看,中国器物造型与西方洋器造型相距甚远,中国工匠的粉本图样与制作方式和西方的图画制图与生产方式也截然不同;从内容上看,中国设计史上始终就没有产生过眼镜、机械钟表、玻璃镜子和显微镜,更无电话、电灯、蒸汽船。这种巨大的反差实际上归于一点,就是生产方式与生活方式的全然不同。前者是手工艺与机械化生产方式的不同,后者是东西方生活方式的不同。两者的巨大反差正表明,西方已步入一个工业化社会,而中国仍处在农业手工业社会。

今天看来,在19世纪末双方的设计冲突中,最引人注目的不是这种差异性,也不是冲突中不对称的事实,而是在竞争中双方设计价值观的冲突,其结果导致中国设计价值观的衰落,这似乎是明白无疑的。1919年鲁迅在观察这一时期的中国社会时说:"简直是将几十世纪缩在一时:自油松片以至电灯,自独轮车以至飞机,自镖枪以至机关枪,自不许'妄谈法理'以至护法,自'食肉寝皮'的吃人思想以至人道主义,自迎尸释蛇以至美育代宗教,都摩肩挨背的存在。"[7]而在两种设计的并存中,西方设计及话语渐占上风,强行肢解了中国人固有的社会生活方式。中国设计价值观念已不可能维系变化着的整个现实生活,而在现实生活中夹杂着的中西设计又不能彼此进行话语交流,无法相融、替代。脱离了各自"文化整体"的中西设计,不可能使中国设计价值观发生根本变化,只能带来中国设计价值观的失衡和危机。

这一时期中国人价值观的衰落是多方面的,如果我们换个角度看待这种衰退,将它与当时的政治、民族、文化、艺术和工业生产事物相结合，就会区分出另一种特定的情况。首先，封建政治的王道价值观在这场社会变革中失落，其中交织着新政改革、满汉相争和辛亥革命的作用；其次，五四新文化运动反对儒家"三纲"、革新伦理道德，传统文化价值观遭到怀疑和批判，成为当时知识分子的主流态度；再是工业技术的引进，使得城市和乡村表现为"手艺的缺失"，手工艺生产及其价值观的瓦解成为普遍现象。而历史证明，新式机械工业生产是20世纪设计发展的关键之一。如此看来，从构成在场"日常生活"的现实事物中，我们是否可以说，这种衰落是一种必然，是有益的衰落，是社会与文化转型的必需，是设计从手工业转向工业化模式的必需。

在社会生活变迁和工业生产方式的转型时期，如何看待中西古今的设计价值思想，人们对西方与中国、传统与现代的设计物孰优孰劣的思考，形成两种不同的态度。一种是否定中国传统设计，把中国传统设计艺术看得一无是处，主张全盘西化，完全按照西方现代设计的价值思想来改变中国设计现状。20世纪80年代成长起来的新一代设计家大都具有这种倾向，批评传统设计所谓工艺美术是今天实行现代设计的障碍，认为工艺美术只能进入博物馆，全面学习西方现代设计才是中国设计进步的希望。这是设计上的极端的民族虚无主义思想。另一种是比较注重中国传统的设计，力求把握设计的民族性和时代性，陈之佛、庞薰琹、雷圭元均具有这种价值思想，庞薰琹说："我们祖先深深知道，闭关自守只能导致落后，同时，他们也深深懂得，没有民族性也就没有艺术性。"[8] 陈之佛、庞薰琹、雷圭元三人均有海外学习西方现代设计的经历，也有丰富的实践和理论能力，他们都坚决反对盲目地把西方现代设计不加选择拿来的做法。庞薰琹曾旗帜鲜明地提出"应该有我们自己的东西"[9]，告诫中国设计切勿重蹈西方设计的覆辙。

无论是在抛弃传统还是继承传统上，或是在几次关于"设计"与"工艺美术"的争论中，双方的焦点都集中于工艺设计的"现代性"。"现代性"是对工艺美术在社会、生活、生产转型进程中"所发生的深刻变革的理论归纳和价值判断，其中包含有技术的现代性、审美的现代性、造型的现代性及工艺现代性批判等内容"[10]。张道一提出设计的"本元文化"论断，认为设计问题是文化问题，从"工艺文化"的角度进一步解释设计现代性和文化特殊性。我曾在《中国工艺美术研究的价值取向与理论视阈——近年来工艺美术研究热点问题透视》一文中也谈到这个问题。工艺"现代性"的提出源于晚清以来的启蒙与救亡运动，以实业来抵抗西方的殖民侵略，解决在以工业化为基础的现代社会里传统工艺美术的转型问题。工艺"现代化"之"现代"两字，具有双重含义。一是技术标准，落实在工业社会中生产方式的进步上，表现为从手工业向工业化的发展。另一是时间的尺度，同时包含着社会、审美的时代发展。20世纪初以来，中国工艺的现代性主要体现为把机械化生产作为工艺生产的主要方式；同时，把西方传入的工艺形式当作学习的范式，重视工艺的形式美感和人的意义，使工艺设计从"遵道"向"为人"服务过渡。但这仅是工艺现代性的一部分，因为工艺现代性需要由时代来孕育，即由中国社会现代性和文化现代性来构成中国工艺现代性的时代语境[11]。

设计价值观的冲突实质上表现了中西不同文化之间的冲突，是在不同生产方式基础上的冲突，是不同文化集中在设计价值观上的冲突，是一个整体意义上的对抗；它并不只是简单的生产方式的转换，也不仅仅是因社会生活的变迁或思想观念的改变而产生的。所以，设计价值观的冲突是寻求新价值的开始，将导致设计秩序的重建。

第二节 设计价值冲突的实质

20世纪中国设计价值观的冲突错综复杂，既有主题意义上的设计价值观的冲突，也有时间意义上的设计价值观的冲突，还有区域意义上的设计价值观的冲突。而这些价值观冲突的实质是寻求设计价值观的更新。

1. 设计价值冲突的深层意蕴

关于近现代中国设计价值观冲突的深层意蕴，可以有以下三个方面的理解：一是在社会生活形态上的变迁，二是在设计生产方式上的转换，三是在工艺设计现代性上的转型。这三个方面包括社会、生活、生产的结构转换，也包括人的生活方式、行为准则、设计思维、设计方法以及设计形态和使用方式的明显变化。

社会生活形态的变迁是价值冲突理论的一个基本范畴，也是引起设计价值冲突的一个根本因素。这种变迁是两种形态的转换，有时是缓慢的，有时是激进的，冲突的程度与此相关。从历史上看，农业社会生活形态的变迁基本上都是渐进的，近代社会生活的变迁大多是激进的，社会形态从传统的农业社会急剧地向现代工业社会转型，生活形态也发生了根本性的变化。英、法、美等西方国家在这场转型变迁中形成了现代社会生活的新形态，也构成了设计现代社会生活的新形态和设计艺术鲜明的结构特征。中国近代以来的社会生活变迁同样如此，所不同的是：西方主流国家的社会生活是自发的、自然的转型，虽然急促但也经过200多年的变迁才真正完成这一转型；而中国社会生活的转型是被动的、被迫的转型，虽然不能说没有一点自发性，但准备不够充分，回应外来冲击无力，在时间上也只有100多年，但基本上已经完成了从传统的农业社会向现代的工业社会的转型，使一个封闭的社会向开放的社会发展。

社会结构的转型带来了生活形态的变迁，其结果主要表现在三个方面：一是生活方式的多样性，脱离了严格的社会等级制，在西方社会思想影响下，人们追求各种不同的生存方式，对待生活的态度也不再以儒学规范的统一标准为基本准则，而呈现出多种多样性；二是生活行为的自主性，不同社会阶层、不同职业、不同领域、不同文化的人们按其自身的利益关系和行为习惯自主决定自己的行为方式，不接受外部压力，是自由的行为；三是日常生活的合理性，人们的日常生活不是完全依据宗教和儒家伦理规范，也并不是按照传统和习俗，而是理性的、务实的、舒适的、实用的追求。这些社会生活形态的变迁必然对作为服务社会生活的设计产生重大影响，这是对设计价值观冲突的深层次的理解和原因分析。

设计价值冲突的另一个重要外在因素是经济的转型和生产方式的转变。传统的自给自足的小农经济向工业化市场经济的转型，产生了专业化、大规模的经济生产组织。布罗代尔说："市场实际上是条像分水岭那样的界线。根据你处在这条界线的一侧或另一侧，你就有不同的生活方式。"[12] 其实在这一分界线的两侧，首先是不同的生产方式，然后才有不同的生活方式。近代以来中国工业化的设计生产方式首先集中在官办企业，并以制造枪炮等军事工业包括机器设备为主，以图强国。之后，一批官督商办和民营企业开始转入工业化生产，造纸业、印刷业、造船业、玻璃砖瓦建筑材料业、皮革衣帽针织服装业等等都引入了动力机器，代替手工生产，以增强生产效率。可以肯定地说，生产组织方式的工业化的根本转变是促使设计转型的关键，原有的在手工业生产方式下形成的设计思维、方法和形式均无法适应工业化生产的要求。人们看到，西方工业革命以来，随着科学技术的发展，工业化生产越来越显出在经济发展中的优势，从手工业向工业化的转型成为一种必然，工业化生产这一技术因素几乎决定着设计的方法和形式。事实上，大规模生产不一定就合理，手工作坊也有其合理之处。但工业化生产作为一种趋势，创建大型工业化企业对于一个国家未来经济发展和整体水平提高的至关重要性，在20世纪80年代被大多数中国人认同，于是，社会生活形态的变迁加上工业化生产方式的转换，就不可避免地导致设计现代性的转型。

2. 设计价值冲突是价值准则的冲突

设计价值的冲突虽然有本土设计价值观与外来设计价值观的冲突，有传统设计价值观与现代设计价值观的冲突，也有不同设计价值主体之间的冲突，等等；但归根结底是设计价值准则的冲突。不同的设计价值准则具有不同的设计价值目标，其中必然会产生矛盾。这种设计价值准则的矛盾冲突具体体现在价值准则的建立上：究竟是以设计的功能性还是艺术性为价值准则，是以文化的普遍性还是特殊性为价值准则。

设计价值准则冲突的一个典型表现就是以功能性还是艺术性为准则。功能性是设计之所以成为设计的一个重要准则；艺术性是设计的外在形式，是让设计更好地发挥功能作用的一个重要准则。确切地讲，一个是物质功利的，一个是精神思想的。在设计价值冲突中，本来相安无事的功能性与艺术性这两个设计价值准则会发生激

* 图 10-5
《装饰》创刊号（1958年）。设计属于工科范畴还是艺术范畴至今仍在争论中。

烈冲突，人们为了突出设计功能而拒绝艺术性，为了设计的艺术性而放弃功能性。两者之间的平衡统一被打破，如果被问及"设计是属于工科范畴还是艺术范畴""强调功能还是强调艺术"时，选择前者的人显然倾向于技术、功能。20世纪80年代，认为设计不属于艺术领域、不能由艺术家来承担设计工作的大有人在。大部分人认为设计是工科与艺术的结合，功能性与艺术性两者同样重要；但是，如果必须在学科之间做出选择，那么，一部分人就会选择工科，认为技术功能更重要。而在20世纪50年代，统一的认识则是两者的结合，当时的名称"工艺美术"就证明了这一点。但如果也要在两者之间做选择，一般会倾向于美术或艺术，当时创刊的杂志被命名为《装饰》就是一个例子。虽然"装饰"应该是工艺美术的另一个名称，但它比工艺美术更倾向于艺术。

改革开放以来，在设计的功能性与艺术性上的争论异常激烈，否定艺术家（美工）参与设计成为一股潮流。同时，"设计"这一新名词的进入也让许多人以为这是工业革命之后产生的新东西，与原来的"工艺美术"相对立。于是，传统与现代也渗入进来，形成激烈的对立与冲突。设计被分割肢解成"传统、装饰、艺术"和"现代、功能、工科"两大价值体系，其中包含着学科的纷争、价值的纷争，而冲突的焦点则集中在功能性与艺术性这一价值准则上。

一部分人片面地理解设计，认为这是现代才产生的新领域，应纳入工科范畴，与传统的工艺美术无关，突出功能性。其实，设计不是新概念，装饰也不是美术，功能性更不是到了现代才开始被强调。1998年，教育部和国务院学位委员会正式颁布了普通高校本科和研究生专业学科目录和命名，将"工艺美术"更名为"艺术设计"或"设计艺术"，这是在学科定位上将艺术与技术重新统一起来。但是，争论并未停止，"艺术"在前还是在后、是否需要"艺术"等的议论从未消停过，而争论的实质仍然在设计的价值准则上。

功能性与艺术性的关系，是设计辩证的对立统一关系。最近30年来，由于西方设计的大量涌入，加上学科的变动、新旧的更替、设计的转型，两者在实际的设计取向和设计活动中产生对立，往往令设计家和理论家难以取舍，甚至无所适从。

2011年国务院学位委员会、教育部学位授予和人才培养学科目录将"艺术学"升为门类学科，设计学升格为一级学科，可授艺术学、工学学位。将设计纳入"艺术学"学科范畴，同时可倾向艺术或倾向工学。这是一个关于设计的新的定位，艺术与技术统一的设计价值准则得到了重新阐述。

设计价值准则冲突的另一个典型表现，是以文化的普遍性还是特殊性作为价值准则。在设计转型之中，如何对待设计文化问题成为争论的中心。一个设计价值准则是依照一种文化生存和发展建立起来的，另一个设计价值准则是依照另一种文化生存和发展建立起来的，不同的文化与价值准则相互碰撞，就会引发冲突。在全球一体化时代，这种冲突愈加激烈。亨廷顿认为全球化将是一种"文化之间的战争"，价值的核心是文化，而冲突的核心则是文化的普遍价值与特殊价值的矛盾。在设计价值准则的建立上，究竟应该把西方设计文化看成具有普遍价值意义，还是看作不同于自己文化的设计形态？西方设计文化能够为中国设计解决现代性问题，还是一种可供选择参照的设计文化模式？中国设计应该用西方式设计来更新传统，以便进入世界市场，还是保持中国设计自身的文化特殊性，以便使设计有中国特殊性，在世界上奠定设计地位？这些问题的凸显，表明设计价值冲突不再仅仅是表面与内在、西方与非西方、传统与现代、中心与边缘问题的矛盾，而是直接触及价值核心——文化问题。所谓设计上的"越是民族的就越具有世界性"就是对于文化特殊性的一种阐述。

设计价值准则的建立应在文化的普遍性与特殊性之间，谋求的设计普遍价值理应是具有特殊性的普遍价值意义，谋求的设计特殊价值应该是具有普遍意义的特殊价值。然而在设计文化的普遍性与特殊性的把握中，往往会产生一个又一个重大的理论冲突和实践难题。

3. 从价值逻辑看设计价值的冲突与转换

价值逻辑的任务是对价值概念进行分析，这也是价值判断和构建的基础。价值逻辑也可以将各种复杂的、矛盾的价值关系纳入逻辑思考的范围，探求其解决办法。因此，我们换一个角度，从价值逻辑来审视设计价值的冲突与转换。

价值逻辑提炼生活实践的逻辑，主要体现在实践性、辩证性、主体性和生成性四个方面[13]。

我们先从价值逻辑的实践性来看设计的冲突与转换。"价值逻辑源自人们具体的历史的价值生活实践，是生活实践中价值思维的格式、方法、规则、规律等的提炼与升华。"[14] 设计价值的冲突是价值准则的冲突，而所有设计价值准则都是从设计生活实践中提炼和归纳升华而确立的，设计的价值准则从设计生活实践中来。那么，在当今全球一体化时代，引起设计价值冲突的根本原因就是人类设计生活实践的发展，生活实践要求设计价值准则相应地适应、完善并指导设计实践。当一种设计价值无法适应新的生活实践时，当不同的设计价值准则同时在生活实践中发挥作用时，冲突与矛盾就无法避免。所以，设计价值的冲突来自生活实践的变化，"具有与人们的价值生活实践的一致性与统一性"[15]。设计价值逻辑与哲学价值逻辑都是实践的逻辑，具有实践的特征。因此，设计价值的转换也应以人们的生活实践为依据，而不能从普通逻辑中推导；应该在设计主客体之间对话、协调、共享，才能最终完成转换过程。

只有用价值逻辑的辩证性才能真正解释设计价值的冲突与转换。在设计价值观念上，会同时存在许多相关的、对立的、矛盾的设计价值准则，如设计的"功能性与装饰性""全球化与本土化""普适性与特殊性"等等，它们之间的关系十分复杂，有时可融合，有时部分相容，有时则无法共存，充满着价值上的矛盾。从价值逻辑的角度看，这种矛盾在某个时期出现是正常的、可以理解的。而对待这种冲突矛盾不是以不矛盾规律否定一种、肯定一种的普通逻辑方式来解决，而是着力处理各种矛盾，促使其转化、演变，甚至允许共存，以达相融目的。价值逻辑是辩证的逻辑，因此，设计价值的冲突与转化也具有这种辩证性。

与普通逻辑不同,"价值逻辑不是无主体、超越主体、撇开主体的逻辑,而是一种主体自我相关、自我指涉的逻辑"[16]。在设计价值的冲突与转换中,人的主体因素起着主导作用,设计主体、生活主体的需求、利益、情感、观念、目的几乎左右着这种冲突与转换。"少"和"多"、"罪恶"和"愉悦"、"功能"和"幻想"的价值取向和判断不只是对于设计的简单评判,不是中立于设计主体的,而是相对于设计主体的,是从主体接受的角度所作的规范和准则。离开了特定主体,设计价值就没有实践约束性。即便是应用价值也要考虑主体,墨子的"节用""非乐"、沙利文强调的"功能"、屈米强调的"幻想"就是对于主体而言的。因此,设计价值的冲突也就是主体观念的冲突,设计价值的转换也就是主体观念的转换,都是立足于主体的生活实践,是因主体所具有的复杂的生活状况和丰富的情感动态而产生的。

价值逻辑又是动态的逻辑、变化的逻辑和生成的逻辑[17]。价值逻辑既然立足于生活实践,具有主体性和辩证性,就必然要体现出变化性和生成性。人的生活实践是发展的,主体的利益也会随外在条件的转变而变化,而辩证的思维则是适应这种变化的高级思维形式。从这一角度看,设计价值的冲突和转换就是一种制约与突破的动态过程,它因设计生活实践而产生,受设计主客体的制约而变化,最终生成为新的价值内容。生成性在冲突与转换中逐渐形成,只有它才能解释冲突的设计世界与设计价值准则的重新确立。

以上所述,是从价值逻辑看设计价值的冲突与转换。在一定意义上,我们可以把设计价值的冲突与转换看作符合价值逻辑性的冲突与转换,是实践主体性的设计价值生成。

注释：

[1] 卓泽渊，《法的价值论》，法律出版社，2006年版，第587页。

[2] 卓泽渊，《法的价值论》，法律出版社，2006年版，第590页。

[3] 大卫·布莱特著，张惠、田丽娟、王春辰译，《装饰新思维——视觉艺术中的愉悦和意识形态》，江苏美术出版社，2006年版，第251页。

[4] 兰久富，《社会转型与价值冲突》，刊《北京师范大学学报（社会科学版）》，1993年第3期，第99页。

[5] 吴承明，《中国资本主义的发展述略》，刊《中华学术论文集》，1981年第11辑。

[6] 郑观应，《盛世危言增订新编》。

[7] 鲁迅，《鲁迅全集》第1卷，人民文学出版社，1981年版，第344页。

[8] 庞薰琹，《庞薰琹工艺美术集》，轻工业出版社，1986年版，第2页。

[9] 李立新，《庞薰琹与中西艺术》，刊《文艺研究》，1999年第6期。

[10] 李立新，《中国工艺美术研究的价值取向与理论视阈——近年来工艺美术研究热点问题透视》，刊《艺术百家》，2008年第4期，第116页。

[11] 李立新，《中国工艺美术研究的价值取向与理论视阈——近年来工艺美术研究热点问题透视》，刊《艺术百家》，2008年第4期，第116页。

[12] 布罗代尔著，施康强译，《15—18世纪的物质文明、经济和资本主义》第2卷，生活·读书·新知三联书店，1993年版，第35页。

[13] 孙伟平，《价值哲学方法论》，中国社会科学出版社，2008年版，第282—285页。

[14] 孙伟平，《价值哲学方法论》，中国社会科学出版社，2008年版，第283页。

[15] 孙伟平，《价值哲学方法论》，中国社会科学出版社，2008年版，第283页。

[16] 孙伟平，《价值哲学方法论》，中国社会科学出版社，2008年版，第283页。

[17] 孙伟平，《价值哲学方法论》，中国社会科学出版社，2008年版，第283页。

第十章

设计价值的重构

当今时代，各种设计思想相互交织，各种设计思潮相互激荡，设计价值观的矛盾冲突愈加剧烈。因此，重构中国设计价值体系，具有极强的现实针对性和重要的设计实践意义，也是当前中国设计发展的内在需要。在新价值的取向上，应关怀人类的生存状况和精神困境，这是根植于人类社会生活背景的新思考。在价值多元化的状况下，强调设计内化价值和实践价值的多样性，不是从冲突的角度，不是以肯定或否定的方式，而是从当前的社会生活实践出发，以"共生""互惠""杂陈"结束长期的矛盾对立和抗争关系，建立一个开放的设计价值体系。

第一节　设计价值的取向原则

重构在设计生活实践上融通物质与精神思想的设计价值观，在价值取向上至少应该包括三个方面的内容：（1）技术与人文，择取有人文关怀的设计技术；（2）义和利，坚持设计的义利统一；（3）个体和社会，注重社会与生活的和谐。

1. 技术与人文：择取有人文关怀的设计技术

进入高科技社会之后，社会生活和设计生产方式发生了显著变化，以工业技术为基础的现代大工业生产逐渐消退，通信技术、新软件、电子商务和互联网络等新技术渗入设计领域，我们处在一个新的历史转折时期，从设计大工业、市场化向网络化、生活化方向的转折。回顾近代以来设计价值的不断转换与更新，其源头就是工业革命技术。如果再回溯设计的发展，技术几乎起着决定性的作用。人的创造本质是通过技术才真正体现出来的，可以说，技术是人的创造性本质实现的必要手段。一方面，技术将人的设计创造活动由潜在意识转向物质现实，创造意识只能通过技术实现。掌握什么样的技术，就产生什么样的创造，就有什么样的设计形式。另一方面，技术所决定的创造性必然会抛弃多样的创造意识，使设计趋于单一而失去丰富性，现代工业生产导致的设计现代主义风格就是例证。"技术既是主体彰显自我的力量的象征，也是自我毁灭的力量。这是技术根深蒂固的二元性。"[1]

* 图 11-1
CAVE 虚拟现实系统。虚拟的图形设计消解着对于设计价值意义的深度追求，引发人的设计意识和生活实在的虚无化倾向。

中国设计艺术未能真正完成转型，电子和信息技术的推广与应用，又一次对设计的存在形态造成了巨大的冲击，互联网、电脑屏幕逐渐替代纸笔制图，成为最基本、最重要的设计方式，改变着人的设计思维和设计行为。虚拟的图形设计消解着对于设计价值意义的深度追求，引发人的设计意识和生活实在的虚无化倾向。设计重在设计过程，而网络技术和电脑技术简化了这一过程，只保留了结果。它使设计过程变成了"图形的合成"，这种图形并不是从生活中提取的合乎自然规律的形式，不是人对于生活实践的感知，而是在一种程序软件的逻辑中产生的虚幻的东西。人真正的设计创造力被这种虚化的东西所扼制，设计的价值也无法真正在生活中产生效应。"在技术化的千篇一律的世界文明的时代中，是否以及如何还能有家园？"海德格尔的追问提出了未来的前景是人的技术化，还是技术的人性化问题。

技术思想家芒福德认为：人首先不是工具的制造者，而是意义的创造者。意义即我们现代所谓的价值意识，比设计工具更早，意义价值是设计的前提和目的。而设计制造工具则不是简单的实用，而是有着某种意义（价值）。技术与意义、技术与价值在最初是合一的，并没有完全分离开。因此，技术的早期形态称"技艺"，这是一个合乎人文意义和设计价值的词汇。"技艺"是技道合一的，《庄子·天地篇》曰："通于天地者德也，行于万物者道也，上治人者事也，能有所艺者技也。技兼于事，事兼于德，德兼于道，道兼于天。"技与道是相通的，这对于我们今天摆脱技术与人文的对立，在设计价值取向上选择有人文关怀的设计技术无疑是一个有益的启示。

我们如何选择有人文关怀的设计技术？首先，一个具备高尖端科技而对于人类生活没有价值的技术，不是人文关怀的设计技术。但技术具有双面性，技术具有人文关怀是人所赋予的，如果设计仅仅强调技术高尖端的一面，而忽视其人文意义，就会失去设计的意义。技术的重要性在于它对于社会生活文化的意义。比如移动电话技术，它能加强家庭的联系，加强人与人之间的联络，又能用作全球通信。互联网技术能使全球每一个角落都能同时获取各类信息，这种技术已经渗透到人的日常生活的生存状态之中，改变着我们的思想、行为和方式。我们一方面享受着这种技术带来的种种便利，另一方面又会不自觉地陷入技术崇拜的境地，甚至被技术统治。但是，我们无法拒绝高尖端技术，只能在利用它的同时，将人文规范注入其中，以避免技术消解人文精神，对人类生活形成威胁。这是在技术的强势作用下，我们建构设计价值时所要遵守的取向原则。高技派设计在经历了"技术至上"所带来的各种矛盾问题之后，转向重视环境生态的平衡，产生的高技术与生态人文融合的新的价值思想，正是在高技术中注入人文关怀的最佳范例。

其次是需要重温手工艺技术。在手艺中，技术与人文是和谐的，手艺中体现了丰富的艺术要素与文化要素，手工艺技术表达了手艺人的个人情感和约定俗成的规范，是与手工艺生存时代的自然环境和社会生活环境相协调的，这是高新技术时代缓解技术与人文对立紧张状态最有效的温习。手艺通过"天时、地利、人和"达到的设计价值效应，在当代社会，也能通过生活的人文技术的复兴，将现代技术从无限膨胀的魔力下解救出来。如果只是从技术的角度提出一些解决方案，其思路仍然在技术上；而只有从手工艺所特有的人与自然、人与技术的平衡视角来考察高新技术问题，才能走出技术逻辑，找到问题的症结所在，获得解决的方法，去实现技术的人文关怀。现代手工艺的兴起正是这一新思路的实验与尝试。在信息化、数字化时代尝试一种设计与创作一体化的手工艺作品，可以模糊工艺与艺术、设计与艺术的界限，也可以合理开发自然材料，解决现代工业产品无法解决的兴废利旧、循环再生的设计问题，而突出的应该是手工艺中的个性与人文，这为高新技术时代提供了技术人文关怀的范例。今天的人类社会要实现设计价值的共存发展，要建立自己的设计价值体系，手工艺的自然、亲和的技术传统与价值取向，尤其应当得到发扬。

2. 义和利：坚持设计的义利统一

设计的义和利是同整个设计的价值取向相联的，与社会生活、和谐目标、伦理原则相辅相成。义利关系具有时代特征，在当今信息化时代，设计义利关系的价值取向应该成为中国设计价值建构的特色之一。

设计作为商品，义利之辩由来已久。《史记》中说，"天下熙熙，皆为利来，天下攘攘，皆为利往"，物欲的满足成为个体最高的目标追求。孔子将义利对立起来，认为"君子喻于义，小人喻于利"，将"义"视作人生的终极价值取向。而墨子主张义利并重，"义，利也"，义就是社会人民生活的大利。在设计上，如果把义利关系看作精神和物质的关系，那么，儒家弃利取义的方式显然忽视了物质的因素，只强调精神的作用。而我们在实际生活中首先接触到的设计客体就是物质的"利"，在这些物质的"利"的基础上才能产生精神作用的"义"。从这一点看，墨家的贵义尚利是从物质财富构成道德精神的角度所作的准确的价值取向，义利并重解决了义利之辩中义利对立的矛盾，也为设计义利矛盾的解决提供了历史的经验。

当今世界，市场经济使得设计越来越商业化，比如，著名的设计品牌耐克公司，既无设备,也无工厂,更不生产鞋子,它的生产全都外包给东南亚地区不知名的转包商,实际的生产成本仅1美元,而市场上销售价是100美元。耐克的做法在商业上是成功的,但在设计上、文化上、生活上却是悲哀的[2]。这种"唯利是图"的做法忘记了设计的根本目的,实质上将商业利益至上视为设计的价值。当今社会,在许多方面,"唯利是图"成为潮流,主题公园设计、游戏设计、旅游品开发、娱乐场所、文化杂志,甚至生活、家庭关系也越来越商业化,就连时间本身也变成了最大的商品,所谓"时间就是金钱"。设计过于商业化极易造成生活心态的失衡,如果只是单纯以物的利作为设计的价值取向,那么社会生活就难以和谐。

* 图 11-2
耐克鞋。实际的生产成本仅1美元,而市场上销售价是100美元。耐克的做法在商业上是成功的,但在设计上、文化上、生活上却是悲哀的。

原本旨在联结人与人之间关系,充满人性色彩、体现仁爱本质的各种生活、休闲、设计活动,遭到商业模式的侵入。由于缺乏相应的商业行为规范约束,很多商业设计的不良行径频频出现。随着网络新工具的产生,网络商业霸权自然形成了垄断,知识、设计、信息成本减弱、降低,设计的生活效应呈现边际效应,商业价值上升,"利"左右着设计未来的价值。在中国设计价值重构的过程中,如何阻止设计这种重利轻义的商业模式的蔓延,并坚持设计的义利统一的价值取向呢?

首先,要认识到设计是商品,为实现商业效益必须获利,但利只是一种基础作用,无论是设计的商业价值,还是设计的使用价值,都只是一种基本价值。基本价值不能置于设计价值的最高处,它只起基础作用,是一种局限性的存在。设计应将生活的利益,以及人类的生存与幸福置于最高地位,这是设计"义"的行为。价值必定是"义"的行为,义与善相通,其本质在于促进人和社会的发展、完善,最终达到美好境地。而设计"义"的实现不能脱离设计之"利",不能没有基础悬浮于空中。因此,义利并重、义利统一才能实现设计真正的价值,设计的义利统一是新设计价值构建的取向。

其次,在发展设计、追求设计的市场经济效益的同时,建立起设计的政策、制度与规范来引导设计活动,防止和制裁各种设计越轨的不义行为,如滥用价格低廉、易产生污染的材料,企业以"增肥"来获取暴利,网络的霸权垄断等等。设计活动的规范有多种形式,除制定一系列政策法律制度外,还有设计评奖、设计学术会议、设计教育。把设计活动的求利行为纳入法制轨道,并对符合规范、创造出设计价值的活动及作品作出肯定和奖励,实现"义利互动"。在制度上保证设计这个大系统价值取向的义利统一。

追求社会利益和人的生活利益是设计的最高价值目标,是设计的应有之义。在信息化时代,设计的商业利益、社会效益与人的生活利益三者要统一起来。这有利于社会发展,有利于人们生活水平的提高,也有利于从旧有的、外来的设计价值向新的、中国自己的设计价值观的转变。设计的义利统一是设计价值发展的必然要求,是对设计的享乐主义、拜金主义追求的抑制。

在中国设计转型的后期,需要对设计的失序、价值的失范和生活的失衡进行调整，设计义利统一的价值取向能够引导设计活动正确处理商业价值与生活价值、伦理价值之间的关系。当代社会是一个设计共同体，也是一个生活共同体，更是一个利益共同体，生活利益决定社会的和谐程度，也决定设计价值的取向。设计义利观的统一正确地处理了义和利的关系，它并非墨家义利并重的再现，而是在强调人的生活利益的首要性的同时，强调物的商业利益的正当性。坚持社会、生活、商业利益的统一，不仅能促进社会生活的发展和进步，也能调动设计活动朝着有序的、理性的方向发展。设计义利统一的价值取向必将成为中国设计价值重建的重要条件和保证。

3. 个体与社会：注重社会与生活的和谐

中国现代设计艺术是在工业化的浪潮中，在西方设计文化巨大的压力和引力作用下拉开历史帷幕的。在进行了设计生产方式的历史选择之后，又展开了对传统设计和西方现代设计的比较、批判和质疑，展开了对设计个人化、自觉化、现代性、社会性等多种价值目标的讨论。随着各种现代设计思潮的涌入，价值取向集中在个体生活和社会和谐方面，两者此消彼长、潮起潮落，展现出中国设计转型复杂矛盾的多个方面。对于设计现代性的追求，强调的是设计和人的个性的解放，在服装设计上最为明显，自由、轻便、性感的服饰设计替代了过去遮掩、单调的服饰设计。但是，生产方式的批量化也造成了设计和人的个性被忽视。假如说中国传统的设计价值观重在社会伦理的规范与实现，西方现代设计的价值观重在个体人的生活舒适、幸福的体验；那么，这一时期旧有的价值观和更新的价值观都不具有支配性地位，传统的价值观和西方的价值观都失去了引导的力量，设计价值观处于混乱、失调的状态之中。

设计发展和社会生活发展的不平衡、不协调是设计价值缺失的主要原因。最近

30年来，社会生活结构发生了巨大的变化，尤其是生活的变迁使原来设计中的各种矛盾不断嬗变而衍生出新的矛盾，使中国设计承载了更为复杂尖锐的矛盾。设计的非物质化与商品化、虚拟性空间的网络垄断、价值的非人性化甚至走向无关紧要，如果剥离这一矛盾的外在表现，不难发现，社会的尺度变化、生活权利的追求、利益集团的经济需要等等构成了这一矛盾的焦点。因此，设计价值的构建必须注重社会与生活的和谐，这不仅关系到中国设计转型的成功，也直接关系到社会每个个体生活质量的提升和生存环境的改善。设计的价值取向正是以变化中的现实生活实践为前提和依据的。

个体是设计的使用者，是生活的享受者，也是社会和谐价值的创造者。缺失个体，设计价值无法产生和谐效应，个体是设计价值的主体。因此，构建和谐价值归根结底要充分发挥个体的创造作用，个体是设计和谐价值构建的主人。在设计价值取向时，需要注重个体及个体生活的以下几个方面：（1）站在个体使用者的立场，考虑符合个体使用者欲求，以及简便、舒适、无公害、个性化、趣味性等方面的设计要素，从使用者的生理特性、心理特性、生活环境、废弃处理等方面需求入手，以个体的意识、个性、审美、多样、快乐、舒适为价值取向，这是个体生活者优先的取向方式[3]；（2）价值主体或生活个体肩负着多种角色，每一角色如设计家、评论家、企业主、消费者等都承担着相应的设计责任、权利和义务，设计价值能够产生和谐效应首先在价值主体上表现出来，因此必须明确每一主体自身的身份和责任，遵循社会和个体角色的规范，准确把握个体与社会的利益关系，防范和杜绝个体欲望的过分膨胀，避免矛盾冲突的加剧，使个体与社会之间的关系融洽正常；（3）确立个体生活责、权、利相统一的生活观，生活主体在设计生活实践中要拒绝不良设计和易造成环境问题的设计产品，同时也要创造一个有利于个体自主选择设计与心理支持的设计实践场景，从个体接受出发，尊重个人情趣，将责任、权利、利益三者统一起来，真正让个体生活丰富多样、幸福美满。

社会和谐是个体与生活、个体与社会、生活与社会之间的和谐，是设计价值的目标取向，可以考虑以下几点：（1）以政府职能管理部门为主，建立设计的定向机制。设计的定向机制是优化设计结构，将设计决策目标与社会生活紧密联系起来，根据设计发展的趋势，预测今后一个时期生活、生产所需，在社会与个体之间、设计与生活之间建立联系，提高设计的创新能力，为生活现实服务。例如，工业和信息化部、教育部、科学技术部等11个部委联合于2010年7月22日发布了《关于促进工业设计发展的若干指导意见》，对工业设计的发展目标、自主创新能力、市场环境和政策支持力度作出规划和指导，创设了一个工业设计服务社会生活的良好氛围，通过设计指导、规划、沟通等定向性活动，使个体顺利进入设计发展规划所设置的社会发展活动之中，矫正了以往设计与生活所需目标的错位。（2）以社会、生活、娱乐、休闲、消费、网络发展为依据，建立设计的开放机制。其目的是加强设计与社会生活的积极沟通：一方面让设计更好地服务于社会生活；另一方面，接受掌握社会群体的实际需求，在设计服务与反馈中相互交换、相互理解，促进社会的和谐发展。（3）以设计创新为首要任务，建立设计的整合机制，其目的是设计创新，作为适应社会生活所需、创新社会和谐的重要手段。整合是设计资源的整合，也是在个体与社会之间、设计与环境之间、文化与文化之间的协调重组，实现社会和谐这一终极目标的同一性。

注重社会生活的和谐也是中国传统设计的价值取向，在当代社会已呈现出一种新的面貌，个体与社会生活因设计的现代性而具有了新的意义。社会生活和谐目标的追求是设计价值重构的核心，个体的愉悦幸福也在这一社会理想中得到了统一。

第二节　设计价值的多元化

设计价值取向的多样性带来了设计价值的多元化，多元化所产生的设计多样性对当代人类社会生活的和谐发展具有关键性的基础意义。设计价值的一元化无法面对当前全球化进程中的社会生活，无法适应日益丰富的社会生活实践。多元价值也必须转化为设计行为才能保证其共存交融，这种价值内化鼓励各种设计价值思想的实践，使不同的设计相互交融、彼此渗透，并在设计整体中实现，在设计价值中相邻而共存。

1. 设计价值多元化与绝对一元化的困境

当今世界历史进程呈现出经济一体化、设计标准化、传媒全球化的趋势，几千年来积聚的人类生活、文化、设计的多样丰富性能否在这场全球化演进中得以保存和发展？我们所做的设计工作或重建设计价值观的努力究竟有什么意义和价值？任何一种文化和设计处于关键的历史转折时，都会回顾自己的历史。就像文艺复兴和启蒙运动都要重新参照古希腊罗马一样，就像莫里斯和文丘里重新参照哥特式设计和古罗马设计一样，我们也需要回归自己的文化源头，去寻求新的设计价值发展途径。

先秦文化重视差异性，西周末年史伯提出了一种事物发展的思想："和实生物，同则不继。"在这里，"和"与"同"是两个不同的概念，"和"是有差异性的东西合在一起，"同"是完全一致的东西重复。有差异的东西相互协调产生和谐，才能发展；而完全相同的东西叠加，其结果只能是窒息生机[4]。"和实生物"的主要精神就是让各个不同的事物相互杂陈、交融、渗透，从而产生新的事物。"同则不继"表明，一致的、同一的事物是无法发展、难以存续下去的，更不能形成不同的事物。这种不断发展、开放求新的思想精神，在3000年中国文化与设计史上产生了巨大影响，中国设计历史的完整延续性正是这一价值观的实践所致。在当代，"和实生物"也为设计价值的多元共处提供了取之不尽的源泉。

多元价值思想出现在设计领域是近30年来设计实践的结果，它不是一种口号式的说说而已，而是为解决长期面临的中外设计冲突、新旧设计矛盾而提出的，鼓励各种相异的设计思想参与中国设计活动实践，工艺美术思想、现代主义设计思想、后现代主义设计价值观、结构主义价值观等不同的设计传统与观念杂陈，这些思想观念的共同存在几乎就是设计思想的混血和杂交，而能够在不被质疑、批判、排斥、冲突的一个设计整体环境中和睦相处、共存共荣。多元设计价值的特征是以多种设计价值观"等价并列"，把历史的、西方的、民族的、现代的等多种设计思想进行有效的比照，从人的生活和设计的现实出发，从多元庞杂的价值共存中重新确定重要的设计价值，以此来建构与生活实践相对应的"几种设计价值共存"，其中需要展开各种设计与文化的关联对话、价值的重新阐述。这是多元设计价值思想产出之后所需要做的重要工作，因为多元并非真正的价值杂陈混合，多元并非目的，真正的目的是"和实生物"，生物创新才是目的。

因此，我们考虑设计的多元价值应该划分出三个不同的层次：（1）研究各种设计因与文化、生活、习俗之间的关系而形成的原有的设计形式，从功能、审美到目标价值,强调各设计的差异性;(2)建立一个设计与文化、生活习俗之间相遇、协调、交流的机制,同时分析设计与文化、设计与生活、设计与习俗的关系,对如何以设计形态来表达进行深入研究;(3)思考设计在生活实践中所具有的社会意义,这些意义将带来比较明确的价值思想,特别是属于文化、生活适应方面的种种现象,值得关注。以上三个层次有利于引导我们思考处于杂陈状态下不断变动和对话的各种设计价值观,这样就不会忽略那些主流价值观以外的价值思想,包括相对传统的、独特的价值现象,防止类似帕帕奈克设计价值观被贬视的情况再度出现。以便使多元价值的建构能更好地理解相异价值的价值,使重建工作更具有全面性。

创建一个"和谐"社会,坚持设计价值的多元化是十分重要的;因为多元的社会必定产生多元的生活,多元的生活方式必须由多元设计来适应,由多元的设计价值来引导。但是,历史的经验告诉我们,要真正实现这一点十分困难,主要问题并不是多元价值相杂所引起的冲突难以消解,而是在当前出现的一股全球一体化思潮所带来的价值观的普遍主义思想[5],这种普遍主义思想在设计领域的表现是一元价值观的盛行。

这种普遍主义思想认为,所有的民族、社会都必须遵守一种所谓最好的文化模式[6]。但是,"普遍主义"的普遍性是建立在西方社会生活基础之上的,是对于西方文化的归纳和总结,也具有历史、地域、文化上的局限性,它并不能适应其他民族、社会、生活的特殊状态;因此,"普遍主义"不是放诸四海而皆准的真理。在设计领域,与"普遍主义"相似的是现代主义设计价值观,世界各地都难以避免这种工业化时代带来的设计观念的冲击。虽然现代主义设计早已在40多年前衰落,但在中国等许多发展中国家，现代主义设计价值观仍在设计领域强势地、霸权地、独断地盛行。从历史的角度看，现代主义设计价值观在工业化急速发展的时代并没有什么不妥，但它极力崇拜抽象形态，极力强调同一性和普遍性，对传统个性的否定和历史地域的特殊性一概排除，成为设计普遍的真理，从而形成一种设计霸权强加于他者，就使它陷入了僵化的困境。柯拉尼在深圳的一次会议上说："包豪斯是一具僵尸，无论你怎么给它化妆，它仍然是一具僵尸。"但是，这具"僵尸"的阴魂却一直在中国的设计领域不散，看一看中国设计的现状就知道了：从设计教育到设计实践，都是以包豪斯的设计价值观为标准，而排斥历史传统、文化语境、生活场所的特殊因素。所谓一个世纪以来中国设计在外来文化的影响下的矛盾冲突，最终的结果实质上是现代主义设计价值一元统治的天下。如何从设计价值的一元走向多元化是中国设计目前所面临的重大课题。

2. 设计多元价值内化与外化机制的建立

多元化价值作为当代设计的价值追求，必须要转化为主体的制造行为才能实现。这种转化的途径有一个内化与外化的机制，只有在这一机制的运行下，设计主体将多元价值内化为价值认识和自觉追求，在这种认识和价值追求中，又外化为设计行为，最终通过生活实践完成。整个过程在一个内化与外化的机制下运行完成，这也是实现设计多元化价值的有效途径。

内化的概念最早由迪尔凯姆提出："内化是社会价值观，社会道德转化为个体的行为习惯。"[7] 多元化设计价值观如果仅仅是一种设想，就只能停留在口号阶段，无法在设计实践中产生效应。而真正要实现这一价值思想就必须通过内化，在设计主体心理上确立这种价值观，并不断内化为一种准则，从而提高各自对设计实践活动的掌控能力。多元化设计价值体系是为了维护一个多元文化生活的和谐社会而在实践中产生的，它不是一个纯主观性的选择，也是外在于设计主体的。设计主体只有通过教育、认知活动，通过社会生活实践和设计批评、社会评论及设计活动方式，在内在心理上产生影响，内化为多元价值的自觉意识和价值取向。

多元设计价值的内化过程复杂无序，很难有一个统一的方式来实施，必须在设计主体自我认知和设计实践中逐步获得。设计主体的自我认知是内化最为重要的过程，它通过一系列自我认知——比如对日益多元化的社会环境的认识、对生态系统的破坏所造成的生活上的困境的认识、对互联网络所带来的设计虚拟化的认识等等——来评价设计价值问题，调适自我，进而才能获得多元价值观的认同。文丘里、詹克斯、盖里、屈米等一大批设计家能够设计出符合其新设计价值观的设计作品，就是他们将新的设计价值思想或体系自我内化的结果。内化过程结束就转化为设计价值的外化形式。

外化是设计主体的价值取向转化为设计行为的过程，也是设计主体价值观的客体化，是内化过程的结果。这是多元价值认知到设计实践的过程。多元设计价值在本质上是设计实践，外化的设计行为是其过程阶段，是价值观念意识通过内化的外在呈现。这一外在的设计行为也受到材料、技术、生产、销售等各种因素的制约，加上现在新技术中的软件、网络、通信等的制约，外化行为还受到时间、地点、心理、消费、文化、经济的制约。所以具备了多元化的价值思想和认识，不一定就能在设计行为中顺利地完成外化过程。因此，建立一个多元设计价值内化与外化的机制，确保两个过程的通畅，是非常必要的，也是多元化价值观成功实践的关键。

机制是调节、是保证，设计多元价值内化与外化机制就是将各种设计价值与设计主体、设计客体之间的关系，各种与设计相关的要素之间的关系作出适当的合理的调节，以确保多元价值在设计中实施。内化与外化调节机制的建立应有以下几方面的思考：（1）构建宏观和微观两个层次的调节体系。宏观层面的调节，其目的是把握多元化价值对于内化过程和外化过程的掌控，需要对设计价值多元化共存共荣确立明确的准则，以便于内外化的认识和实施，如对环境生态、伦理价值、艺术与功能等定向地给予引导。微观层面的调节，侧重于设计价值，具体到材料、技术的认识和利用，是细微的、深入的、细节的调节，以便于内外化的操作。（2）确立协调发展、整体多元的目标。多元化价值观是为设计主体而构建的，主体在认识和实践上容易出现某种偏差，如过于强调某种设计价值观而忽视了多元化价值的整体性，而多元价值的特质就是共存多样化，协调就是考虑价值的平衡性，促使各种价值在内化和外化中得到认识和实施，从而实现多元化的目标。（3）搭建设计多元价值的内化与外化平台。价值的内化与外化特征决定了内外化主体，也包括政府、部门、机构，这些重要的机构可以组织学术研讨、评奖、颁布法令、组织培训、教育公民等活动，这就为内外化建立了一个较高的平台，提供适当的资金，开展一系列相关活动，并引入市场机制，合理地通过各项政策的运用来实现内外化过程。

3．设计多元化价值的实践

设计多元化的价值准则，内化与外化的价值行为，都要以实践来证明，都要以设计生活实践结果的事实来进行价值评价。设计多元化的价值观念重"差异"，坚持"和而不同"的原则,是对"和实生物"的现代阐述。按照这一观念,设计价值从根本上说有利于促进设计的发展,促进人的生活和社会和谐进步。要实现这一目标,还需要推动设计多元化价值观的实践转化,从设计在生活实践中所产生的效应去衡量、评估多元价值,从对人和社会发展的实践效应去把握、证明多元价值的可行性和实际效果。设计多元化价值观虽然是针对当前设计的现实和生活、社会的多元性而提出的,具有一定的实践基础,但这一设计价值新形态还是在理想的状态之下产生的,尚未充分考虑生活、社会、环境等复杂因素的作用和影响。在设计多元价值与设计现实之间,与生活、社会实际之间还未真正形成价值导向作用;因此,需要把多元价值准则、内化与外化和价值实践密切联系起来,形成具有过程性的、推进性的、实践性的多元价值结构:

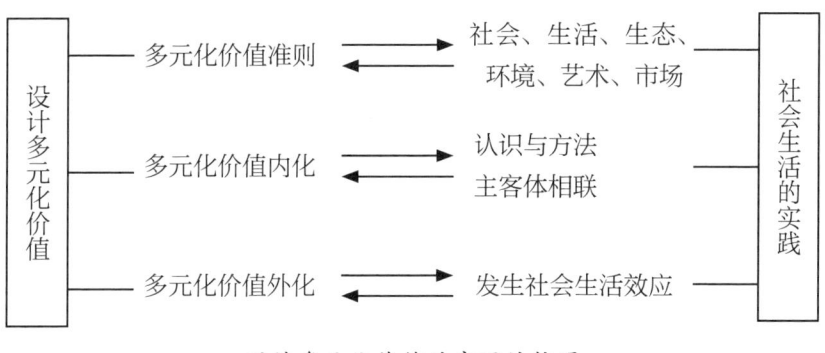

```
                  ┌── 多元化价值准则 ⇄ 社会、生活、生态、 ──┐
设计多元化价值 ───┤                    环境、艺术、市场       ├─── 社会生活的实践
                  ├── 多元化价值内化 ⇄ 认识与方法            │
                  │                    主客体相联            │
                  └── 多元化价值外化 ⇄ 发生社会生活效应 ─────┘
```

设计多元化价值的实现结构图

设计的多元价值实践蕴含着实践目的和设计价值增值的内在联系,设计实践过程也是多元价值的生成过程,涉及设计多元价值直接的目的性实践、间接的工具性实践、综合的价值性实践。只要设计客体的某一属性满足了生活主体的某种需求,设计就能产生价值效应。但不同的设计价值属性对于相同的主体、同一设计价值属性对于不同的主体,在实践中发生的价值效应也会有所不同。直接的目的性实践在设计的主客体之间呈现出一种对应关系,如当前环境生态的危机表现出治理上的紧

迫感，设计中强调绿色环保作用，设计的生态价值就成为一种当下的需要，在实践中作为目的性价值产生效应。这种"目的作为力量以与那对象相关联，而目的之支配对象乃是一种直接的过程"[8]。直接的目的性实践还表现在价值外化物设计所固有的功能属性直接满足人的生活的基本要求，如电脑桌专为电脑使用者而设计、手机造型样式专为某些酷爱时尚的年轻人而设计、轮椅专为生活有障碍者而设计等等，表现为生活主体欲求所引起的设计活动直接作用于对象的实践方式。

在当代设计实践中，主客体双方建立起来的价值效应，有时不是直接的客体物对应于生活主体人，而是在一种间接的方式下实现的，这是设计多元价值间接的工具性实践。比如，互联网络、电脑软件等新的技术属性不是可触摸的设计物品，不是现成的、固有的、先在的设计客体；而是具有一种技术工具性属性，这种属性具有虚拟性、交互性和开放性的特征。就设计主客体而言，不再是一一对应的目的关系，而是双向互动的、非物质的；它跨越了时空障碍，扩展了设计实践的领域。人类设计实践所面临的是最复杂、广泛，最开放、宽阔的主客体实践关系。诺伯特·纳特说："技术的发展，对善和恶都带来了无限的可能性。"那么，这种间接性的数字化工具的设计实践就不仅仅是一个技术价值问题，而且是一个伦理和社会价值问题，"人"依然具有内在的价值性。

多元的价值观、社会生活形式与精神的多样性，决定了这样的价值实践必须将直接的目的性实践、间接的工具性实践相结合，综合化为设计价值性实践。这是设计多元价值综合的价值性实践，表现为多元的合化，是一种价值规律的合理呈现。多元的合化是共存的设计价值的合化，不是只考虑某种直接目的、只注重间接工具性。只考虑某种直接目的就会使多元价值转化为一元价值；只注重间接工具性，将会使多元价值倒退到技术价值。而合化可以体现出多元价值的目标。规律的合理性是将设计的功能规律、技术规律和生活社会规律三者综合起来。只注重直接目的规律会陷入"功能主义"，只注重技术规律会陷入"功利主义"，只注重社会生活规律会陷入"设计乌托邦"。只有在各种设计实践中将上述三种规律综合起来，才是设计多元价值的价值性实践，其结构见下图：

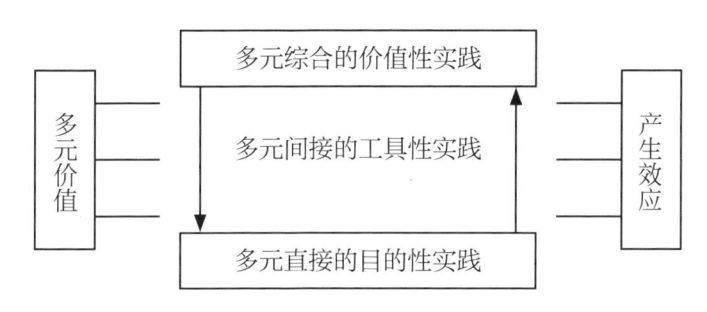

设计多元化价值的实践性结构图

由此可见，设计多元化价值需要通过三种设计实践方式才能在生活中产生效应。这三种实践具有结构层次性，只有最高的综合价值实践才有产生设计价值正效应的可能。中国设计多元化价值的实现，必须从充满生机和活力的中国生活社会实践中才能获得。这是设计多元化价值面向生活实践的逻辑。

第三节　建立开放的设计价值观

1. 设计"全球化"是否支持价值多元化

设计转型之前——工业化之前——的人类生活基本上是分离多、交流少，在这种状态下形成的设计价值观不尽相同，自成体系。但是，在当今，数以千万计的人正在为世界市场而不是当地市场从事设计生产活动，无论是服装、鞋帽、餐具还是电子产品，无论是在中国、日本、印度尼西亚、巴西还是在欧美国家。年轻的一代不再以手工学徒的方式制作产品，也不再去编织竹篮、做女红，而是从事与汽车、广告、影视、动漫等相关的工作，他们可以在任何地方用多种方式与我们即刻联络：发邮件、QQ、视频……虽然这些仅仅出现了几年，甚至有的刚刚发生，但人们却已经习以为常了。这一切表明，我们实际上正在变成一个单一的世界市场、一个设计共同体。

现代人类生活越来越一体化，设计也越来越趋向"全球化"；那么，如此一体化、"全球化"的生活与设计是否也一定会导致价值观的趋同化？确实，当前人们认同一些基本的价值理念和原则，这些理念和原则也构成了现代设计价值观念的核心内容。这就使得各地区、各民族的设计不再是彼此性质不同的价值观念，而是呈现出同一性质的价值观念的不同形态。正如我们常说的"日本特色的设计""北欧风格的设计"，这里的"特色"和"风格"所指的不是不同的事物，而是同一事物在不同情境中的不同表征，这些均和国家、地域、民族与传统有关。

不管是当今还是未来，不管设计是否存在"全球化"的可能，都不会有一种完全一致的设计价值观。因为现代设计的价值观念是在一定的国家、民族的设计传统中生成的，而且是在与传统的和现行的价值观念冲突、斗争中生成的，这一过程可以说是一场观念上的革命。当这场革命波及其他国家时，价值观的更换也就不会是完全相同的；因为在与本国本民族的设计传统文化的冲突、斗争和妥协中，各种因素制约的结果会非常不同。我们在谈到西方现代设计时，常笼统地以"西方"二字概括一切，忽视了欧美地区文化内涵的复杂性。德国的现代主义设计进入美国之后，其民主性、大众化和经济性的价值观立即变为商业化、垄断性和经济效益的价值观。欧洲各国的设计因其传统文化，大多注重设计的文化价值；美国的设计则更重享乐、消费、商业和时尚的价值观。在所谓设计"全球化"的过程中，还是凸显出了价值观的种种差异。

尽管某些国家、某些地区的设计价值观可能更典型，并曾经风行一时，但在社会结构发生变化，尤其是生产模式转换之时，价值的准则也在急切地改变。如前所述的德国现代主义设计，在与现代工业生产的结合中，展现为一种原则的价值，即主张功能第一、非装饰、经济性和大众化的价值观，对于这些我们耳熟能详。20世纪50年代，我国也制订了"实用、美观、经济"的设计原则。但经过半个多世纪，回头从工业—技术—设计—社会的层面看，工业化展示了巨大的创造力，却也暴露出人的创造活动具有的负面价值：日益增长的工业生产使能源枯竭，人工物以及废弃物的难以分解使环境不断恶化，人与环境的关系紧张；人和人、人和社会之间的交流转变为通过工业技术手段来实现，人与人之间的关系冷漠化；人在创造物的同时，也被自己的创造物所控制，最终，"人之为人的个性被剥夺了，他不再能自我认识"[9]，人成为物的奴隶。实际上，设计的现代性已经面临着将绝对价值转变为实践的失败窘境，因而人们提出重视环境、伦理和艺术的新的设计价值诠释。现在看来，绝对的、普适的原则价值需要不断内化，在这一内化价值的阶段中，原则价值将更人性化和多样化。从积极的意义上看，设计人性化是让原则价值在日常生活中扎根的主要因素，价值多样性是在原则价值的内化下使设计成功转型的关键。从这个意义上看，设计"全球化"将导致价值多元化，因为人类文化遗产的多样性使得价值观的转换必定也具有多样性。

如前所述，我们所建构的设计价值观不再是昨天设计的价值，而是当代设计的价值。因此，不可忽视现代价值观念中的典型性。但价值观又在时时发生变化，在设计越来越趋向"全球化"的同时，因其文化问题的巨大复杂性，设计的价值观却越来越多元化。设计价值的多元化理念包括以下几个主要的要素：原则价值的普遍性、内化性、多样性和冲突性。这些要素的结合会对设计实践产生影响。对于中国设计来说，在寻求价值多元化的实践过程中，人们不能完全排除冲突价值之间的选择，仍然会受到冲突价值的约束；也就是说，是强调现代主义的原则价值，还是将隔绝于日常生活的传统价值观提取出来？中国设计跟随西方缓慢前行长达100多年，同时又过多地承载着传统和历史信息的重荷，就像尼采在《不合时宜的沉思》中形容的那样：仿佛在一所剧院的戏装储藏室中，无法任意选择采用哪种风格。

笔者认为，如果换一种方式，不从文化的冲突，而是从建立"文化契约"的角度考虑，强调设计中的原则价值，以及接受被内化的对新的价值的诠释，同时又根据自身情况建立由自身传统文化或混杂的方式所支配的新秩序，也许会为中国设计价值观带来重大变革的希望。

2. 走向对设计价值的重新诠释

在前面第九章的讨论中，我们目睹了中国设计价值观在冲撞中的衰落。在20世纪初期政治、文化和工业生产转型变化的背景下，这种衰落被看作是有益的衰落。从历史的角度来看，中国设计价值观并不是固定不变的，曾有过无数的起伏与转折：先秦时期，中国设计就确定了若干基本价值因子；到两汉，形成了完善的设计价值观；魏晋南北朝、隋唐时期，渗入了许多外来的设计因素，设计价值观发生了变化；

宋元时期，又呈现出新的变化；到明清，其基本价值因子与远古时期已大不相同。可见，设计价值的变化有其渊源，历史上没有哪一种价值观是居常不变的。那么，经历了种种价值观变化的中国设计在面对近代西方设计排山倒海般的冲击之时，是否也存在一种理性的价值更新的需要呢？

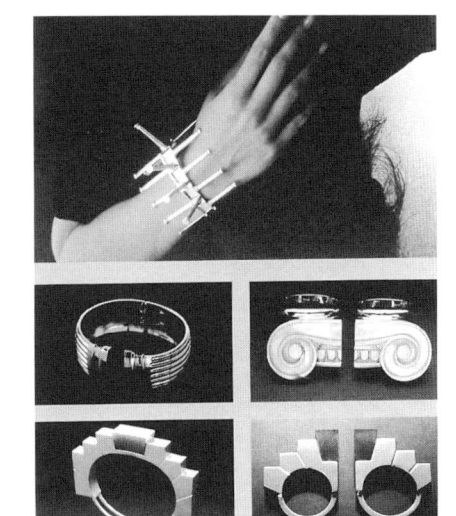

就真实的情况看，陈之佛、庞薰琹等人在建构中国设计教育学科的同时，也在寻找设计新的价值。之所以如此讲，其根据在于他们在采用日本图案教育模式和欧洲现代工艺教育体系的同时，也对设计新旧价值问题作过讨论。陈之佛在 1930 年时说，要想仔细辨别古代工艺设计有无价值，必须探讨"一种图案与当时人民的生活和理想"[10] 的问题。庞薰琹 1965 年在《工艺美术问题探讨》一文的最后说："工艺美术说到底是一个美学问题。"[11] 他们是否找到了中国设计新的价值姑且不论，就其理论视角来说，从"生活和理想"与"美学"的角度来研讨设计，为设计价值的重新诠释提供了一个新的理路。尽管这些思想是粗线条的、框架式的，但毕竟为中国设计价值论提供了一种概念和框架。

不过，在 20 世纪早中期由陈之佛、庞薰琹等人建构的中国设计，作为一门学科并未能真正完全成熟地建立起来，其价值观问题更是没有得到很好的探讨。在 20

* 图 11-3
后现代首饰设计风格。从积极的意义上看，设计人性化是让原则价值在日常生活中扎下根的主要因素，价值多样性是在原则价值的内化下使设计成功转型的关键。

世纪 50 年代，因受到政治化倾向的严重干扰，中国设计一方面按照苏联的模式建构起仍属于手工业管理范围的工艺美术体系，另一方面又因情感的作用表现出强烈的民族主义。到六七十年代，更因政治化和简单化的倾向为设计增加了阶级性和思想性，这样就彻底消解了旧有的工艺价值观，也彻底否定了现代设计的价值观，因而也难以对现实设计提供解释的意义基础。80 年代的设计几乎是一面倒，选择了与传统相割裂的解释范式和理论体系，导致了一种与中国传统相脱节的设计，引起了当时在中国任教的英国工业设计委员会顾问彼得·汤姆逊的关注，他说："明显感到这些设计里，缺少一些东西，即对人的需要的考虑……并不是真正为中国人而设计的，它脱离了你们目前的水准，技术上很完美，但缺乏对人的了解、对人的关心，我看了你们很多的设计作品，觉得很美，但是好像是生活在一个梦里，不真实。"[12]这种现象更强化了中国设计学科的不完善性与不成熟性，有如此缺陷的中国设计在与日新月异地进行着设计创新和价值变换的西方设计的对照下，其价值观问题自然而然地被凸显出来，这便是中国设计的价值观新一轮危机产生的时代背景。

在旧有的传统工艺体系解体之后，新的体系及新的价值观并未能及时有效地建构起来，于是，整个中国设计陷入了价值缺失的状态之中。从认识论角度看，这种状态是因为虽然对原有传统的失效根源作了准确的说明，但未能找到在新的方案与原有传统之间的某种连续性，导致了中国设计一个世纪以来的"价值论危机"。作为一门新兴学科，中国设计走过了近百年的发展道路，在上述时代背景下，尽管由手工业模式向工业化模式的转换构成了其近现代发展的主要方向，但无论在学科建设还是价值意义承担方面，中国设计都远不能在中国人的文化谱系和精神生活中建构起与西方设计在西方文化中相对应的地位。

中国设计价值观危机所指向的是现当代中国设计研究群体未能承担起作为意义提供者和价值阐释者的文化使命。如果想从根本上改变西方现代设计对中国设计一面倒的影响甚至钳制的状况，一个有效的途径就是创新设计理论，对价值进行重新阐释，创造新的设计典范；否则将永远停留在学徒期，终究难逃被边缘化的命运。对设计价值的重新诠释并不是通过对传统工艺思想文本进行解读而形成中国设计价值史，而是作为当代中国设计研究者群体研究的中国设计。因此，当务之急能够提出真正有效应对现当代问题的设计学说。只有这样才能自信地建立起中国设计自己的主体性，才能有效地建构起具有普遍性价值和思想意义的中国设计。

3. 为设计制订一个文化契约

对当前中国设计价值观思考的一个新视角，就是把对中国设计价值与西方设计价值间关系的外在关注，转换为中国设计主体与时代、社会和民族生活间的内在关注，尤其是对文化的关注。那么，新世纪设计是否需要一个文化契约？我们能否为设计制订一个文化契约？

按《现代汉语词典》的解释：文化是"人类在社会历史发展过程中所创造的物质财富和精神财富的总和"，契约是"证明出卖、抵押、租赁等关系的文书"[13]。"文化""契约"两词不仅对立，而且矛盾，二者相联也很难理解。因为从本质上讲，文化是开放的，有其独特性和普遍性。文化有了独特性，才会呈现多元化特征；文化有了普遍性，就有了交流、传播的可能。而契约就是建立一套束缚，有许多标准和条款。但当社会、技术发生变革时，契约有可能成为一个保障，如17世纪西方形成的第一个社会契约，后来成为政治民主建构的源泉；由于目前生物多样的生态系统遭受破坏，而基因工程又有将生物占为己有的倾向，因而人们就建立起自然契约来限制其发展。这给了我们一个启示：在当前，市场、经济成为设计追求的唯一目标，文化、伦理却成了明日黄花，忽视人、忽视文化导致价值观的长期缺失。这就需要为设计制订一个文化契约，它可能成为设计"全球化"中价值多样性的保证。

进入新世纪，我们有理由认为，在设计物背后的无形的、主观的文化意愿在我们的设计模式转型中，将起到越来越重要的作用。文化感知对于信息化社会的中国设计，就像工业技术对于工业化时代的中国设计同样重要。在这个意义上可以说，设计一个文化契约的目的，与建构社会契约、自然契约一样，政治、工业、技术和信息不能凌驾于文化权利之上。建立共生的关系，和谐、伦理、情趣和独一是文化契约中的关键词，它们使文化契约与人性精神领域的联系更密切，新的多样的设计价值观可能就建立在这样的基础之上。

文化契约与新设计价值观的构建思路有以下几点。

第一个思路是：各设计文化之间存在一个严格的等值。正是这一问题促使我们要促成一个文化契约。按照黑格尔的看法，在人类文明演进的历史进程中，东方民族属于早熟的孩童，而西方已进入了成年期，东方只能从西方文明中获得存在和发展的价值。事实上，现代东方各国都经历了或正在经历着一个向西方学习的痛苦过程，这给人造成一种错觉，即设计现代化就是设计西方化，甚至认为，在设计现代化的过程中，一切西方以外的历史文化都将失去合理性和价值。其实，现代技术无法消除人类文化的差异，设计现代进化的一个根本特点还是各种文化的平等。每种文化都有自己的尺度、法律和标准，由此来适应在这种特定文化下的人们的生活，包括习俗、礼仪和生活习惯。再也不能回到黑格尔的那种文化等级之中，文化契约就是要停止这种高等、低等的文化指向。

第二个思路是：设计追求和谐。中国古代设计追求的是社会和谐，这是十分重要的价值目标。设计追求和谐与儒家思想的个人修身养性、人际关系融洽、家庭和睦、社会有序相一致。现代设计忽视和谐，过分重商业化，过分重个体自主和物质享受。而设计的和谐追求并不是无差异的、同一的、无个性的，正相反，和谐的表现是多样的、感性的。在具体的操作上，追求和谐也不是西方式的数学上的对等关系，而是一个动态的把握，它能够使设计呈现出丰富的多样性。文化契约离不开和谐，和谐让设计与生活、设计与社会、设计与自然的联系更加密切，甚至胜过了与现代性的联系。现代性在设计中渐渐抛弃了文化的丰富性和多样化，这不是全球化和国际化，而是一种文化的缺失。因此，追求和谐不仅能够形成中国现代设计价值观，而且可以为人类的现代设计价值观的完善作出贡献。

第三个思路是：设计注重伦理道德、关怀他人。伦理道德不是一个空洞的概念，西方自工业革命后提出了民主的、大众化的设计伦理精神，20世纪60年代发展出设计为生活有障碍者服务、设计为第三世界发展中国家服务的伦理思想，最初的声音虽然微弱，之后却也曾成为一种价值取向。但从总体上看，西方现代设计的价值取向是一种物质主义的享乐观，追求满足物质欲望，缺少精神的追求，导致人类生活环境缺乏美感与秩序。过于注重私人空间的经营，对公共场所与生活环境缺乏亲切的关照。在工业化的发展过程中，伦理道德正在失去吸引力和约束力，因此，文化契约中离不开伦理道德。中国有重视伦理道德的传统，人情味更是民间普遍盛行的价值观念。我们应该为设计想象一个伦理道德的计划，将其纳入文化契约中，它将会给设计、社会和个人带来新的人文意义。

第四个思路是：设计中突出讲究生活情趣的意义。现代社会生活的快节奏导致人们的生活日益表层化、平面化，设计也相应地呈现出简约和过于实用化的倾向，原有的生活闲适和情趣在重时间效率的现代价值追求下消失殆尽。其实，在现代社会，享受生活情趣可以成为一种权利，这更应是设计所追求的。所以，文化契约必须保证对设计中具有情趣的认可，以前的"极少"失掉了愉悦，现在装饰不再是"罪恶"，形式可追随"幻想"。

第五个思路是：附加一个文化上"共生""互惠"的契约。历史上，由于战争或自闭，许多古老的设计文化消亡了。在现代，一种文化要想不被消灭或边缘化，唯一的做法就是交流。交流可以使其联结现代文化整体，在整体文化中，不同文化间不是排斥、替代，也不是"克隆"，可能的、理想的状态应是"共生"与"互惠"。在文化的"共生"与"互惠"中，隐藏着创造性的潜力。从历史的角度看，东西方设计文化在几千年的演变中，都有过多种不同设计的"共生"与"互惠"，如魏晋南北朝、隋唐及元明时期的设计，古希腊罗马时期的设计，伊斯兰的设计更是多种文化"互惠"的结果。"共生"使这个文化契约成为一个开放的契约，新的设计价值的建设需要这样有意义的对话，也只能通过"共生""互惠""杂交"的过程才能确立。

设计这样一个契约凸显了设计价值变化所应有的方向，即服务于人。因为我们面临一个设计普遍性的问题：对人的忽视。技术的发展、设计的自由不能凌驾于人之上。设计是为人的生活而制作的，设计价值的边界就是人类的生活世界；或者说，设计价值就是生活世界。因此，人的生活现象就应该是设计的出发点和最终目标。作为起点，可以尊重他人，建立人与人之间、文化与文化之间的和睦、平等的相处关系，建立人与自然之间非对抗的、重生态发展而不是征服与利用的关系，建立人与社会的和谐、理性、重情而非暴力、抗争的关系。其终极的意义则是人类生活的幸福。

总之，在讨论中国设计的价值观这一问题时，理智的态度应该是把价值观转变与设计转型联系起来。如果说，在中国设计转型的过程中西方的设计范式始终占主导地位的话；那么，在今天，中国设计的价值观问题使得如何发掘中国设计自身的创造性潜能和价值取向居于较为突出的地位。而转型阶段的价值观问题的讨论，不应该是某种民族情绪或学科情绪的抗争，也不应该仅仅是对中国设计价值观的寻求。更为重要的是，抓住价值观念从传统到现代转换这个关键，以发掘中国设计传统思想资源为基础，着力在这一转换过程中把握价值变化所应有的方向，即人的现象。运用中华民族的设计智慧来为人类化解当代所遭遇的设计普遍性问题提供价值意义上的阐述基础。如果我们始终沿着这一路径坚定地走下去，可以预见：伴随着当今越来越频繁的与国际设计界的交流对话，越来越深入的对现当代设计普遍性问题的诠释，中国设计在新时期的价值观终将建构起来，中国设计所面临的危机也会得以化解，新世纪中国设计的走向也将渐渐清晰起来。

注释：

[1] 吴国盛，《技术与人文》，刊《北京社会科学》，2001年第2期，第92页。
[2] 热罗姆·班德主编，《价值的未来》，社会科学文献出版社，2006年版，第162页。
[3] 李立新，《探寻设计艺术的真相》，中国电力出版社，2008年版，第278页。
[4] 乐黛云、孟华主编，《多元之美》，北京大学出版社，2009年版，第3页。
[5] 乐黛云、孟华主编，《多元之美》，北京大学出版社，2009年版，第5页。
[6] 乐黛云、孟华主编，《多元之美》，北京大学出版社，2009年版，第5页。
[7] 冯契，《哲学大辞典》（修订本），上海辞书出版社，2001年版，第1050页。
[8] 黑格尔著，贺麟译，《小逻辑》，生活·读书·新知三联书店，1954年版，第395页。
[9] 卡尔·雅斯贝尔斯著，周晓亮、宋祖良译，《现时代的人》，社会科学文献出版社，1992年版，第9页。
[10] 陈之佛，《图案法ABC》，ABC丛书出版社，1930年版。
[11] 庞薰琹，《庞薰琹工艺美术文集》，轻工业出版社，1986年版，第11页。
[12] 庞薰琹，《庞薰琹工艺美术文集》，轻工业出版社，1986年版，第32页。
[13] 中国社会科学院语言研究所词典编辑室，《现代汉语词典》，商务印书馆，2003年版，第1318、1005页。

作者简介

李立新，1957年生，江苏常熟人，东南大学博士。现任广东工业大学特聘教授、南京艺术学院教授、澳门科技大学兼职教授，博士生导师，国务院学位委员会第七届设计学科评议组成员，中国美术家协会会员，国家社科基金艺术学重大项目首席专家。曾获高等学校科学研究优秀成果奖（人文社会科学）二、三等奖，国家级教学成果二等奖。著作有：《中国设计艺术史论》《设计艺术学研究方法》《象生——中国古代艺术田野研究志》《设计的基因》《设计价值论》等十余种。